机械工程基础

主　编　余凯平　王　涛　夏玲丽

副主编　胡立明　沙　琳　张登霞　严　军

参　编　汝　艳　胡　玮　刘淑莉　周　生

　　　　　迟权德　司东亚　肖桂凤　张　扬

　　　　　罗天放　周　磊　江　奎　潘垣丞

U0190359

中国科学技术大学出版社

内 容 简 介

本书本着"突出技能,重在实用,淡化理论,够用为度"的指导思想,结合本课程的适用对象、教学和工程实践需要,将工程力学、工程材料、机械设计基础、机械制造基础等四门课程内容有机地融合在一起。本书包括绪论、静力学基础、材料力学、工程材料、常用机构、机械传动、常用零部件、机械制造基础共 8 章内容。

本书可作为军队院校非机械类专业通识课程的教材,也可作为其他高等院校相关专业学员学习机械工程知识的教学用书或读物,还可供相关工程技术人员学习参考,以及机械工程、兵器工程领域和兵器科学与技术学科研究生入学考试复习参考。

图书在版编目(CIP)数据

机械工程基础/余凯平,王涛,夏玲丽主编.—合肥:中国科学技术大学出版社,2020.8
(2025.1 重印)
　ISBN 978-7-312-05042-8

　Ⅰ.机…　Ⅱ.①余…②王…③夏…　Ⅲ.机械工程—高等学校—教材　Ⅳ.TH

中国版本图书馆 CIP 数据核字(2020)第 153132 号

机械工程基础
JIXIE GONGCHENG JICHU

出版	中国科学技术大学出版社
	安徽省合肥市金寨路 96 号,230026
	http://press.ustc.edu.cn
	https://zgkxjsdxcbs.tmall.com
印刷	安徽国文彩印有限公司
发行	中国科学技术大学出版社
经销	全国新华书店
开本	787 mm×1092 mm　1/16
印张	20.75
字数	531 千
版次	2020 年 8 月第 1 版
印次	2025 年 1 月第 5 次印刷
定价	48.00 元

前　　言

　　"机械工程基础"是军队院校非机械类本科高等教育专业学员必修的一门通识课程,作为一门综合性工程技术基础课程,它是本科教育阶段首次任职培训的重要支撑课程。为实现党在新形势下的强军目标,突出军事指挥人才培养特点,发挥"机械工程基础"课程教学在军校教育中基础性、先导性、通用性的作用,课程教学以掌握概念、强化应用、培养技能为重点,注重分析和解决工程或武器装备中实际机械问题能力的培养。

　　依据新修订的教学大纲和人才培养方案的要求,《机械工程基础》教材强调基本知识的完整性和系统性,在原《机械基础》第4版教材体系基本框架的基础上,优化章节内容体系,既符合课程学时教学要求,又涵盖经典内容。

　　在教材编写过程中,我们贯彻了以下编写原则:

　　一是充分汲取军队高等教育院校在探索培养优秀指挥人才方面取得的成功经验和教学成果,从职业(岗位)分析入手,依据人才培养方案,确定课程的教学目标。

　　二是坚持"管用、够用、适用"的教学指导思想,以工程实践为主线,以相关知识为支撑,较好地处理了理论教学与工程实践的关系;以必需、够用为度,以讲清概念、强化应用为教学重点,适应军事指挥人才培养现实情况和育人目标。

　　三是突出教材的先进性、系统性和层次性,较多地编入新技术、新设备、新材料、新工艺等内容;内容广而不乱,既系统又有层次,不仅有利于学员自学,还有利于教员针对各类学员授课灵活取材,同时兼顾机械工程领域研究生入学考试参考使用。

　　四是注重知识应用能力训练,每章开头引入装备机械案例,各章节关键知识点及部分例题融入主战装备素材,使机械知识与装备技术有机融合,从而实现军事元素改造,不仅提高学员的学习兴趣,而且为后续兵器原理和操作类课程的学习打下坚实的理论基础。

　　五是每章结束后均有相应的练习题,分为基本题和提高题,基本题方便学员加深对基本概念和基本理论知识的理解,提高题锻炼学员对基本理论的运用能力,也为学有余力的学员提供学习提升空间。

　　《机械工程基础》由余凯平、王涛、夏玲丽担任主编,胡立明、沙琳、张登霞、严军任副主编,陈刚、沈建华及叶艾教授精心审阅了全部书稿,并提出了宝贵的意见和建议。

　　本书是在《机械基础》第4版的基础上修订编写的,原编写组的庾晓明教授和某些编者,由于教学任务的调整、人员的变动及其他原因,未参加本次修订工作,对他们在《机械基础》各版本教材编写工作中的辛勤付出深表敬意。本书在编写过程中,得到了院系及机械基础教研室全体教员的关心和支持,部分插图与内容参考了书后所列的参考文献,在此一并致以谢意。

　　"机械工程基础"课程内容和学时的设置,具有军队院校特殊性和唯一性,尚无同类教材可供直接借鉴应用,编写时,我们也试图尽力做到尽善尽美,但限于编者水平,加之时间有限,书中存在不妥之处在所难免,恳望广大读者提出批评和改进意见,为后续编写修订提供参考。

本书编写组

2020 年 5 月

目　　录

前言 ………………………………………………………………………………（ⅰ）

第1章　绪论 ……………………………………………………………………（ 1 ）

　1.1　机械的形成与发展 ……………………………………………………（ 1 ）

　1.2　机械与机械工程简介 …………………………………………………（ 2 ）

　1.3　军队机械化与信息化概述 ……………………………………………（ 4 ）

　1.4　本课程的研究对象 ……………………………………………………（ 6 ）

　1.5　本课程的主要学习内容 ………………………………………………（10）

　1.6　本课程的地位、学习任务和方法 ……………………………………（10）

　练习题 ………………………………………………………………………（11）

第2章　静力学基础 ……………………………………………………………（12）

　2.1　静力学的基本概念和力学规律 ………………………………………（12）

　2.2　物体的受力分析 ………………………………………………………（20）

　2.3　力系的平衡方程及其应用 ……………………………………………（23）

　练习题 ………………………………………………………………………（32）

第3章　材料力学 ………………………………………………………………（35）

　3.1　材料力学基本知识 ……………………………………………………（35）

　3.2　轴向拉伸和压缩 ………………………………………………………（38）

　3.3　圆轴的扭转 ……………………………………………………………（54）

　3.4　梁的弯曲 ………………………………………………………………（64）

　*3.5　组合变形 ………………………………………………………………（79）

　练习题 ………………………………………………………………………（85）

第4章　工程材料 ………………………………………………………………（89）

　4.1　工程材料的种类与性能 ………………………………………………（89）

　4.2　金属和合金的晶体结构 ………………………………………………（92）

　4.3　铁碳合金 ………………………………………………………………（98）

　4.4　钢的热处理 ……………………………………………………………（104）

　4.5　常用工程材料 …………………………………………………………（112）

　4.6　材料的选用 ……………………………………………………………（123）

　练习题 ………………………………………………………………………（126）

第5章　常用机构 ………………………………………………………………（129）

　5.1　平面机构的结构分析 …………………………………………………（129）

5.2　平面连杆机构 ……………………………………………………………（134）

5.3　凸轮机构 …………………………………………………………………（146）

5.4　间歇运动机构 ……………………………………………………………（153）

练习题 …………………………………………………………………………（157）

第 6 章　机械传动 ……………………………………………………………（160）

6.1　带传动 ……………………………………………………………………（161）

6.2　链传动 ……………………………………………………………………（165）

6.3　齿轮传动 …………………………………………………………………（170）

6.4　蜗杆传动 …………………………………………………………………（185）

6.5　轮系传动 …………………………………………………………………（190）

6.6　液气传动 …………………………………………………………………（196）

练习题 …………………………………………………………………………（201）

第 7 章　常用零部件 …………………………………………………………（206）

7.1　螺纹连接与螺旋传动 ……………………………………………………（206）

7.2　轴和轴毂连接 ……………………………………………………………（221）

7.3　轴承 ………………………………………………………………………（234）

7.4　联轴器、离合器、制动器 …………………………………………………（246）

7.5　弹簧 ………………………………………………………………………（252）

练习题 …………………………………………………………………………（256）

第 8 章　机械制造基础 ………………………………………………………（258）

8.1　材料成型技术 ……………………………………………………………（259）

8.2　切削加工 …………………………………………………………………（281）

8.3　特种加工 …………………………………………………………………（302）

8.4　先进制造工艺 ……………………………………………………………（312）

练习题 …………………………………………………………………………（322）

参考文献 ………………………………………………………………………（324）

第1章 绪 论

导入装备案例

图 1-1 所示为某型自行加榴炮发动机结构图,为四行程、V 型、90°气缸排夹角、8 缸、废气涡轮增压中冷、高速风冷柴油发动机,它将燃气燃烧的热能转化为机械能,是一种动力机械。什么是机械? 它是如何组成、分类及发展的? 这些问题将通过本章知识来解决。本章主要学习课程研究对象,熟知课程学习内容、学习任务和学习方法。

图 1-1 某型自行加榴炮发动机结构图

1.1 机械的形成与发展

在人类历史上,机械的进步是促进生产力发展的重要因素。人类成为“现代人”的标志是制造工具。石器时代的各种石斧、石锤和木质、皮质的简单粗糙的工具是后来出现的机械的先驱。从制造简单工具演进到制造由多个零件、部件组成的现代机械,经历了漫长的历史过程。

几千年前,人类已创造了用于谷物脱壳和粉碎的臼和磨,用于提水的桔槔和辘轳,装有轮子的车和航行于江河的船等。所用的动力,从人自身的体力,发展到利用畜力、水力和风力。所用材料从天然的石、木、土、皮革,发展到人造材料。最早的人造材料是陶瓷,制造陶瓷器皿的陶车,已是具有动力、传动和工作三个部分的完整机械。

人类从石器时代进入青铜时代,再进入到铁器时代,用以吹旺炉火的鼓风器的发展起了重要作用。有足够强大的鼓风器,才能使冶金炉获得足够高的炉温,才能从矿石中炼得金属。在中国,公元前 1000～前 900 年就已有了冶铸用的鼓风器,并逐渐从人力鼓风发展到畜力和水力鼓风。

15～16 世纪以前,机械工程发展缓慢。但在以千年计的实践中,在机械发展方面还是积累了相当多的经验和技术知识,这就为后来机械工程的发展奠定了一定的基础。17 世纪以后,在英、法等西欧诸国出现资本主义,商品生产开始成为社会的中心问题。许多高才艺的机械匠师和有生产观念的知识分子致力于改进各产业所需要的工作机械和研制新的动力机——蒸汽机。18 世纪后期,蒸汽机的应用从采矿业推广到纺织、食品加工和冶金等行业。制作机械的主要材料逐渐从木材改为更为坚韧但难以用手工加工的金属。机械制造工业开始形成,并在几十年中成为一个重要产业。机械工程通过不断扩大的实践,从分散性的、主要依赖匠师们个人才智和手艺的一种技艺,逐渐发展成为一门有理论指导的、系统的和独立的工程技术。机械工程是促成 18～19 世纪的工业革命以及资本主义机械大生产的主要技术因素。

各个工程领域的发展都要求机械工程有与之相适应的发展,都需要机械工程提供所必需的机械。某些机械的发明和完善,又导致新的工程技术和新的产业出现和发展,例如大型动力机械的制造成功,促成了电力系统的建立;机车的发展导致了铁路工程和铁路事业的兴起;内燃机、燃气轮机、火箭发动机等的发明和进步以及飞机和航天器的研制成功导致了航空、航天工程和航空、航天事业的兴起;高压设备(包括压缩机、反应器、密封技术等)的发展导致了许多新型合成化学工程的成功。机械工程在各方面不断提高的需求的压力下获得发展动力,同时又从各个学科和技术的进步中不断得到改进与创新的能力。

机械始终随着高新技术的发展而发展。一方面,高新技术要求机械工业提供大量新设备。另一方面,高新技术成果又促进了机械向更高的水平发展。当前,世界正在进行着一场新的技术革命,以集成电路为中心的微电子技术的广泛应用给社会生活和工业结构带来了巨大的影响。机械工程与微处理机结合诞生了“机电一体化”的复合技术,这使机械设备的结构、功能和制造技术等提高到了一个新的水平。机械学、微电子学和信息科学三者的有机结合,构成了一种优化技术,应用这种技术制造出来的机械产品结构简单、轻巧、省力、高效,并部分代替了人脑的功能,即实现了人工智能。“机电一体化”产品必将成为今后机械产品发展的主流。

机械化水平是国家现代化的一个重要标志,同时也是影响现代战争胜负的重要因素。各种高技术武器,虽然品种更多、射程更远、威力更大、精度更高、机动性更好、防护力更强,而且在向自动化、制导化、智能化、隐形化,尤其是向信息化方向发展,但机械仍是其重要的组成部分。同时,非机械部分的加工也离不开机械技术。

我们作为未来的指挥人才,将来必定会遇到“为打赢现代战争,如何带兵用好高技术武器”的问题。因此,掌握一定的机械基础知识是必要的。

1.2　机械与机械工程简介

现代社会,机械的作用愈来愈明显。可以说,离开机械,人类将会“寸步难行”。那么,究竟什么才是机械呢? 不同的历史时期,人们对机械的定义也有所不同。

从广义角度讲,凡是能完成一定机械运动的装置都是机械。螺丝刀、锤子、钳子、剪子等简单工具是机械,汽车、坦克、飞机、各类加工机床、宇宙飞船、机械手、机器人、复印机、打印机等高级复杂的装备也是机械。

无论其结构和材料如何,只要是能实现一定的机械运动的装置就称之为机械。

现代社会中,人们常把最简单的、没有动力源的机械称为工具或器械,如钳子、剪子、手推车、自行车等最简单的机械常称为工具。

工程中,常把每一个具体的机械称为机器。机器的真正含义是执行机械运动的装置,用来变换或传递能量、物料与信息。汽车、飞机、轮船、车床、起重机、织布机、印刷机、包装机等大量具有不同外形、具有不同性能和用途的设备都是具体的机器。

谈到具体的机械时,常使用机器这个名词,泛指时则用机械来统称。

机械无时不有,无处不在。那么,到底有哪些机械呢? 按功用,机械可分为:动力机械,如电动机、内燃机等;交通机械,如汽车、火车、飞机等;作业机械,如机床、农业机械、化工机械、工程机械等;机器人,一种新兴的智能机械系统,可代替人从事危险工作,如喷漆、焊接、排除爆炸物等;军用机械,如现代武器装备中的枪械、火炮、坦克、舰船、飞机、导弹以及工程机械和军用车辆均属机械的范畴,未来可能出现的各种先进武器系统,除杀伤破坏机理不同、侦察控制系统先进外,其主要结构仍为机械;生活机械,如空调机、洗衣机等;信息机械,如传真机、绘图机等。

机械种类繁多,所涉及的学科领域已从单纯的机械学科扩展到电子、控制、信息、材料等多种学科。现代机械已成为一个机械运动执行系统、动力驱动系统、微机控制系统、传感测试系统相结合的非常复杂的光机电算一体化系统。

机械使用范围涉及工业生产、农业生产、交通运输、矿山冶金、建筑施工、纺织与印刷、食品卫生、医疗保健、国防军事及日常生活等许多领域,可以说机械无处不在。

机械工业是一个国家发展经济的基础工业,发达国家有 $60\%\sim70\%$ 的财富来自机械制造业。机械制造业水平基本上代表了该国家的科学技术水平和综合国力。

机械工程是以有关的自然科学和技术科学为理论基础,结合在生产实践中积累的技术经验,研究和解决在开发设计、制造、安装、使用和维护各种机械中的理论和实际问题的一门应用学科。机械工程的服务领域具有多面性,凡是使用机械、工具以及能源、材料生产的部门,都需要机械工程的服务。概括说来,现代机械工程有五大服务领域:研制和提供能量转换机械,研制和提供用以生产各种产品的机械,研制和提供从事各种服务的机械,研制和提供家庭和个人生活中应用的机械,研制和提供各种武器装备的机械。但不论服务于哪一领域,它的主要工作内容或研究方向都包括以下几个方面:

(1) 建立和发展机械工程设计的新理论和新方法。

(2) 研究、设计新产品。

(3) 研究新材料。

(4) 改进机械制造技术,提高制造水平。

(5) 研究机械产品的制造过程,提高制造精度和生产率。

(6) 加强机械产品的使用、维护与管理。

(7) 研究机械产品的人机工程学。

(8) 研究机械产品与能源及环境保护的关系。

随着科学技术的迅速发展,特别是计算机技术、微电子技术、控制技术和信息科学与材料科学的发展,机械工程与高科技融为一体,使机械工程的内容发生了深刻的变化,机械工程覆盖了人类社会发展的各个领域。

复兴机械工程,再现历史的机械辉煌,才能提高中国的综合国力。为保证完成机械工程的各项研究内容,我国采取了一系列的有力措施。在几百所大学中设置了机械工程专业,各省市都有机械工程的研究与开发部门,各类机械制造工厂遍及国家的四面八方、星罗棋布。教育部颁布的"普通高等学校本科专业目录"中,机械类本科专业有机械设计制造及其自动化专业、材料成型及控制工程专业、工业设计专业、过程装备与控制工程专业和工业工程专业。教育部颁布的"授予博士、硕士学位和培养研究生的学科、专业目录"中,机械工程为 1级学科,下设 4 个 2 级学科,分别为机械制造及其自动化、机械电子工程、机械设计及理论、车辆工程。

1.3　军队机械化与信息化概述

机械化与信息化是两个不同的概念、不同的军事形态,从发展和建设的角度来看,机械化和信息化是军队现代化的两个不同发展阶段。信息化是建立在机械化基础之上的,两者既有各自的规定性,又有相互间的密切联系。

1.3.1　机械化及其特征

所谓机械化,是工业时代军队的基本形态。具体地说,它是在军事领域广泛利用动力技术、机械技术、材料技术,使军队具备快速机动力、高度防护力、超强打击力的武器系统、作战平台及作战体系的过程和目标。

军队机械化,通常包括以坦克、装甲车、火炮为主体的陆军集群,以驱逐舰、护卫舰、潜艇为主体的海军集群,以歼击机、轰炸机、运输机为主体的空军集群,并具备实施大兵团、宽正面、大纵深、空地一体、连续攻防作战的能力。

综观世界各国军队机械化建设实践可以看出,军队机械化主要有以下特征:

一是以飞机、火炮、坦克、军舰为主要作战平台和主战装备,主要发展材料技术、动力技术、机械技术等军事工程技术,注重提高装甲机械化和火力毁伤能力。

二是军队规模十分庞大,如苏联和美国这两个军事大国 20 世纪 70 年代前后的军队总员额分别为 420 多万人和 200 余万人,且都拥有数万辆坦克、装甲战车,上万门自行火炮,上万架作战飞机,上千艘作战舰艇。

三是军队结构横向为陆、海、空军及核力量,军种界限鲜明,各军种都编有功能相对单一、规模庞大的重兵集团;纵向为方面军(或集团军群)、集团军(军)、师、旅(团)等多个层次。

四是实行横窄纵长的"树状"指挥体制,指挥作业以手工方式为主,与部分半自动化和少量自动化方式相结合,指挥通信主要靠与"树状"指挥体制相配套的无线电指挥网。

五是军事理论主要是以夺取制海权与制空权为核心的机械化战争理论,如"总体战""闪击战""大纵深战役""大纵深立体战役""空地一体作战"等,注重陆、海、空协同作战理论。

1.3.2 信息化及其特征

所谓信息化，是信息时代军队的基本形态。具体地说，它是在军事活动中，深入开发、广泛应用信息技术资源，实现各系统单元要素效能的综合集成，使己方实力得以最大发挥、敌方实力被最大抑制的过程和目标。

军队信息化从 20 世纪 70 年代与西方发达国家进入信息社会初始阶段同时开始，是在机械化的基础上经历不同的发展阶段逐步发展起来的。军队信息化目前展现的主要特征是：

一是大力发展以精确制导武器为代表的信息化武器装备、隐形武器装备和新概念武器装备。主要包括制导导弹、巡航导弹、制导炸弹等信息化弹药，用信息技术设备连接于 C4ISR 系统的各种信息化平台，以及军用智能机器人、单兵数字化装备等。

二是军队规模缩减，军种界限模糊，海、空军比例扩大，火箭军、战略支援部队等新兴军兵种地位作用上升，部队编成向小型化、一体化、多能化方向发展，军队人员与武器装备系统的组合进一步优化。

三是指挥体制"网络化"，指挥手段"自动化"。通过建立外形扁平、横向联通、纵横一体的"网"状指挥体制，实现信息流程最优化和信息流动实时化；通过 C4ISR 系统，把信息的采集、传递、处理、存储和使用结为一体，实现对军事力量中各个要素、战场上各个作战单元的有效指挥和控制，使其协调一致地发挥整体效能。

四是军事理论主要是信息化战争和作战理论，主要表现为以夺取制信息权为核心的信息战、非接触作战，以及陆、海、空、天、电一体化作战理论等。如对信息化战争和作战的认识：战争规模从全面大战向局部有限战争转变，作战目标从打垮敌国向打服敌国、从歼灭敌军向瘫痪敌军、从消灭对手向改变对手转变，战争与战役、战斗之间的界限日趋模糊，战场趋向全时空和超立体化等等。

1.3.3 机械化与信息化的辩证关系

正确认识机械化与信息化建设的辩证关系，对推进机械化和信息化的复合式发展，完成中央军委提出的机械化和信息化双重历史任务具有重要的意义。两者的辩证关系，可从下述两方面理解：

1. 机械化是信息化的基础和依托

从信息化的形成过程来看，机械化是信息化的一个重要基础。当作战飞机的攻击能力不断提高，严重威胁到防御一方的安全时，雷达预警技术便应运而生；当常规炸弹无法准确击中目标，大规模轰炸仍难以克服敌方的坚固防御时，进攻一方便把精确制导技术应用到常规炸弹上，制导炸弹、制导导弹、巡航导弹等信息化武器便应运而生。

尽管信息化因素在信息化战争中占据主导地位，机械化因素退至非主导地位，但真正的打击力量，仍然是以硬杀伤为主的"软硬兼施"。通过物质能量的释放去消灭敌人的有生力量和摧毁敌人的军事装备与设施，仍是现代战争活动的重要内容。

即使在信息时代，信息化战争仍然需要机械化装备的机动力和突击力，而不可能是纯粹网络的决战。高质量的机械化装备,是信息化装备的重要组成部分,是信息化不可缺少的作战平台,而且信息化程度越高对机械化平台的要求也越高。

因此,机械化是信息化的基础和依托,没有机械化,就没有信息化。

2. 信息化是机械化发展的必然趋势

任何事物的发展都是一个由低级到高级的变化过程,军队信息化是军队机械化向更高层次发展的必然结果。

事实证明,军事信息技术的广泛应用,使武器装备的威力呈几何级数增长,即使目前在机械性能上已接近于"物理极限"的武器装备,经过信息技术"处理"后,其作战性能仍能得到整体跃升。

例如,利用信息技术可大大改善武器的制导系统,使导弹的命中精度成倍提高;在飞机、坦克、战舰等火力平台上大量使用传感器、计算机、红外探测器、自动导航定位设备等电子设备,就可使其具有更强的探测、识别、打击、机动、突防等功能,从而实现作战性能的整体跃升。

此外,在作战方面,信息化不但能够提高作战的效率和效益,还能够有效避免大规模的毁伤和破坏,使战争不断趋于"文明"化,使军事作为一种政治手段更好地服务于政治需要,更好地达成战争的政治目的。

因此,信息化是机械化发展的必然方向和唯一出路,没有信息化,机械化就无法实现能力的整体跃升。

信息时代的到来和新军事变革的发展,正在对世界军事领域产生全方位、革命性的影响,同时也使我国国防和军队建设面临着新的严峻挑战。党的十八大报告明确提出:加紧完成机械化和信息化建设双重历史任务,力争到 2020 年基本实现机械化,信息化建设取得重大进展。

面对我军目前机械化基本完成,同时又要努力向信息化过渡的现实,要圆满完成"双重历史任务",就必须统筹机械化和信息化建设,坚持以机械化为基础,以信息化为主导,以信息化带动机械化,以机械化促进信息化,努力推进机械化和信息化的复合式发展。

1.4　本课程的研究对象

本课程的研究对象是机械,机械是机器和机构的总称。

1.4.1　机器

在现代工程领域、军事领域和人类生活领域,机器无时无处不在。汽车、火车、拖拉机、起重机、火炮、舰船、飞机、车床、铣床、刨床、机器人、打印机等都是机器。不同的机器实现不同的功能目标,在发展国民经济中发挥不同的作用。

机器是执行机械运动的装置,用来变换或传递能量、物料与信息。

凡能将其他形式能量变换为机械能的机器称为原动机,如内燃机、电动机(分别将热能和电能变换为机械能)等都是原动机。凡能利用机械能去变换或传递能量、物料、信息的机器称为工作机,如发电机(机械能变换为电能)、起重机(传递物料)、金属切削机床(变换物料外形)、录音机(变换和传递信息)等都属于工作机。

图 1-1 所示的某型自行加榴炮发动机为 8 缸四冲程内燃机,其每缸的工作原理和图 1-2 所示的单缸四冲程内燃机相同。

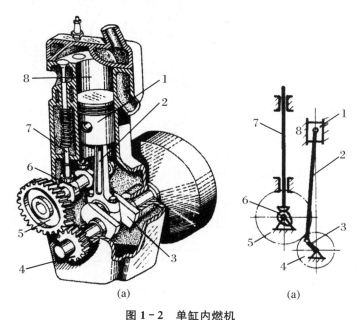

(a)   (a)

图 1-2 单缸内燃机
1-活塞;2-连杆;3-曲轴;4、5-齿轮;6-凸轮;7-推杆;8-气缸体

图 1-2 所示的单缸四冲程内燃机由活塞 1、连杆 2、曲轴 3、齿轮 4 和 5、凸轮 6、推杆 7、气缸体 8 等组成。燃气推动活塞做往复移动,经连杆转变为曲轴的连续转动。凸轮和推杆是用来打开或关闭进气阀和排气阀的。为了保证曲轴每转两周进、排气阀各启闭一次,曲轴与凸轮轴之间安装了齿数比为 1:2 的齿轮。这样,当燃气推动活塞运动时,各构件协调地动作,进气阀、排气阀有规律地启闭,加上气化、点火等装置的配合,就能把热能转换为曲轴回转的机械能。

图 1-3 所示为一工业机器人。它由铰接机械手 1、计算机控制台 2、液气压装置 3 和电力装置 4 组成。当机械手的大臂、小臂和手按指令有规律地运动时,手端夹持器(图中未示出)便将物料运送到预定的位置。在这部机器中,机械手是传递运动和执行任务的装置,是机器的主体部分,电力装置和液气压装置提供动力,计算机控制台实施控制。

从以上两个例子可以看出,虽然机器的结构、性能和用途各异,但就其力学特征和在实践应用中的作用来看,它们具有以下共同特征:

(1) 它们都是由各制造单元(通常称为零件)经装配而成的组合体。

(2) 组合体中各运动单元之间通常都具有确定的相对运动。

(3) 工作时,组合体能代替或减轻体力劳动,去完成有效的机械做功(如金属切削机床的切削加工)或进行能量转换(如内燃机把热能转换成机械能)或传递信息。

根据实现功能的不同,一部完整的机器一般包含四个基本组成部分:动力部分(原动机)、传动部分、执行部分、控制系统,如图 1-4 所示。

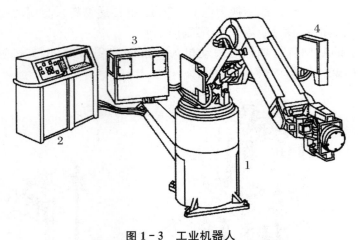

图 1 - 3　工业机器人
1-铰接机械手;2-计算机控制台;3-液气压装置;4-电力装置

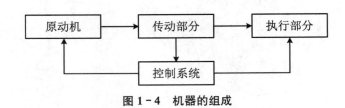

图 1 - 4　机器的组成

动力部分可采用人力、畜力、风力、液力、电力、热力、磁力、压缩空气等作为动力源,其中利用电力和热力的原动机(电动机和内燃机)使用最广。传动部分和执行部分由各种机构组成,是机器的主体。控制系统包括各种控制机构(如内燃机中的凸轮机构)、电气装置、计算机和液压系统、气压系统等。

1.4.2　机构、构件、零件和部件

所谓机构,是指多个实体的组合,能实现预期的运动和动力传递。凡具备前述三个特征的实体组合系统称为机器,仅具备前两个特征的称为机构。显然,机构仅体现组成机器的各实体之间的相对运动关系,而不考虑其功能。撇开两者在做功和能量转换方面的作用,仅从运动和力方面来考虑,机构和机器一般统称为机械。

仅从传递运动和力的角度分析,机器是由机构组成的,机构能实现一定规律的运动。如图 1-1 中,由曲轴、连杆、活塞和气缸组成的曲柄滑块机构可以把往复直线运动转变为连续转动;由大、小齿轮和气缸体组成的齿轮机构可以改变转速的大小和方向;由凸轮推杆和气缸体组成的凸轮机构可以将连续转动变为有规律的往复运动。所以,可以认为内燃机主要由曲柄滑块机构、齿轮机构和凸轮机构等三个机构组合而成。一台机器常包含几个机构,至少也有一个机构,如电动机就只包含一个由转子和定子组成的二杆机构。

各种机械中普遍使用的机构称为常用机构,如连杆机构、凸轮机构、步进运动机构、齿轮机构等。仅在一定类型的机械中使用的特殊机构称为专用机构,如导弹上的陀螺机构等。

机构与机器的区别在于:机构只是一个构件系统,而机器除构件系统外还包含电气、液压等其他装置;机构只用于传递运动和力,机器除传递运动和力之外,还应当具有变换或传

递能量、物料、信息的功能。但是,在研究构件的运动和受力情况时,机器与机构之间并无区别。

　　零件是指机器中不可拆的每一个最基本的制造单元体。任何机器都是由许多零件组成的,如齿轮、螺钉等。机械中的零件通常分为两类:一类是通用零件,它们在各种类型的机械中都可能用到,如螺栓、轴、齿轮、弹簧等;另一类是专用零件,只用于某些类型的机械中,如内燃机中的曲轴、枪械中的枪管、火炮中的闩体、汽轮机中的叶片等。

　　构件是由一个或几个零件构成的刚性单元体。它可以是单一的零件,如图1-5所示的曲轴;也可以是由几个零件组成的刚性结构,图1-6所示的内燃机中的连杆就是由连杆体、连杆盖、螺栓和螺母等零件刚性连接在一起而构成的,这些零件之间没有相对运动,构成一个运动单元,成为一个构件。

图 1-5　曲轴

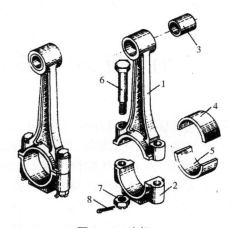

图 1-6　连杆
1-连杆体;2-连杆盖;3-轴套;4、5-轴瓦;6-螺栓;7-螺母;8-开口销

　　构件和零件的区别在于:构件是运动单元,零件是制造单元。

　　通常将一套协同工作且完成共同任务的零件组合称为部件,部件也有通用部件和专用部件之分,如减速器、滚动轴承、联轴器等属通用部件,汽车的转向器、火炮的高低机等则属专用部件。通常把一台机器划分为若干个部件,其目的是有利于设计、制造、运输、安装和维修。

1.5 本课程的主要学习内容

为适应军事指挥人才培养的需求,"机械工程基础"课程围绕"机械概述—受力分析—变形形式—承载能力—运动分析—传动方式—设计方法"这一主线,将工科机械类的多门主干课程的基本内容进行贯通与融合,力图用较少的学时重点对机械工程的有关基本概念、基本理论加以阐述,对解决工程实际问题的基本方法进行介绍。将机械工程基础课程内容规划设计成三大模块:绪论模块、基础理论模块、综合应用模块。其中基础理论模块是本课程必修的核心模块,包括工程力学、工程材料、机械设计基础、机械制造基础等四个单元。

"机械工程基础"课程内容学习,基本要求如下:一是学习工程力学知识,了解静力学的基本概念,理解力矩和力偶的概念,掌握物体受力分析、受力图及力系的平衡条件;理解平面应力状态下的胡克定律及欧拉公式的适用范围,掌握轴向拉伸和压缩、扭转、梁的对称弯曲的强度计算。二是学习工程材料知识,能辨认常用工程材料的种类及牌号,识别常用金属材料的主要性能,解释铁碳合金状态图的含义,了解金属材料改性与成型的方法。三是学习机械传动知识,能绘制机构运动简图,计算机构自由度和轮系传动比,判断常用机构类型,拟定常用机械传动装置方案,设计常用机械零件,描述液压与气动装置的组成,举出机构、传动和零件在军事装备中应用的典型实例。四是学习机械制造知识,能描述金属切削基本原理,阐述常用切削加工方法及设备,说出机械加工工艺规程的一般设计方法。

1.6 本课程的地位、学习任务和方法

"机械工程基础"是军队院校非机械类本科高等教育专业必修的一门通识课程,作为一门综合性工程技术基础课程,是与兵器的结构、使用、维护联系极为密切的课程之一,是本科教育阶段首次任职培训的重要支撑课程,在军队院校指挥人才培养中具有基础性、先导性、通用性的作用,军校学员应重视本课程的学习。课程主要阐述一般工况条件下军事机械中的常用机构和通用零部件的工作原理、运动特点、结构特点、基本设计计算方法和使用维护的知识,旨在培养学员科学的机械工程技术观和良好的工程素养,课程教学以掌握概念、强化应用、培养技能为重点,注重分析和解决工程或武器装备机械中实际问题能力的培养。

通过本课程的学习,使学员掌握上述基本内容,具有管理、使用和维护军事机械的基本知识,并为后续课程,比如炮兵兵器技术基础,防空兵兵器技术基础,弹药技术基础,兵器的操作、维护、保养等课程的学习打下必要的基础;学员初步学会运用机械设计方面的手册和国家标准,初步掌握简单设计计算方法,具有分析机械故障,参与技术革新和设计简单机械传动装置的能力;更重要的在于培养学员分析、阐述机械工程问题的能力和严谨的科学思维方法,进而提高学员机械技术的应用能力,使学员能够运用机械工程知识理解和解决武器装备的实际问题,培育其以机械工程技术服务于指挥的国防责任感。

要学好本课程,首先要给予必要的重视,提高学习本课程的兴趣。"机械工程基础"是关

于机械力学、材料、成型、机构、零件、部件、制造等内容的一门综合性课程,它涉及的知识面很广,应用和实践性极强,重要的是如何将诸多知识综合运用,提高分析问题、解决问题的能力。所以学习时要勤于观察各种机构和零件,结合课程内容多思考,主动地理论联系实际,增加感性知识,以有助于本课程的学习。在学习过程中,还要适当做些练习和简单设计,加深对所学内容的理解。结合本课程的特点,综合部队训练的实际,理论联系实际,有效地掌握本课程的基本内容。

练 习 题

基本题

1-1 近代三次技术革命与机械有何联系?

1-2 何谓机械?

1-3 何谓机械工程?

1-4 机械类本科专业有哪些?

1-5 何谓军队机械化?

1-6 何谓军队信息化?

1-7 如何理解机械化与信息化的辩证关系?

1-8 机器的特征有哪三个?

1-9 机器与机构有何区别?

1-10 构件与零件有何区别?

1-11 本课程的研究对象是什么?

1-12 "机械工程基础"课程模块是如何设计的?

提高题

1-13 如何理解机械化水平是影响现代战争胜负的重要因素?

1-14 机械按功用如何分类?

1-15 机械工程的主要研究方向有哪些?

1-16 机械工程的二级学科有哪些?

1-17 军队机械化、信息化主要有哪些特征?

1-18 党的十八大报告对军队提出了怎样的机械化和信息化建设任务?

1-19 对具有下述功用的机器各举出两个实例:(1)原动机;(2)将机械能变换为其他形式能量的机器;(3)变换物料的机器;(4)变换或传递信息的机器;(5)传递物料的机器;(6)传递机械能的机器。

1-20 指出下列机器的动力部分、传动部分、控制部分和执行部分:(1)汽车;(2)自行车;(3)车床;(4)缝纫机;(5)电风扇;(6)录音机。

第 2 章　静力学基础

导入装备案例

图 2-1 为某型远程火箭炮定向器受力分析图,远程火箭炮定向器在重力的作用下,其重力矩随定向器俯仰角的变化而大幅度变化。那么,它是如何克服重力矩,实现平稳高低调炮的呢? 必须根据平衡条件进行受力分析。如何进行受力分析? 如何建立平衡方程? 这些问题将通过本章知识来解决。本章将介绍与受力分析相关的概念、规律和分析方法,重点讨论平面力系的平衡条件及其应用。

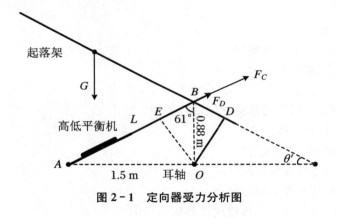

图 2-1　定向器受力分析图

2.1　静力学的基本概念和力学规律

2.1.1　基本概念

1. 力

力是物体间的相互作用,力对物件的作用效应使物体的机械运动发生变化,同时也发生变形。前者称为力的外效应(又称运动效应),后者称为力的内效应(又称变形效应)。

在理论力学中,把物体看作不变形的刚体,也就是只研究力的运动效应。

在材料力学中研究力的变形效应,即把物体的变形看成主要因素,这时就必须以另一种模型——变形固体来代替。

实践表明,力对物体的作用效应取决于以下三要素:① 力的大小;② 力的方向(包括方位和指向);③ 力的作用点。

在国际单位制中,以牛顿(N)或千牛顿(kN)为力的单位。

力是矢量,常用一个带箭头的直线段表示力,线段的长度按选定的比例表示力的大小,线段的方位及箭头指向表示力的方向,通常用线段的始端表示力的作用点,如图 2-2 所示。当用符号表示力矢量时,应用黑体字母 $\boldsymbol{F}$。白体字母 F 一般只代表力的大小。

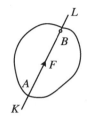

图 2-2　力的三要素

2. 力系

力系是指作用于同一物体的一群力。

各力的作用线在同一平面内的力系称为平面力系,不在同一平面内的力系称为空间力系。

各力的作用线相交于同一点的力系称为汇交力系(或共点力系),各力作用线相互平行的力系称为平行力系,各力作用线既不相交于一点又不相互平行的力系称为任意力系。

如果作用于物体上的力系可以用另一力系来代替而效果相同,那么这两个力系互称为等效力系。

如果物体在某一力系作用下,其运动状态不变,则称此力系为平衡力系。

3. 刚体

实践表明,任何物体受力后总会产生一些变形。但在通常情况下,绝大多数零件和构件的变形都是很微小的,甚至需要专门的仪器才能测量出来。

研究表明,在许多情况下,这种微小的变形对物体的外效应影响甚微,可以忽略不计,即不考虑力对物体作用时物体所产生的变形。

任何情况下均不变形的物体称为刚体。刚体是对实际物体经过科学的抽象和简化而得到的一种理想模型,它抓住了问题的本质。

然而当变形在所研究的问题中成为主要因素时(例如在材料力学中),一般就不能把物体看作是刚体了。

4. 平衡

所谓平衡,是指物体相对于地球处于静止或做匀速直线运动的状态。显然,平衡是机械运动的特殊形式。

作用在刚体上使刚体处于平衡状态的力系称为平衡力系,平衡力系应满足的条件称为平衡条件。

静力学研究刚体的平衡规律,即研究作用在刚体上的力系的平衡条件。

5. 力矩

实践证明,作用于物体上的力,一般不仅可使物体移动,还可使物体转动。由物理学知识可知,力使物体转动的效应是用力矩来度量的。

（1）力对点的矩

如图 2-3 所示，力 F 使刚体绕点 O 转动的效应，可用力 F 对 O 点的矩来度量。图中 O 点称为矩心，矩心到力 F 作用线的垂直距离称为力臂。

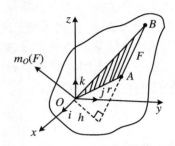

图 2-3　力对点的矩的矢量表示

在一般情况下，力 F 对点 O 的矩取决于以下三要素：

① 力矩的大小，即力 F 的大小与力臂的乘积，恰好等于三角形 OAB 面积的二倍。

② 力 F 与矩心 O 所构成平面的方位。

③ 在上述平面内，力 F 绕矩心 O 的转向。

显然这三个要素必须用一个矢量来表示：矢量的模等于力矩的大小，矢量的方位垂直于力与矩心所构成的平面，矢量的指向按右手螺旋法则确定。

该矢量称为力 F 对 O 点的矩矢，简称力矩矢，用符号表示为 $m_O(F)$。以 r 表示力 F 的作用点相对于矩心 O 的矢径 $\overrightarrow{OA}$，则

$$m_O(F) = r \times F \tag{2-1}$$

应当指出，力矩矢 $m_O(F)$ 与矩心的位置有关，因而力矩矢 $m_O(F)$ 只能画在矩心 O 处，所以力矩矢是定位矢量。

若以矩心为原点，建立直角坐标系 $Oxyz$，分别以 i、j、k 表示沿三根坐标轴正向的单位矢量。设力 F 作用点的坐标为 x、y、z，力 F 在三根坐标轴上的投影分别为 X、Y、Z。则有

$$m_O(F) = r \times F = (yZ - zY)i + (zX - xZ)j + (xY - yX)k$$

$$= \begin{vmatrix} i & j & k \\ x & y & z \\ X & Y & Z \end{vmatrix} \tag{2-2}$$

对于平面情形，力对点之矩只取决于力矩的大小和力矩的转向这两个要素，因而可用一代数量表示（图 2-4）：

$$m_O(F) = \pm Fh \tag{2-3}$$

正负号的规定是：逆时针转向的力矩为正值，反之为负值。

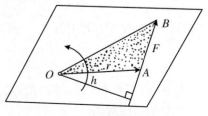

图 2-4　力对点的矩

（2）力对轴的矩

工程中，经常遇到物体绕定轴转动的情形，为了度量力对绕定轴转动物体的作用效果，提出了力对轴之矩的概念。

设力 F 作用在可绕 z 轴转动的物体上的 A 点（图 2-5）。过 A 点作一垂直于 z 轴的平面，两者交于点 O。将力 F 分解为平行于 z 轴的分力 F_z 和垂直于 z 轴的分力 F_{xy}：

$$F = F_z + F_{xy}$$

显然分力 F_z 不能使物体绕 z 轴转动，所以它对 z 轴的转动效应为零。而分力 F_{xy} 使物体绕 z 轴转动的效应，取决于力 F_{xy} 对 O 点的矩。因此，力对轴之矩等于此力在垂直于该轴的平面上的投影对轴与平面交点之矩，即

$$m_z(F) = m_O(F_{xy}) = \pm 2S_{\triangle OAB} = \pm F_{xy}h \tag{2-4}$$

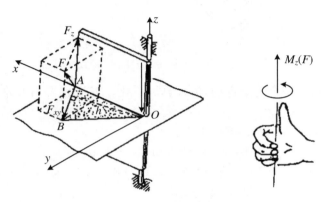

图 2-5 力对轴的矩

显然，力对轴的矩是一代数量，其正、负号按右手螺旋法则确定。

力对轴的矩的解析表达式也可表示如下：

$$m_z(F) = xY - yX$$
$$m_y(F) = zX - xZ \tag{2-5}$$
$$m_x(F) = yZ - zY$$

（3）力对点的矩与力对轴的矩的关系

由力对点的矩的解析表达式（2-2）式，力矩矢 $m_O(F)$ 在三个坐标轴上的投影分别为

$$[m_O(F)]_x = yZ - zY$$
$$[m_O(F)]_y = zX - xZ \tag{2-6}$$
$$[m_O(F)]_z = xY - yX$$

比较式（2-5）和式（2-6）可知，力对点的矩矢在通过该点的某轴上的投影等于力对该轴的矩，即

$$[m_O(F)]_x = m_x(F)$$
$$[m_O(F)]_y = m_y(F) \tag{2-7}$$
$$[m_O(F)]_z = m_z(F)$$

在国际单位制中，力矩的单位是 N·m。

例 2-1 如图 2-6 所示的支架，已知 $F = 10\ \text{kN}$，$AD = DB = 2\ \text{m}$，试求力 F 对 A、B、C、D 四点的力矩。

解 由力矩的定义可得

$$M_A(F) = F \times 4 \times \sin 60° = 34.6\,(\text{kN} \cdot \text{m})$$

$$M_D(F) = F \times 2 \times \sin 60° = 10 \times 2 \times \sin 60° = 17.3\,(\text{kN} \cdot \text{m})$$

力 F 的作用线通过 B 点，所以 $M_B(F) = 0$。

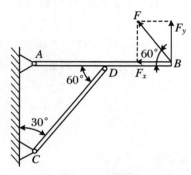

图 2-6 例 2-1 图

计算 $M_C(F)$ 时，可用合力矩定理，使计算简单化。将 F 沿竖直和水平方向分解成 F_x、F_y，得

$$\begin{aligned}
M_C(F) &= M_C(F_x) + M_C(F_y) \\
&= F\cos 60° \times 2 \times \tan 60° + F\sin 60° \times 4 \\
&= 10 \times \cos 60° \times 2 \times \tan 60° + 10 \times \sin 60° \times 4 \\
&= 51.96\,(\text{kN} \cdot \text{m})
\end{aligned}$$

6. 力偶

（1）力偶和力偶矩

在生活和生产实践中，我们常常同时施加大小相等、方向相反、作用线不在同一条直线上的两个力来使物体转动。例如，用两个手指拧动水龙头或转动钥匙，用双手转动汽车的方向盘或用丝锥攻螺纹等。在力学中，把这样的两个力称为力偶，用记号 (F, F') 表示。如图 2-7 所示，两力作用线所决定的平面称为力偶作用面，两力作用线之间的垂直距离称为力偶臂，力偶中两力所形成的转动方向，称为力偶的转向。

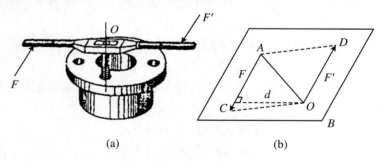

图 2-7 力偶

力偶是两个具有特殊关系的力的组合，它既不能合成为一个力，也不能用一个力来等效替换，并且也不能由一个力来平衡，力偶只能由力偶来平衡，因而力偶是一个基本力学量，它只能使物体产生转动效应。力偶使刚体绕一点转动的效应用力偶中两个力对该点的力矩之

和来度量。设有一力偶作用在刚体上,如图 2-8 所示,任取一点 O,两力对该点的矩之和为

$$m_O(F, F') = m_O(F) + m_O(F') = r_A \times F + r_B \times F'$$

$$= r_A \times F - r_B \times F = (r_A - r_B) \times F = BA \times F \qquad (2-8)$$

式中 r_A、r_B 分别表示两个力的作用点 A 和 B 对于 O 点的矢径,$BA \times F$ 称为力偶矩矢,用矢量 m 表示。由于矩心 O 是任取的,所以力偶对任一点的矩矢都等于分开力偶矩矢,它与矩心的位置无关,即力偶矩矢是自由矢量。

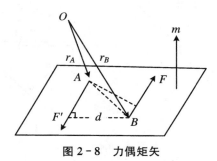

图 2-8 力偶矩矢

不难看出,力偶对刚体的转动效应完全决定于力偶矩矢 m(包括大小、方位和指向),从而得到力偶三要素:

① 力偶矩的大小,等于力偶中的力 F 的大小与力偶臂 d 的乘积。

② 力偶作用平面的方位。

③ 力偶在其作用平面内的转向(符合右手螺旋法则)。

对于平面问题,因为力偶作用面的方位一定,力偶对刚体的作用效应只决定于力偶矩的大小和力偶的转向这两个要素,所以力偶矩可用一代数量表示,即

$$m = \pm Fh \qquad (2-9)$$

在国际单位制中,力偶矩的单位是 N・m。

(2)力偶等效定理

上面讲到,力偶对刚体的转动效应完全决定于力偶矩矢 m,因此,作用于刚体上的两个力偶,若它们的力偶矩矢相等,则两力偶等效;对于平面问题,作用在刚体上同一平面内的两个力偶,若它们的力偶矩相等,则两个力偶等效。这就是力偶等效定理。

由上述定理可以得到力偶的下面两个性质:

性质 1 力偶可以在其作用面内任意移动,而不改变它对刚体的作用效应。

性质 2 只要保持力偶矩不变,可以任意地改变力偶中力的大小和相应地改变力偶臂的长短,而不影响它对刚体的作用效应。

(3)力偶系的合成与平衡

由于力偶矩矢是自由矢量,因此可将空间力偶系中的各力偶矩矢分别向任一点平移,从而得到一个共点矢量系。根据力的平行四边形法则可知,空间力偶系一般可以合成为一个合力偶,合力偶矩矢等于各分力偶矩矢的矢量和,即

$$M = m_1 + m_2 + \cdots + m_n = \sum m \qquad (2-10)$$

由二力平衡公理可知,空间力偶系平衡的必要和充分条件是:力偶系的合力偶矩矢等于零,亦即力偶系中各力偶矩矢的矢量和等于零,即

$$\sum m = 0 \qquad (2-11)$$

式(2-11)是力偶系平衡方程的矢量形式。将它投影到三根直角坐标轴上,可得到三个独立的代数方程。当一个刚体受空间力偶系的作用而平衡时,可用这些方程来求解三个未知量。

例2-2　横梁 AB 长度为 l,A 端为固定铰支座,B 端用杆 BC 支撑,如图2-9(a)所示。梁上作用一力偶,其力偶矩为 m。梁和杆自重均不计。试求铰链 A 的约束反力和杆 BC 的受力。

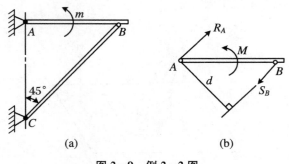

图2-9　例2-2图

解　取梁 AB 为研究对象。梁 AB 上作用有矩为 m 的力偶、铰链 A 处的约束反力 $\boldsymbol{R}_A$ 以及杆 BC 的约束反力 $\boldsymbol{S}_B$ 而处于平衡。由于力偶必须由力偶平衡,故 $\boldsymbol{R}_A$ 与 $\boldsymbol{S}_B$ 必组成一力偶,其转向与 m 相反,由此可确定 $\boldsymbol{R}_A$ 与 $\boldsymbol{S}_B$ 的指向,如图2-9(b)所示。由力偶系平衡条件,有

$$\sum \boldsymbol{m} = 0: m - S_B l\cos 45° = 0$$

得 $R_A = S_B = 2m/l$。

2.1.2　力学规律

这里主要介绍静力学公理。

1. 公理一

二力平衡公理　作用于刚体上的2个力,使刚体保持平衡的必要和充分条件是:2个力大小相等,方向相反,作用在同一条直线上。如图2-10所示。

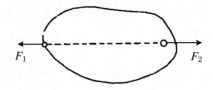

图2-10　二力平衡条件

工程中常见到只受二力作用而处于平衡的构件,称之为二力构件,或称二力杆,它所受的两个力沿作用点的连线具有等值、反向、共线的特性。

2. 公理二

力的平行四边形法则　作用在物体上同一点的两个力,可以合成为一个也作用于该点

的合力,合力的大小和方向由以这两个力为邻边所构成的平行四边形的对角线确定。如图 2-11(a)所示。这称为力的平行四边形法则,用矢量式表示为

$$\boldsymbol{R} = \boldsymbol{F}_1 + \boldsymbol{F}_2 \tag{2-12}$$

由作图求合力时,通常只需画出半个平行四边形,即三角形就足够了。从任一点 A 开始画矢量 $\boldsymbol{AB} = \boldsymbol{F}_1$,再从点 B 画矢量 $\boldsymbol{BC} = \boldsymbol{F}_2$,封闭边矢量 $\boldsymbol{AC}$ 便代表合力 $\boldsymbol{R}$ 的大小和方向,如图 2-11(b)所示。三角形 ABC 称为力三角形,这种求合力的方法称为力三角形法则。

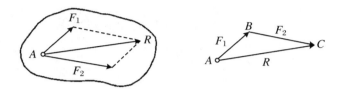

图 2-11　力的合成

力的平行四边形法则是力系合成的主要依据,同时它也是力分解的法则。在实际问题中,常将两力沿互相垂直的方向分解,所得的两个分力称为**正交分力**。

3. 公理三

加减平衡力系公理　在作用于刚体上的任何一个力系中,增加或减去任一个平衡力系,不改变原力系对刚体的作用。

（1）推论 1

力的可传性　作用于刚体上的力可以沿其作用线移动到刚体内的任意一点,而不改变该力对刚体的作用效应。

证明　设力 F 作用于某刚体上的点 A,如图 2-12(a)所示。在力 F 作用线上任取一点 B,加上等值、反向、共线的两个力 $\boldsymbol{F}_1$、$\boldsymbol{F}_2$,使 $\boldsymbol{F}_1 = -\boldsymbol{F}_2 = \boldsymbol{F}$,如图 2-12(b)所示。显然,$\boldsymbol{F}$、$\boldsymbol{F}_2$ 组成一对平衡力系,去掉该力系,于是只剩下作用于 B 点的力 $\boldsymbol{F}_1$,如图 2-11(c)所示,这就相当于将力 F 自点 A 沿其作用线移至点 B。

由上述讨论可知,作用于刚体上的力是滑移矢量,其三要素可总结为:力的大小、方向和作用线。

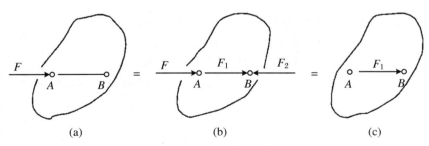

图 2-12　力的可传性

（2）推论 2

三力平衡汇交定理　刚体受三个力作用而处于平衡,其中两个力的作用线相交于一点,则此三力必在同一平面内,且汇交于同一点。

4. 公理四

作用与反作用定律　任何两个物体间相互作用的一对力总是大小相等,方向相反,沿同一直线,并同时分别作用在这两个物体上。这两个力互为作用力和反作用力。

力总是成对出现,有作用力必然有反作用力,它们同时出现,同时消失。

2.2　物体的受力分析

2.2.1　约束和约束反力

在空间可以任意运动的物体,如航行中的飞机、人造卫星等,称为自由体。而运动受到一定限制的物体,如放在桌子上的杯子,称为非自由体。

限制物体运动的其他物体称为约束。约束对该物体的作用力,称为约束反力,简称反力。

被约束的物体除受约束反力外,同时还承受其他载荷,如重力、气体压力、切削力等,称为主动力。

约束反力是由主动力引起的,是被动力,它不仅与主动力有关,还与约束的性质和非自由体的运动状态有关。

下面介绍工程中常见的几种约束类型。

1. 柔性体约束

绳子、链条、皮带、钢丝等柔性物体,特点是只能受拉,不能受压。所以柔性体约束只能限制物体沿柔性体伸长方向的运动,其约束反力必沿柔性体而背离被约束的物体,如图 2-13所示。

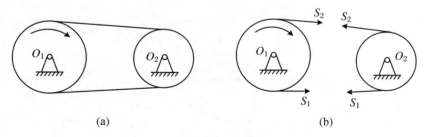

$$(a) \qquad\qquad\qquad (b)$$

图 2-13　柔性体约束

2. 光滑接触面约束

两物体间的接触面是光滑的,则被约束物体可沿接触面运动,或沿接触面在接触点的公法线方向脱离接触,但不能沿接触面的公法线方向压入接触面内。因此,其约束反力必通过接触点,沿接触面在该处的公法线,指向被约束物体,如图 2-14 所示。

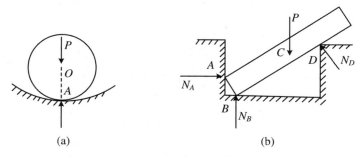

图 2-14　光滑面约束

3. 光滑铰链约束

这类约束包括圆柱形铰链约束、球形铰链约束和活动铰链约束。

（1）光滑圆柱形铰链约束

这类约束是由销钉连接两带孔的构件组成。工程中常见的有中间铰链约束和固定铰链约束两种形式。

销钉把具有相同孔径的两物体连接起来,便构成了中间铰链约束,如图 2-15(a)所示。当忽略摩擦时,销钉对两物体的约束相当于光滑面约束,因此其约束反力必沿接触面的公法线而指向物体。但物体与销钉的接触点的位置与其受力有关,预先不能确定,所以以约束反力的方向亦不能确定,通常用两正交分量来代替。图 2-15(b)为其力学模型。

如果销钉连接的两物体中有一个固联于地面,如图 2-16(a)所示,这类约束称为固定铰链约束,其约束反力的表示方法与中间铰链约束相同,图 2-16(b)为其力学模型。

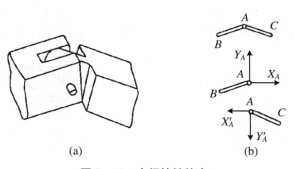

图 2-15　中间铰链约束

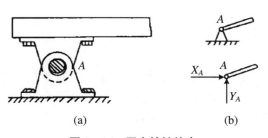

图 2-16　固定铰链约束

　　径向轴承是工程中常见的一种约束,如图 2-17(a)所示。图 2-17(b)为其力学模型。其约束反力的表示方法与光滑圆柱形铰链相同,如图 2-17(c)所示。

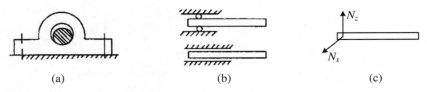

(a) (b) (c)

图 2-17　径向轴承约束

　　(2) 球形铰链约束

　　这是一种空间约束形式。杆端的球体放在球窝内便构成了球形铰链约束,如图 2-18(a)所示。图 2-18(b)为其力学模型。球体可在球窝内任意转动,但不能沿径向移动,因此其约束反力作用于接触点且通过球心。但由于接触点的位置与其受力有关,不能预先确定,故约束反力亦不能预先确定,可用三个正交分量来代替,如图 2-18(c)所示。

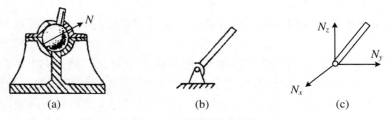

(a) (b) (c)

图 2-18　球形铰链约束

　　(3) 活动铰链约束

　　根据工程需要,在铰链支座和支承面之间装上一排滚轮,便构成了活动铰链约束,如图 2-19(a)所示,简称活动支座或辊座。显然,这种支座的约束性质与光滑接触面相同,其约束反力垂直于支承面,且作用线过铰链中心。图 2-19(b)为其力学模型。

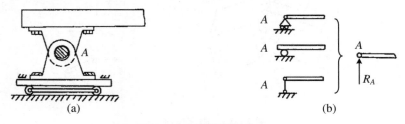

(a) (b)

图 2-19　活动铰链约束

2.2.2　受力分析和受力图

　　在工程实际中,为了求出未知的约束反力,必须首先根据已知条件和待求量,从有关物体中选取研究对象,分析其受力情况,这个过程称为受力分析。

　　在受力分析时,可设想将所研究的物体从周围物体中分离出来,被分离出来的物体称为分离体。

在分离体上画出其全部外力(包括主动力和约束反力)的简图,称为受力图。

受力图是研究力学问题的基础。画受力图是工程技术人员的基本技能,是解决静力学问题的先决条件。下面举例说明画受力图的步骤。

例 2-3　如图 2-20(a)所示的三铰拱结构,由左、右两拱铰接而成。设各拱自重不计,在拱 AC 上作用一铅垂载荷 P。试分别画出拱 AC 和 BC 的受力图。

解　(1) 取拱 BC 为研究对象,画出其受力图。

由于自重不计,BC 只在 B、C 两处受到铰链约束,因此拱 BC 为二力杆。由二力平衡条件,可确定 B、C 处的约束反力 F_B、F_C,如图 2-20(b)所示。

(2) 取拱 AC 为研究对象,画出其受力图。

由于自重不计,主动力只有载荷 P。在铰链 C 处拱受到 BC 给它的反作用力 F'_C。由作用和反作用定律,$F'_C = -F_C$。由于 A 处约束反力方位未定,可用两正交分量 X_A、Y_A 代替,如图 2-20(c)所示。

另外,通过进一步分析可知,拱 AC 在三个共面力作用下处于平衡状态,由三力平衡汇交定理,可确定铰链 A 处约束反力 F_A 的方位,如图 2-20(d)所示。

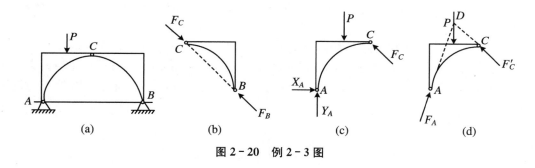

图 2-20　例 2-3 图

2.3　力系的平衡方程及其应用

2.3.1　力线平移定理

设在刚体上的 A 点作用着力 F,O 为刚体上任取的一个指定点,如图 2-21(a)所示。现在点 O 处加上一对平衡力 F'、F'',且使 $F' = -F'' = F$(图 2-21(b)),显然,力 F 与 F'' 组成一力偶,称为附加力偶,其力偶臂为 d。这样,原来作用于点 A 的力 F 可以由作用于点 O 的力 F' 与附加力偶 (F, F'') 代替(图 2-21(c))。附加力偶矩为

$$m_O = \pm Fd = m_O(F) \tag{2-13}$$

于是可以得出结论:作用于刚体上的力可以平移到刚体内的任一点,但为了保持原力对刚体的作用效应不变,必须附加一力偶,该附加力偶的矩矢等于原来的力对指定点的力矩矢。这就是力的平移定理,也称力线平移定理。

根据力线平移定理,可将一个力化为一个力和一个力偶。反之,也可将同平面内的一个

力和一个力偶合成为一个力。

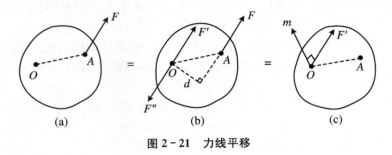

图 2-21　力线平移

2.3.2　力系向一点的简化及结果

1. 简化方法

设有一空间力系 $\{F_1, F_2, \cdots, F_n\}$，分别作用在刚体上的 $A_1, A_2, \cdots, A_n$ 处，如图 2-22 (a)所示。

在刚体上任选一点 O，称为简化中心。

运用力的平移定理，将力系中各力均向 O 点平移，这样，整个力系就被一个空间共点力系 $\{F'_1, F'_2, \cdots, F'_n\}$ 和一个附加的空间力偶系 $\{m_1, m_2, \cdots, m_n\}$ 等效替换，如图 2-22(b) 所示。

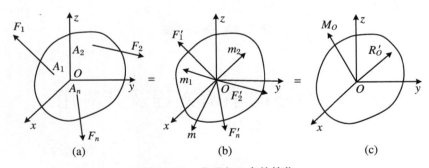

图 2-22　力系向一点的简化

由力的平移定理可知，$F'_i = F_i$，$m_i = m_O(F_i)$，故作用于 O 点的空间共点力系可合成为作用线过 O 点的一个力 R'，显然

$$R' = \sum F' = \sum F \tag{2-14}$$

附加的空间力偶系可合成为一个力偶 M，显然

$$M = \sum m = \sum m_O(F_i) \tag{2-15}$$

2. 主矢和主矩

空间力系中各力的矢量和称为该力系的主矢，记为 R'，即

$$R' = \sum F = (\sum X)i + (\sum Y)j + (\sum Z)k \tag{2-16}$$

空间力系中各力对简化中心之矩的代数和称为该力系对简化中心的主矩。

原力系中各力对简化中心点 O 之矩的代数和,称为空间任意力系对简化中心的主矩,记为 M_O,即

$$M_O = \sum m_O(F_i) = \left[\sum m_x(F)\right]i + \left[\sum m_y(F)\right]j + \left[\sum m_z(F)\right]k \quad (2-17)$$

由此可知,空间力系向任一点简化得到一个力和一个力偶,其中该力的力矢等于力系的主矢,其作用线通过简化中心;该力偶的矩矢等于力系对同一简化中心的主矩。主矢与简化中心的选择无关,而主矩一般与简化中心的选择有关。

2.3.3 力系的简化

本节研究一般力系的简化问题。采用力系向一点简化的方法,它在静力学中占有重要的地位,并具有广泛的应用。

1. 平面力系的简化

若力系中各力的作用线在同一平面内任意分布,则该力系称为平面任意力系,简称为平面力系。显然平面力系是空间力系的特例,故空间力系简化的方法和结果对平面力系同样有效。平面力系的最终简化结果只有下列三种可能:平衡、合力偶、合力。

例 2-4 分析如图 2-23 所示固定端约束及其反力的表示方法。

解 固定端约束是物体的一部分嵌固于另一物体所构成的约束形式,图 2-23(a)为其计算简图。这种约束使物体既不能移动又不能转动。物体嵌固部分的受力比较复杂,但是不管它们如何分布,在平面问题中,这些力均可视为一平面任意力系,如图 2-23(b)所示。根据力系简化理论,可将它们向 A 点简化得到一个力和一个力偶,通常表示成如图 2-23(c)所示。

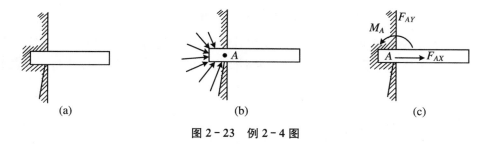

(a)　　　　　　　　(b)　　　　　　　　(c)

图 2-23 例 2-4 图

2. 空间力系简化结果的讨论

(1) $R' = 0$,$M_O = 0$,此时共点力系、力偶系都平衡;物体静止,或匀速移动,或匀速转动,或为匀速移动和匀速转动的合成。

(2) $R' = 0$,$M_O \neq 0$,此时共点力系平衡,但力偶系不平衡;物体转动呈变速状态,角加速度不为零。

(3) $R' \neq 0$,$M_O = 0$,此时力偶系平衡,但共点力系不平衡;物体移动呈变速状态,线加速度不为零。

(4) $R' \neq 0$,$M_O \neq 0$,此时共点力系、力偶系都不平衡;物体移动和转动都呈变速状态,线

加速度和角加速度都不为零。又可分为三种情况：

① $R' \perp M_O$。由力的平移定理证明的逆过程可知,此时力系可进一步合成为一个合力,合力的作用线位于通过 O 点且垂直于 M_O 的平面内(图 2 - 24),其作用线至简化中心的距离

$$d = |M_O|/R' \qquad\qquad (2-18)$$

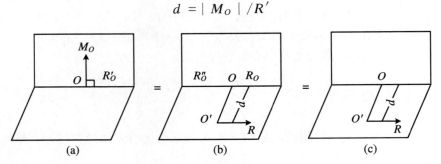

图 2 - 24　$R' \perp M_O$ 简化成一个合力

② $R' /\!/ M_O$。这时力系不能再进一步简化。这种结果称为力螺旋。当 R' 与 M_O 同向时,称为右手螺旋(图 2 - 25(a));当 R' 与 M_O 反向时,称为左手螺旋(图 2 - 25(b))。力螺旋中力的作用线称为力螺旋的中心轴。在上述情况下,中心轴通过简化中心。在工程实际中力螺旋是很常见的,例如钻孔时钻头对工件施加的切削力系,子弹在发射时枪管对弹头作用的力系,空气或水对螺旋桨的推进力系等,都是力螺旋的实例。

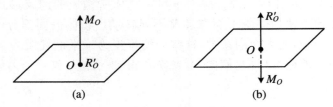

图 2 - 25　力螺旋

③ R' 与 M_O 成任意角度。可进一步简化,最后结果也是力螺旋(略)。

必须指出:力螺旋不能与一个力等效,也不能与一个力偶等效,即不能再进一步简化,它也是一种最简单的力系。

2.3.4　力系的平衡

1. 平面力系的平衡方程

平面力系是空间力系的特殊情形。平面任意力系的平衡方程为

$$\sum X = 0, \quad \sum Y = 0, \quad \sum m_z(F) = 0 \qquad (2-19)$$

式(2 - 19)是平面任意力系平衡方程的基本形式,它包含三个独立的方程,可求解三个未知量。平面任意力系平衡方程还有如下两种形式：

$$\sum X = 0, \quad \sum m_A(F) = 0, \quad \sum m_B(F) = 0 \qquad (2-20)$$

其中,x 轴与 A、B 两点的连线不垂直。

$$\sum m_A(F) = 0, \quad \sum m_B(F) = 0, \quad \sum m_C(F) = 0 \qquad (2-21)$$

其中，A、B、C 三点不共线。

以上讨论了平面任意力系的三种不同形式的平衡方程。在解决实际问题时，可以根据具体条件选取某一种形式。现举例说明求解平面任意力系平衡问题的方法和步骤。

例 2-5　旋转式起重机如图 2-26(a)所示，起重机自重 $W = 10 \text{ kN}$，其重心 C 至转轴的距离为 1 m，被起吊的重物 $Q = 40 \text{ kN}$，其尺寸如图所示。试求止推轴承 A 和径向轴承 B 的约束反力。

解　(1) 取起重机(包括被起吊的重物)为研究对象。

(2) 受力分析。起重机除受到其自重 W 与重物重量 Q 的作用外，还有止推轴承 A 的约束反力：铅垂向上的力 Y_A 和水平力 X_A，径向轴承 B 的约束反力只有水平反力 N_B。X_A、Y_A、N_B 指向可任意假设。受力分析如图 2-26(b)所示。

(3) 建立坐标系 Axy 如图 2-26(b)所示。

(4) 列平衡方程求解：

$$\sum m_A(F) = 0: -1W - 3Q - 5N_B = 0$$

$$N_B = -(W + 3Q)/5 = -26 \text{ (kN)}$$

$$\sum X = 0: X_A + N_B = 0$$

$$X_A = -N_B = 26 \text{ (kN)}$$

$$\sum Y = 0: Y_A - W - Q = 0$$

$$Y_A = W + Q = 50 \text{ (kN)}$$

其中力 N_B 为负值，说明它的实际指向与假设的指向相反。

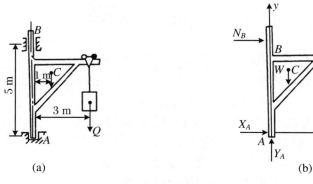

图 2-26　例 2-5 图

例 2-6　如图 2-27(a)所示，重物用钢丝绳挂在支架的滑轮 B 上，$G = 20 \text{ kN}$，钢丝绳的另一端缠绕在绞车 D 上。杆 AB 与 BC 铰链连接，并以铰链 A、C 与墙连接形成固定铰链支座。如果两杆和滑轮的自重不计，并忽略摩擦和滑轮的大小，试求平衡时杆 AB 和 BC 所受的力。

解　(1) 取研究对象。AB、BC 两杆都是二力杆，假设杆 AB 受拉力，杆 BC 受压力，为了求出这两个未知力，可通过求两杆对滑轮的约束力来解决。因此，选取滑轮 B 为研究对象。

（2）画滑轮 B 的受力图。滑轮受到钢丝绳的拉力 F_1 和 F_2，$F_1 = F_2 = G$。此外，杆 AB 和 BC 对滑轮的约束反力为 F_{AB} 和 F_{BC}。由于滑轮的大小可忽略不计，故这些力可看作是平面汇交力系，如图 2-27(b) 所示。

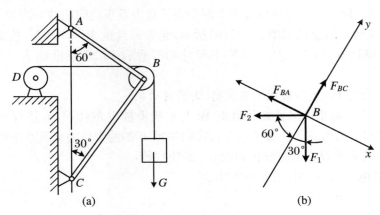

图 2-27　例 2-6 图

（3）列平衡方程。选取坐标轴如图 2-27(b) 所示。为使每个未知力只在一个轴上有投影，在另一轴上的投影为零，坐标轴应尽量取在与未知力作用线相垂直的方向。这样在一个平衡方程中只有一个未知数，不必解联立方程，即

$$\sum F_X = 0 : - F_{BA} + F_2 \cos 30° - F_1 \cos 60° = 0 \tag{a}$$

$$\sum F_Y = 0 : F_{BC} - F_2 \cos 60° - F_1 \cos 30° = 0 \tag{b}$$

（4）求解方程。

由式（a）得

$$F_{BA} = -0.366G = -7.32 \ (\text{kN})$$

由式（b）得

$$F_{BC} = 1.366G = 27.32 \ (\text{kN})$$

F_{BC} 为正值，表示这力的假设方向与实际方向相同，即杆 BC 受压力。F_{BA} 为负值，表示这力的假设方向与实际方向相反，即杆 AB 也受压力。

例 2-7　图 2-28 为某型火箭炮高低平衡机结构简图，图中 O 点为耳轴动中心，θ' 为定向器俯仰角，A 点为高低机与回转体连接点，B 点为与起落架的连接点，F_C 为平衡力，F_D 为高低机工作力。在满载极限状态时，起落架重量为 14609 kg，耳轴 O 到起落架重心的距离为 2.644 m，$\theta_0 = 14.5°$，试求 θ' 为 50° 时工作力 F_D 为多大？

解　（1）求重力矩 $M_O(G)$。根据力矩定义，重力 G 对 O 点的重力矩表达式为

$$M_O(G) = G \cdot L \cos(\theta' + \theta_0) = 14609 \times 9.8 \times 2.644 \times \cos(50° + 14.5°)$$
$$= 162964.3 \ (\text{N} \cdot \text{m})$$

（2）求平衡力矩 $M_O(F_C)$：

$$M_O(F_C) = -\frac{24.36 \times 10^4 \times \sin(\theta' + 61°)}{(10\sqrt{3 - 2.64\cos(\theta' + 61°)} - 6.78)\sqrt{3 - 2.64\cos(\theta' + 61°)}}$$
$$= -8601.4 \ (\text{N} \cdot \text{m})$$

（3）求工作力矩 $M_O(F_D)$。起落架部分力矩平衡方程为

$$M_O(G) + M_O(F_C) + M_O(F_D) = 0$$

将数据代入公式，经计算得

$$M_O(F_D) = - M_O(G) - M_O(F_C) = 8601.4 - 162964.3 = - 154362.9 \ (\text{N} \cdot \text{m})$$

（4）求工作力 F_D。由 $M_O(F_D)$ 的值判断 F_D 方向如图所示，则

$$F_D = M_O(F_D)/(0.88 \times \sin 61°) = 200471.3 \ (\text{N} \cdot \text{m})$$

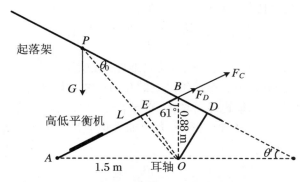

图 2 - 28　某型火箭炮高低平衡机结构简图

例 2 - 8　图 2 - 29 为刚性炮架火炮的受力情况图。在军事中，刚性炮架是指火炮炮身通过其上的耳轴与炮架直接刚性连接，炮身只能绕耳轴做俯仰转动，与炮架间无相对移动。发射时，全部后坐力均通过耳轴直接作用于炮架上。其中力 $p_t \cos\varphi$ 使炮架向后移动，力矩使炮架绕驻锄支点 B 转动，这使车轮离地而跳动，造成火炮射击时的不稳定性。已知85 mm加农炮，其基本参数为 $p_t = 148400 \ \text{kg}$，$Q_z = 1725 \ \text{kg}$，$h = 0.935 \ \text{mm}$，试设计其大架尺寸 D。

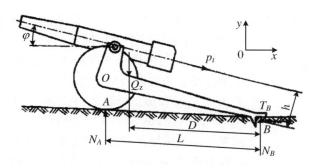

图 2 - 29　发射时刚性炮架火炮受力图

解　（1）火炮发射时的稳定条件。

设计中，为保证火炮达到一定的射击精度和发射速度，应满足火炮射击稳定性条件，包括射击时的静止条件和稳定条件。

假定火炮处于平衡状态，可列出下列方程：

$$\sum x = 0 : p_t \cos\varphi - T_B = 0$$

$$\sum y = 0 : N_B + N_A - p_t \sin\varphi - Q_z = 0$$

$$\sum M_B = 0 : p_t h + N_A \cdot L - Q_z D = 0$$

式中，φ 为射角；N_A 为地面对车轮的垂直反力；N_B 为土壤对驻锄的垂直反力；T_B 为土壤对驻锄的水平反力；D、L 分别为全炮质心、车轮着地点至点 B 的距离；Q_z 为火炮自重。

① 静止条件。由上列方程可知，火炮保持静止性（在水平面上不移动）的条件是

$$T_B \geqslant p_t \cos \varphi$$

当 $\varphi = 0°$ 时，为极限状态，即 $T_B \geqslant p_t$ 使火炮保持静止性。

② 稳定条件。火炮保持稳定性的条件是车轮不离地，即

$$N_A = \frac{Q_z \cdot D - p_t \cdot h}{L} \geqslant 0$$

极限情况是当 $N_A = 0$ 时，$Q_z \cdot D > p_t \cdot h$，使火炮保持稳定性。

（2）刚性炮架火炮发射时满足稳定条件下的几何尺寸设计分析。

随着火炮威力的提高，p_t 值也显著增大，直至几十吨乃至几百吨。若仍采用刚性炮架，要想满足上述静止条件和稳定条件，必须大大增加火炮质量。但 Q_z 增大，炮架长度也要随之加长。根据稳定性条件，有

$$D \geqslant \frac{p_t \cdot h}{Q_z} = \frac{148400 \times 0.935}{1725} = 80 \ (\text{m})$$

因此，要使火炮不跳动，需要有长达 80 m 的大架，这显然是不允许的。如要在大架长为 4 m 的情况下而保持射击时的稳定性，则火炮质量应大于 34.6 t，这使火炮过于笨重而不堪实用。因此，目前除了无坐力炮外，已不再使用刚性炮架。而弹性炮架的出现使火炮在射击时的受力只有原来的十分之一甚至几十分之一，在保证火炮机动性的同时为火炮威力的大幅度提高创造了条件。

*2. 空间力系的平衡方程

设有作用于点 O 的力 $\boldsymbol{F}$，以点 O 为坐标原点作空间正交坐标系 $Oxyz$，并以力 $\boldsymbol{F}$ 为对角

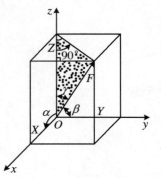

图 2-30　直接投影法

线，各棱边分别平行于坐标轴 x、y、z 作正六面体，如图 2-30 所示。设力 $\boldsymbol{F}$ 与坐标轴之间的夹角分别为 α、β、γ，而力 $\boldsymbol{F}$ 在三个坐标轴上的投影分别记为 X、Y、Z。由空间几何关系可得出力 $\boldsymbol{F}$ 在空间直角坐标轴上的投影的计算公式：

$$X = F\cos \alpha, \quad Y = F\cos \beta, \quad Z = F\cos \gamma \quad (2\text{-}22)$$

上面求力在坐标轴上投影的方法称直接投影法。

当力 $\boldsymbol{F}$ 与坐标轴 Ox、Oy 之间的夹角不易确定时，可先把力投影到坐标平面 Oxy 上，得到力 $\boldsymbol{F}_{xy}$，然后再将这个力投影到 x 轴和 y 轴上，如图 2-31 所示。已知角 γ 和 φ，则力 $\boldsymbol{F}$ 在三个坐标轴上的投影分别为

$$X = F\sin \gamma\cos \varphi, \quad Y = F\sin \gamma\sin \varphi, \quad Z = F\cos \gamma \quad (2\text{-}23)$$

这种求力在坐标轴上投影的方法，叫二次投影法。

力也可以沿三个坐标轴分解。若以 $\boldsymbol{F}_x$、$\boldsymbol{F}_y$、$\boldsymbol{F}_z$ 分别表示力 $\boldsymbol{F}$ 沿直角坐标轴的分量，以 $\boldsymbol{i}$、$\boldsymbol{j}$、$\boldsymbol{k}$ 分别表示沿坐标轴方向的单位矢量，则力 $\boldsymbol{F}$ 的解析表达式可写为

$$\boldsymbol{F} = \boldsymbol{F}_x + \boldsymbol{F}_y + \boldsymbol{F}_z = X\boldsymbol{i} + Y\boldsymbol{j} + Z\boldsymbol{k} \quad (2\text{-}24)$$

若已知力 $\boldsymbol{F}$ 在正交坐标系 $Oxyz$ 三个轴上的投影，则力 $\boldsymbol{F}$ 的大小和方向余弦为

$$F = \sqrt{X^2 + Y^2 + Z^2}$$
$$\cos\alpha = X/F, \quad \cos\beta = Y/F, \quad \cos\gamma = Z/F \tag{2-25}$$

由力系的简化理论知,空间力系平衡的必要和充分条件是:该力系的主矢和对任一点的主矩分别等于零,即

$$\boldsymbol{R}' = 0, \quad \boldsymbol{M}_O = 0$$

写成投影形式为

$$\sum X = 0, \quad \sum Y = 0, \quad \sum Z = 0$$
$$\sum m_X(\boldsymbol{F}) = 0, \quad \sum m_Y(\boldsymbol{F}) = 0, \quad \sum m_Z(\boldsymbol{F}) = 0 \tag{2-26}$$

上式称为空间力系的平衡方程,它包含 6 个独立的方程,可求解 6 个未知量。

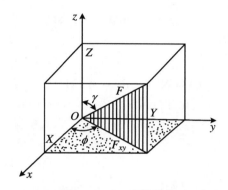

图 2 - 31　二次投影法

空间任意力系是最普遍的力系,其他力系均属于其特殊情形。因此,其他力系的平衡方程均可由式(2-26)导出。现举例说明求解空间任意力系平衡问题的方法和步骤。

例 2 - 9　重为 $Q = 10\ \text{kN}$ 的重物由电动机通过链条带动等速地被提升,如图 2 - 32 所示。链条与水平线(x 轴)成 $30°$ 角,已知 $r = 0.1\ \text{m}$,$R = 0.2\ \text{m}$,链条主动边的张力 T_1 为从动边张力 T_2 的两倍,即 $T_1 = 2T_2$。试求轴承 A、B 的反力及链条的张力。

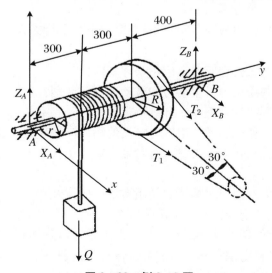

图 2 - 32　例 2 - 9 图

解 （1）取转轴（包括重物）为研究对象。

（2）受力分析。重力 Q，链条的拉力 T_1 和 T_2，以及向心轴承 A 和 B 的约束反力 X_A、Z_A 和 X_B、Z_B，这些力组成一空间任意力系，受力图如图 2-32 所示。

（3）建立正交坐标系 $Axyz$。

（4）列平衡方程：

$$\sum m_X(F) = 0: 1.0Z_B - 0.3Q + 0.6T_1\sin30° - 0.6T_2\sin30° = 0$$

$$\sum m_Y(F) = 0: rQ + RT_2 - RT_1 = 0$$

$$\sum m_Z(F) = 0: -0.1X_B - 0.6T_1\cos30° - 0.6T_2\cos30° = 0$$

$$\sum X = 0: X_A + X_B + T_1\cos30° + T_2\cos30° = 0$$

$$\sum Z = 0: Z_A + Z_B - Q + T_1\sin30° - T_2\sin30° = 0$$

$$T_1 = 2T_2$$

解上述方程组可得

$$T_1 = 10\,(kN), \quad T_2 = 5\,(kN)$$
$$X_A = -5.2\,(kN), \quad Z_A = 6\,(kN)$$
$$X_B = -7.7910\,(kN), \quad Z_B = 1.5\,(kN)$$

练 习 题

基本题

2-1 力有哪两个效应？理论力学研究何效应？材料力学研究何效应？

2-2 力对物体的作用有哪三要素？

2-3 何谓力系？平面力系与空间力系、汇交力系与平行力系、等效力系与平衡力系有何区别？

2-4 静力学有哪四大公理？各自应用条件如何？

2-5 何谓约束和约束反力？主动力和被动力有何区别？

2-6 工程中常见哪些约束类型？各自特点如何？

2-7 力使物体产生什么运动效应？力矩又使物体产生什么运动效应？

2-8 何谓力矩矢？它是何种矢量？力对轴之矩等于什么？力矩矢和力对轴之矩间有何关系？

2-9 何谓力偶矩矢？力偶对物体的作用有哪三要素？

2-10 何谓力偶等效定理？它可引出哪两个性质？

2-11 力偶系平衡的条件是什么？它与共点力系平衡条件有何区别？

2-12 何谓力线平移定理？它与力的可传性有何区别？

2-13 何谓主矢、主矩？力系向一点的简化结果如何？

2-14　空间力系简化结果有几种情况？各自特点如何？

2-15　何谓力螺旋？有何特点？

2-16　平面力系最终简化结果有哪三种可能？

2-17　确定物体重心位置的方法有哪些？

2-18　空间力系平衡方程包含几个独立方程？平面力系平衡方程有哪几种形式？

2-19　画出图 2-33 中每个标注字符物体的受力图。各题整体受力图中未画出重力的物体的重量均不计,所有接触处均为光滑接触。

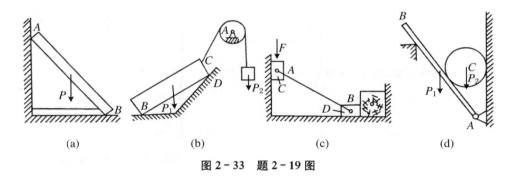

| (a) | (b) | (c) | (d) |

图 2-33　题 2-19 图

提高题

2-20　如图 2-34 所示,求解各情形下的约束反力,计算所需的几何尺寸可自行标识。

2-21　如图 2-35 所示,曲柄连杆活塞机构的活塞上受力 $F = 400\,\text{N}$,如不计所有杆件的重量,试问在曲柄上加多大的力偶矩 M 方能使机构在图示位置平衡。尺寸如图中所示,单位为 mm。

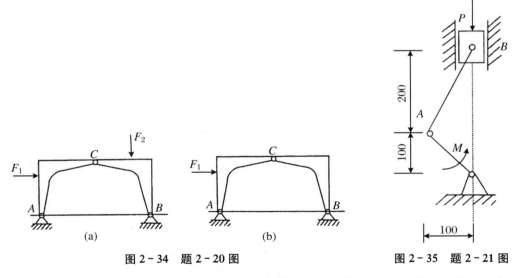

图 2-34　题 2-20 图　　　　　图 2-35　题 2-21 图

2-22　如图 2-36 所示的水平横梁 AB,A 端为固定铰链支座,B 端为一滚动支座。梁的长为 $4a$,梁重为 P,作用在梁的中点 C。在梁的 AC 段上受均布载荷 q,在梁的 BC 段上受力偶作用,力偶矩 $M = Pa$。试求 A 和 B 处的支座反力。

2-23 如图 2-37 所示构架，由直杆 BC、CD 及直弯杆 AB 组成，各杆自重不计，杆 BC 受弯矩 M 作用，销钉 B 穿透 AB 及 BC 两构件，求固定端 A 的约束反力。

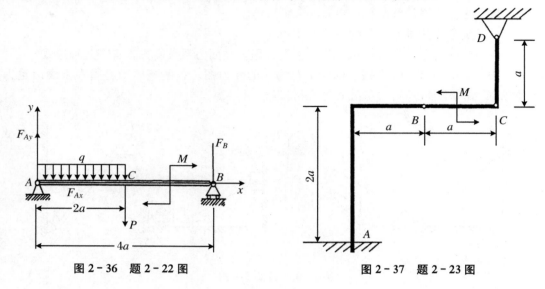

图 2-36　题 2-22 图　　　　　　图 2-37　题 2-23 图

第3章 材料力学

导入装备案例

图3-1为某型自行加榴炮扭杆悬挂系统示意图,其中扭力轴将车体和负重轮相连接,车辆受到冲击时,起到缓冲减振的作用。扭力轴受冲击时,会产生什么样的变形? 过大的变形将产生什么样的失效形式? 如何设计才能避免失效? 这些问题将通过本章知识来解决。本章主要学习构件在外力作用下的强度、刚度问题的分析计算,为合理设计构件打下必要的力学基础。

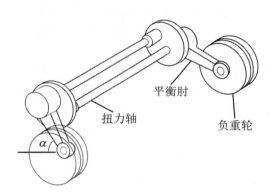

图 3 - 1　某型自行加榴炮扭杆悬挂系统示意图

3.1　材料力学基本知识

3.1.1　材料力学基本概念及假设

为保证构件能够正常工作,要求每个构件具有一定的承载能力。构件的承载能力包括以下三个方面的要求:

(1)强度要求。强度是指构件在外力作用下具有足够抵抗破坏的能力。构件在载荷作用下出现断裂或发生塑性变形都是强度不够造成的,如机床主轴、起重机钢丝绳的断裂等。

(2)刚度要求。刚度是指构件在外力作用下具有足够抵抗变形的能力。例如传动轴变形过大,将使轴上齿轮啮合不良,引起振动,使机器不能正常运转。

（3）稳定性要求。稳定性是指构件在外力作用下,具有保持原有平衡状态的能力。例如千斤顶的螺杆等细长直杆,在一定的压力作用下,会突然变弯或折断。这种突然失去原有直线平衡状态的现象,称为压杆失稳。

如果构件的截面尺寸不足或材料选择不当,不能满足上述要求,将不能保证工程结构或机械的正常工作。相反,如果不恰当地加大构件截面尺寸或选用高强度材料,又会提高成本且使结构笨重。

材料力学的任务就是为受力构件提供强度、刚度和稳定性计算的理论基础,从而为构件选用合适的材料,确定合理的形状和尺寸,以达到既经济又安全的要求。

在静力学中,忽略物体在载荷作用下形状尺寸的改变,将物体抽象为刚体。实际上,任何物体在载荷作用下都要发生变形。在材料力学中,研究作用在物体上的力与变形的规律,即使变形很小也不能忽略,因此将构件抽象为变形体。

构件在载荷作用下发生的变形可分为两类。卸去载荷后能够消失的变形称为弹性变形,而卸去载荷后不能够完全消失的变形称为塑性变形或残余变形。

变形体的结构和性能非常复杂,为便于理论分析和简化计算,需抓住其主要性质,忽略其次要性质,故此对变形体做出以下假设。

（1）均匀连续性假设:假定变形体内毫无空隙地充满了物质,并且体内各处具有相同的性质。分子间的空隙与构件尺寸相比极其微小,可以忽略。因此,可用连续函数来描绘相关的物理量。

（2）各向同性假设:假设变形体沿各个方向的机械性能完全相同。大多数金属材料如钢材、铜等,可认为是各向同性的材料;木材、复合材料等属于各向异性的材料。

（3）小变形假设:假设变形体在外力作用下产生的变形与其本身尺寸比较起来是微小的。据此,根据平衡条件求外力时,可不考虑力作用点由于变形而引起的位移,使计算简化。

3.1.2　构件的受力与变形形式

1. 构件受力的种类

工程结构或机械工作时,其各部分均受到力的作用,并将其互相传递,这些作用在构件上的力称为载荷。

按照载荷作用特征,可分为集中载荷和分布载荷两类。

经由极小的面积(与构件本身相比)传递给构件的力,称为集中载荷。在计算时,一般认为集中载荷作用于一点。

作用于构件某段长度或面积上的外力称为分布载荷。若分布在整个面积上的力处处相等,称为均匀分布载荷。反之,则称为不均匀分布载荷。

按照载荷作用性质可分为静载荷和动载荷两类。静载荷的大小不随时间变化或很少变化,动载荷的大小随时间迅速改变。

2. 变形的形式

实际杆件的受力可以是各式各样的,但都可以归纳为4种基本变形形式:轴向拉伸或压缩、剪切、扭转和弯曲。

（1）轴向拉伸或压缩

当杆件两端承受沿轴线方向的拉力或压力时,杆件将产生轴向伸长或缩短,其横截面变细或变粗,如图3-2所示。

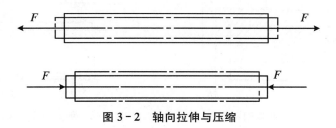

图 3-2　轴向拉伸与压缩

（2）剪切

当物体受到两个相距很近、平行、反向的作用力时,杆件将在两力之间的截面 $m-n$ 处产生相对滑移,这就是剪切变形,如图3-3所示。

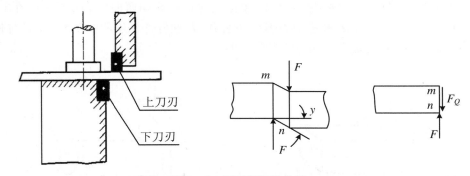

图 3-3　承受剪切的构件

（3）扭转

当作用在杆件上的载荷是一对大小相等、方向相反、作用面均垂直于杆件轴线的力偶 M_e 时,杆件将发生扭转变形,即杆件各横截面绕杆轴线发生相对转动,如图3-4所示。工程上常把传递转矩的杆件称为轴。

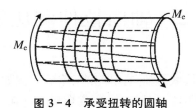

图 3-4　承受扭转的圆轴

（4）弯曲

当外力或外力偶矩作用在杆件的纵向对称平面内(如图3-5所示的阴影部分)时,杆件将发生弯曲变形,其轴线由直线变成曲线,如图3-6所示。工程上常把承受弯曲的杆件称为梁。

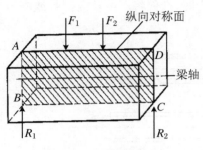

图 3-5 纵向对称平面

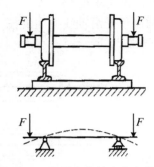

图 3-6 承受弯曲的火车车轮轴

（5）组合变形

由两种或两种以上基本变形叠加而成的变形形式称为组合变形。如图 3-7 所示，杆件在 B 点受到一斜向下的力 F，将 F 在直角坐标轴上分解后，水平分力会使杆件发生拉伸变形，垂直分力会使杆件发生弯曲变形，故杆件受到的是拉伸和弯曲组合变形；如图 3-8 所示，杆件在 B 点受到集中力 F 和集中力偶 m 的作用，F 使杆件发生弯曲变形，m 使杆件发生扭转变形，故杆件受到的是弯曲和扭转组合变形。

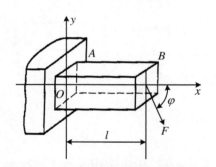

图 3-7 受拉伸和弯曲组合变形的杆件

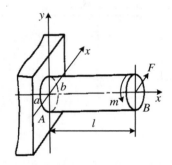

图 3-8 受弯曲和扭转组合变形的轴

3.2 轴向拉伸和压缩

工程机械中，有很多杆件是承受轴向拉伸和压缩的。例如，图 3-9(a)所示的螺栓在紧固后受到拉力的作用而伸长，图 3-9(b)所示的内燃机连杆在燃气爆发冲程中受到压力的作用而缩短。

上述两个实例中，杆件受力有一个共同的特点：作用于杆件上的外力或其合力的作用线与杆件轴线重合。在这样一种力的作用下，杆件沿轴线方向伸长或缩短，如图 3-10 所示。

杆件受到轴向力后产生的变形称为轴向拉伸或压缩。以轴向伸长或缩短为主要变形的杆件，称为拉（压）杆。

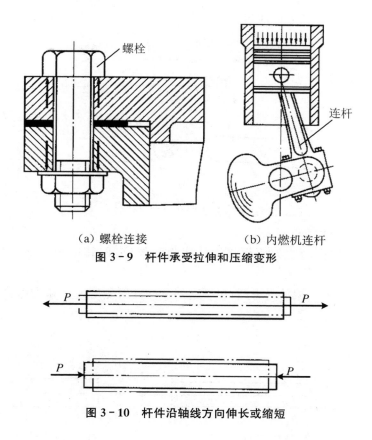

（a）螺栓连接　　　　　（b）内燃机连杆

图 3-9　杆件承受拉伸和压缩变形

图 3-10　杆件沿轴线方向伸长或缩短

3.2.1　轴向拉伸和压缩时的内力

1. 内力

构成物体分子间的相互作用力称为物体的内力。材料力学认为，物体能够保持和失去其机械性能都是由于内力的结果。

内力分为固有内力和附加内力。固有内力是指构件未受载荷时的原有内力，也是自然状态下物体内部分子间的相互作用力。附加内力是指构件因受载荷作用而增加的内力。对于各种工程材料而言，附加内力会随外力的增大而增大，当附加内力达到一定限度时构件就会被破坏。因此，附加内力对构件的强度、刚度、稳定性有着重要的影响，是必须重点研究的问题之一。在材料力学中所讨论的内力是附加内力，简称内力。

2. 截面法分析内力

以图 3-11（a）所示构件为例，为研究截面 m—m 上的内力，假想沿 m—m 截面将构件切开，使切开截面上的内力以外力形式显示，如图 3-11（b）所示。假设可以连续截切，就可得到该构件内力的连续分布情况。由于图 3-11（a）所示的整个杆件处于平衡状态，切开后的每一部分也应处于平衡状态。取其中一部分作为研究对象，根据平衡条件建立平衡方程，就可由已知外力确定截切面上的内力。这种将构件假想切开以显示内力，并由平衡条件根据外力确定内力的方法,称为截面法。

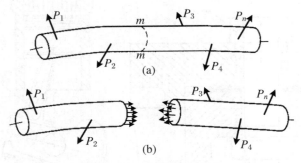

图 3－11　截面法分析内力

用截面法研究内力的步骤如下:

（1）在需要求取内力之处假想将构件切为两部分,取其中的一部分为研究对象,如图 3－12(a)所示。

（2）画出所选研究对象的受力图,包括这部分构件所受的外力和假想截面上的内力,如图 3－12(b)所示。

（3）建立平衡方程 $\sum F_x = 0$,求得内力 $N = P$。

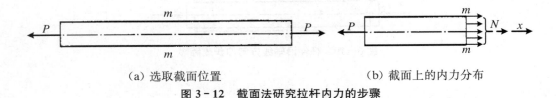

　　（a）选取截面位置　　　　　　　　　　　（b）截面上的内力分布

图 3－12　截面法研究拉杆内力的步骤

3. 轴力与轴力图

受轴向拉伸和压缩的杆件,外力的作用线都与杆件的轴线重合,故内力的作用线也必然与杆件的轴线重合。能使杆件沿轴向拉伸或压缩的内力称为轴力,用符号 N 表示。习惯上,将背离截面的轴力 N 称为正轴力,指向截面的轴力 N 称为负轴力。

图 3－12 所示为拉杆,用截面法求出其轴力 $N = P$,为正轴力。图 3－13 所示为压杆,用同样的方法可求出其横截面上的轴力 $N = P$,为负轴力。

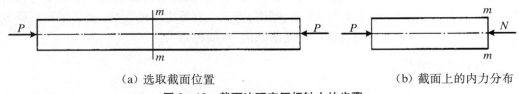

　　（a）选取截面位置　　　　　　　　　　　（b）截面上的内力分布

图 3－13　截面法研究压杆轴力的步骤

　　例 3－1　如图 3－14(a)所示,直杆受外力作用,求此杆各段的轴力。

　　解　取 1—1 为假想截面,如图 3－14(b)所示。考虑左段,设截面上有正轴力 N_1,由平衡方程得

$$\sum F_x = 0 \colon N_1 - 6 = 0, \quad N_1 = 6 \text{ (kN)}$$

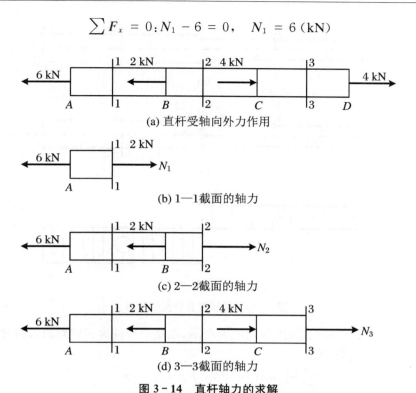

(a) 直杆受轴向外力作用

(b) 1—1截面的轴力

(c) 2—2截面的轴力

(d) 3—3截面的轴力

图 3 - 14　直杆轴力的求解

取 2—2 为假想截面,如图 3 - 14(c)所示。考虑左段,设截面上有正轴力 N_2,由平衡方程得

$$\sum F_x = 0 \colon N_2 - 6 - 2 = 0, \quad N_2 = 6 + 2 = 8 \text{ (kN)}$$

取 3—3 为假想截面,如图 3 - 14(d)所示。考虑左段,设截面上有正轴力 N_3,由平衡方程得

$$\sum F_x = 0 \colon N_3 - 6 - 2 + 4 = 0, \quad N_3 = 6 + 2 - 4 = 4 \text{ (kN)}$$

由例 3 - 1 可得出以下两个结论:

(1) 拉(压)杆任何横截面上的轴力等于该截面一侧所有外力的代数和。外力背向该截面时取为正值,指向该截面时取为负值。若轴力为正,表明此段杆被拉伸;若轴力为负,表明此段杆被压缩。

(2) 如果杆件受多个轴向力作用,不同杆段横截面上的轴力不一定相同,如图 3 - 14(a)所示。

为了更形象地反映轴力沿杆长的变化情况,可用图示的方法来描述。用平行于杆轴的坐标 x 表示横截面位置,用垂直于杆轴的坐标 N 表示横截面上的轴力,由此所绘出轴力沿轴线变化的曲线图称为轴力图。

例 3 - 2　一钢制阶梯杆受力如图 3 - 15(a)所示,已知 $P_1 = 10 \text{ kN}$, $P_2 = 30 \text{ kN}$,试画出阶梯杆的轴力图。

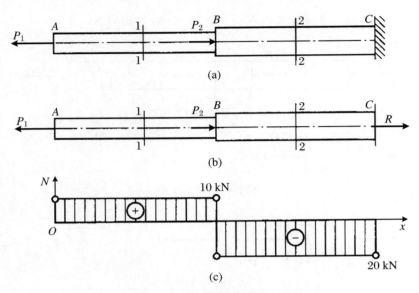

图 3-15 阶梯形直杆受轴向力

解 （1）计算支座反力。如图 3-15(b)所示，取整个杆件为研究对象，设杆件 C 端的支座反力为 R，由平衡方程，有

$$\sum F_x = 0: -P_1 + P_2 + R = 0$$

$$R = P_1 - P_2 = 10 - 30 = -20\,(\mathrm{kN})$$

（2）分段计算轴力。取 1—1 为假想截面，考虑左段，由平衡条件得

$$N_1 = P_1 = 10\,(\mathrm{kN})$$

取 2—2 为假想截面，考虑右段，由平衡条件得

$$N_2 = R = -20\,(\mathrm{kN})$$

（3）画轴力图。阶梯杆的轴力图如图 3-15(c)所示。

3.2.2 轴向拉伸和压缩时的应力

只研究拉（压）杆的内力是不能解决杆件强度问题的。如图 3-16 所示，两个杆件材料相同，直径不同，当外力以同样的数值增大时，一定是较细的杆件先断。这说明杆件是否被破坏不仅同内力有关，还同内力在横截面上的分布密集程度有关。为了研究内力在截面上的分布情况，材料力学中引入了应力的概念。

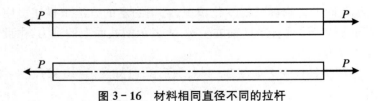

图 3-16 材料相同直径不同的拉杆

1. 应力概念

内力在截面上分布的密集程度称为应力。

设有一受力构件如图 3-17(a) 所示,现分析该构件截面上任一点 O 的内力分布密集程度。在 O 点周围取一微小面积 ΔA,在其上作用的内力为 ΔF。用 ΔF 除以 ΔA 得到的值称为 ΔA 上的平均应力,用符号 p_m 表示,即

$$p_m = \frac{\Delta F}{\Delta A} \tag{3-1}$$

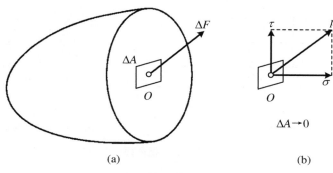

图 3-17　应力的分析

平均应力 p_m 所反映的是在 ΔA 面积内的内力平均值,而一般情况下截面上的内力是非均匀分布的。为精确表示 O 点的内力分布情况,令 ΔA 趋于零,这时 p_m 的极限值称为 O 点处的应力,用 p 表示,即

$$p = \lim_{\Delta A \to 0} \frac{\Delta F}{\Delta A} \tag{3-2}$$

一般应力 p 的方向既不与截面平行,也不与截面垂直,而是 ΔF 的极限方向。为便于分析,通常将应力 p 分解为与截面垂直的法向分量 σ 和与截面平行的切向分量 τ,如图 3-17(b) 所示。其中法向分量 σ 称为正应力,切向分量 τ 称为切应力。应力 p 与正应力 σ、切应力 τ 之间的关系为

$$p^2 = \sigma^2 + \tau^2 \tag{3-3}$$

在国际单位制中,应力的基本单位为 Pa,$1\ \text{Pa} = 1\ \text{N/m}^2$。工程中通常使用的应力单位为兆帕(MPa)或吉帕(GPa)。各单位之间的换算关系为

$$1\ \text{MPa} = 10^6\ \text{Pa}, \quad 1\ \text{GPa} = 10^3\ \text{MPa} = 10^9\ \text{Pa} \tag{3-4}$$

2. 拉(压)杆横截面上的应力

要确定拉(压)杆横截面上的应力,就必须知道内力在其横截面上的分布情况。

如图 3-18(a) 所示,在一等径直杆的两端加一对轴向拉力 F,拉伸前在直杆的侧面作两条直线 ab 和 cd,使之分别垂直于直杆的轴线。当直杆变形后,直线 ab、cd 仍垂直于直的轴线,但分别平移至 $a'b'$、$c'd'$。由此可以假设,在直杆变形前垂直于直杆轴的截平面在变形后仍垂直于直杆轴的截平面,这个假设称为平面假设。

可以设想杆件由无数根纵向纤维组成,纤维均匀分布,且每根纤维都具有相同的性质。因此,当杆受到拉力后,由 ab、cd 所围成的两横截面纵向纤维伸长量是相同的,由此可推出

每根纤维的受力也是相同的。所以轴向拉伸压缩杆件在横截面上的轴力分布是均匀的,且各处仅存在正应力 σ,并也沿截面均匀分布,如图 3-18(b)所示。设杆件横截面面积为 A,轴力为 N,则横截面上各点处的正应力为

$$\sigma = \frac{N}{A} \tag{3-5}$$

式中,σ 为杆横截面上的正应力,符号同轴力,拉应力为正,压应力为负;N 为横截面上的轴力;A 为横截面面积。

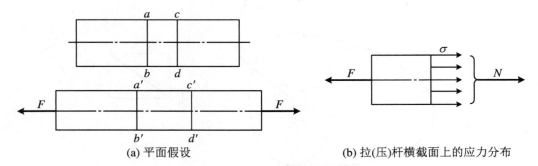

(a) 平面假设　　　　　　　　　　　　(b) 拉(压)杆横截面上的应力分布

图 3-18　拉(压)杆横截面上的应力

　　例 3-3　如图 3-19 所示,若 1—1、2—2 两个横截面的直径分别为 $d_1 = 15\ \text{mm}$,$d_2 = 20\ \text{mm}$,$F = 8\ \text{kN}$,试分别计算 1—1、2—2 截面上的应力。

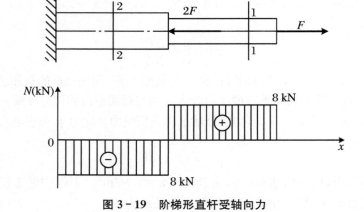

图 3-19　阶梯形直杆受轴向力

　　解　(1)画轴力图。用截面法求得截面 1—1、2—2 上的轴力分别为

$$N_1 = F = 8\,(\text{kN})$$
$$N_2 = -F = -8\,(\text{kN})$$

(2)计算 1—1、2—2 截面上的应力,有

$$\sigma_1 = \frac{N_1}{A_1} = \frac{8000}{3.14 \times 15^2/4} = 45.3\,(\text{MPa})$$

$$\sigma_2 = \frac{N_2}{A_2} = \frac{-8000}{3.14 \times 20^2/4} = -25.5\,(\text{MPa})$$

3.2.3 轴向拉伸和压缩时的应变和变形量

杆件轴向拉伸(或压缩)时,其轴向尺寸会伸长(或缩短),其径向尺寸也会相应地减小(或增大)。胡克定律给出了杆件所受应力与其变形之间的比例关系。

1. 拉(压)杆的变形

设一杆件原长为 l,宽度为 b,如图 3 - 20 所示,在两端作用轴向拉力后,杆长变为 l_1,宽度变为 b_1。

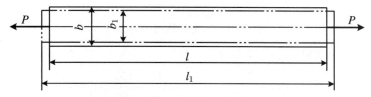

图 3 - 20 轴向拉伸的杆件

纵向变形是指杆件沿轴线方向的变形,分为纵向绝对变形和纵向相对变形。

(1)纵向绝对变形:杆件承受轴向拉伸(或压缩)时,杆件轴向尺寸的伸长(缩短)量称为纵向绝对变形,以 Δl 表示。图 3 - 20 所示杆的纵向绝对变形为

$$\Delta l = l_1 - l \tag{3-6}$$

拉伸时 Δl 为正,压缩时 Δl 为负。

(2)纵向相对变形:变形杆件的绝对变形量同杆的原长有关,为消除杆件原长的影响,用 Δl 除以 l,以获得纵向单位变形尺寸。以单位长度的伸长量表示杆件的变形程度,称为纵向相对变形或纵向线应变,用 ε 表示:

$$\varepsilon = \frac{\Delta l}{l} \tag{3-7}$$

横向变形是指杆件的径向变形,也分为横向绝对变形和横向相对变形。

(1)横向绝对变形:杆件承受轴向拉伸(或压缩)时,杆件径向尺寸的缩小(增大)量称为横向绝对变形,以 Δb 表示。图 3 - 20 所示杆的横向绝对变形为

$$\Delta b = b_1 - b \tag{3-8}$$

拉伸时 Δb 为负,压缩时 Δb 为正。

(2)横向相对变形:同杆件的纵向相对变形一样,为了消除杆件原尺寸的影响,用 Δb 除以 b,以获得横向单位变形尺寸。以横向单位尺寸的缩小(增大)量表示杆件的变形程度,称为横向相对变形或横向线应变,用 ε' 表示:

$$\varepsilon' = \frac{\Delta b}{b} \tag{3-9}$$

2. 胡克定律

试验证明,当杆件受拉(压)时,若其横截面上的正应力不超过其比例极限,则杆件的纵向绝对变形 Δl 与轴力 N 及杆件的原长 l 成正比,与杆件的横截面面积 A 成反比,即

$$\Delta l = \frac{Nl}{EA} \tag{3-10}$$

这一比例关系称为轴向拉伸或压缩时的胡克定律。杆件纵向绝对变形 Δl 与轴力 N 具有相同的符号,即伸长为正,缩短为负。

将 $\sigma = \dfrac{N}{A}$,$\varepsilon = \dfrac{\Delta l}{l}$ 代入式(3-10),得

$$\sigma = E\varepsilon \tag{3-11}$$

式(3-11)为胡克定律的另一种形式,即当正应力不超过比例极限时,正应力同纵向线应变成正比。两式中 E 为材料的弹性模量,其值随材料而异,由实验测定,常用单位为 GPa。常用材料的弹性模量值见表3-1。

由式(3-10)可看出,EA 的乘积越大,杆件的纵向绝对变形 Δl 就越小,所以称 EA 为杆件的抗拉(压)刚度。

表3-1 常用材料的 E、μ 值

弹性常数	钢与合金钢	铝合金	铜	铸铁	木(顺纹)
E(GPa)	200~220	70~72	100~120	80~160	8~12
μ	0.25~0.30	0.26~0.34	0.33~0.35	0.23~0.27	—

3. 泊松比

试验表明,当正应力不超过某一限度时,横向线应变 ε' 与纵向线应变 ε 之比的绝对值为常数,用 μ 表示。比值 μ 称为泊松比或横向变形系数。

$$\mu = \left| \frac{\varepsilon'}{\varepsilon} \right| = -\frac{\varepsilon'}{\varepsilon} \tag{3-12}$$

由于杆件轴向伸长时横向缩小,轴向缩短时横向增大,故横向线应变 ε' 与纵向线应变 ε 的符号必相反,即

$$\varepsilon' = -\mu\varepsilon \tag{3-13}$$

泊松比 μ 与弹性模量 E 一样均为材料的弹性常数。常用材料的 μ 值见表3-1。

例3-4 已知阶梯形直杆受力如图3-21(a)所示,杆件材料的弹性模量 $E = 200\ \text{GPa}$,杆各段的横截面面积分别为 $A_{AB} = A_{BC} = 2500\ \text{mm}^2$,$A_{CD} = 1000\ \text{mm}^2$,杆各段的长度分别为 $l_{AB} = l_{BC} = 300\ \text{mm}$,$l_{CD} = 400\ \text{mm}$,试求杆的总伸长量。

解 (1)画轴力图。用截面法求得 AB、BC 和 CD 段上的轴力分别为

$$N_1 = 400\ (\text{kN})$$
$$N_2 = -100\ (\text{kN})$$
$$N_3 = 200\ (\text{kN})$$

轴力图如图3-21(b)所示。

(2)求杆的总伸长。

$$\Delta l_{AB} = \frac{N_1 l_{AB}}{EA_{AB}} = \frac{400 \times 10^3 \times 300 \times 10^{-3}}{200 \times 10^9 \times 2500 \times 10^{-6}} = 0.24 \times 10^{-3}\,(\text{m}) = 0.24\,(\text{mm})$$

$$\Delta l_{BC} = \frac{N_2 l_{BC}}{EA_{BC}} = \frac{-100 \times 10^3 \times 300 \times 10^{-3}}{200 \times 10^9 \times 2500 \times 10^{-6}} = -0.06 \times 10^{-3}\,(\text{m}) = -0.06\,(\text{mm})$$

$$\Delta l_{CD} = \frac{N_3 l_{CD}}{EA_{CD}} = \frac{200 \times 10^3 \times 400 \times 10^{-3}}{200 \times 10^9 \times 1000 \times 10^{-6}} = 0.4 \times 10^{-3}\,(\text{m}) = 0.4\,(\text{mm})$$

$$\Delta l = \Delta l_{AB} + \Delta l_{BC} + \Delta l_{CD} = 0.24 - 0.06 + 0.4 = 0.58 \text{(mm)}$$

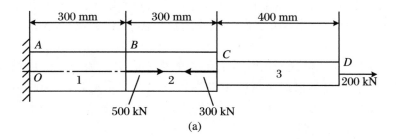

(a)

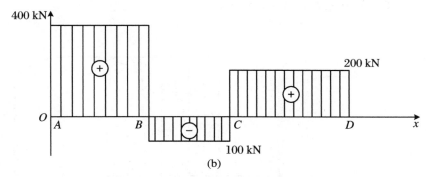

(b)

图 3 - 21　阶梯形直杆受轴向力

3.2.4　材料在拉伸与压缩时的力学性能

材料的力学性能是指材料在受外力过程中强度与变形方面所表现出的性能,它对于工程结构和构件的设计十分重要。材料的力学性能只能用试验方法测定。本节介绍金属材料在常温、静载条件下拉伸和压缩时的力学性能。

1. 材料在拉伸时的力学性能

为便于比较试验结果,试件的形状尺寸、加工精度等均由国家标准规定。常用的标准拉伸试件如图 3 - 22 所示。试验前,先在试件中间的等直径部分划取长为 l 的一段作为工作段,l 称为标距。标距 l 与试件直径 d 通常有两种比例:$l = 10d$ 或 $l = 5d$。通常选择 $l = 10d$ 的试件用于试验。

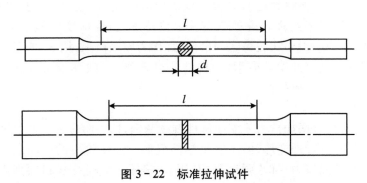

图 3 - 22　标准拉伸试件

　　将试件安装在试验机的上、下夹头内,并在标距内安装测量变形的仪器。然后缓慢加载,直至试件被拉断为止。试验时拉力 P 由零逐渐增大,标距 l 产生相应的伸长 Δl,由此可得到 P-Δl 曲线,这个曲线称为试件的拉伸图。图 3-23(a)所示为低碳钢的拉伸图。

　　试件的拉伸图与试件横截面尺寸及其标距的大小有关。为消除试件横截面尺寸的影响,用拉力 P 除以试件初始横截面面积 A,即 $\sigma = P/A$。为了消除试件试验段长度的影响,用 Δl 除以初始标距长 l,即 $\varepsilon = \Delta l/l$。于是得到 σ-ε 曲线,称为应力-应变图。图 3-23(b)所示为低碳钢的应力-应变图。

　　低碳钢是工程中应用最广泛的金属材料,其应力-应变图也具有典型意义。

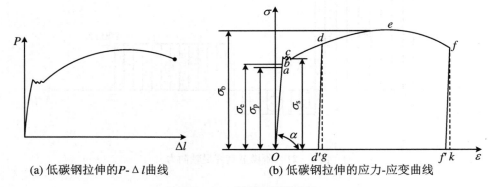

(a) 低碳钢拉伸的 P-Δl 曲线　　(b) 低碳钢拉伸的应力-应变曲线

图 3-23　低碳钢拉伸曲线

　　从图线中可以得到低碳钢的下列特性:

　　(1) 弹性阶段。

　　在初始阶段,σ 与 ε 的关系为直线 Oa,表明应力与应变成正比。这即是胡克定律 $\sigma = E\varepsilon$。直线部分 Oa 的最高点 a 所对应的应力 σ_p 称为比例极限。显然,只有应力低于比例极限时,应力与应变才成比例,胡克定律才是正确的。

　　超过比例极限后,从 a 点到 b 点,σ 与 ε 之间的关系虽然不再是直线,但仍为弹性变形。b 点所对应的应力 σ_e 是保证只出现弹性变形的最高应力,称为弹性极限。在低碳钢的应力-应变曲线上,由于 a、b 两点非常接近,所以对比例极限和弹性极限一般不严格区分。

　　(2) 屈服阶段。

　　应力超过弹性极限增加到某一数值时,会突然下降,而后基本不变只做微小的波动,但应变却有明显的增大,表明材料已暂时失去抵抗变形的能力。这在应力-应变曲线图上形成接近水平线的小锯齿形线段。这种应力基本保持不变,而应变明显增大的现象,称为屈服。屈服阶段内,波动应力中比较稳定的最低值,称为屈服极限,用 σ_s 来表示。

　　材料屈服表现为显著的塑性变形,而构件的显著塑性变形将影响其正常工作,所以 σ_s 是衡量材料强度的一个重要指标。

　　(3) 强化阶段。

　　屈服阶段过后,只有增加拉力才能使试件继续变形,这一阶段称为强化阶段。此阶段的变形既有弹性变形又有塑性变形,但主要是塑性变形。强化阶段的最高点 e 所对应的应力是材料所能承受的最高应力,称为强度极限,用 σ_b 表示。它是衡量材料强度的另一个重要指标。

（4）局部变形阶段。

到达强度极限后,试件在某一局部范围内横向尺寸突然缩小的现象称为颈缩现象,如图 3-24 所示。相应的应力-应变曲线明显下降,最后试件在颈缩处拉断。

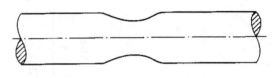

图 3-24　颈缩现象

（5）延伸率和断面收缩率。

试件拉断后单位长度内产生的残余伸长的百分数,称为延伸率,用 δ 表示,即

$$\delta = \frac{l_1 - l}{l} \times 100\% \qquad (3-14)$$

式中,l_1 为试件拉断后标距的长度;l 为试件原长。

试件拉断后横截面面积相对收缩的百分数,称为断面收缩率,用 φ 表示,即

$$\varphi = \frac{A - A_1}{A} \times 100\% \qquad (3-15)$$

式中,A_1 为拉断后颈缩处的截面面积;A 为原来的截面面积。

通常将延伸率 $\delta > 5\%$ 的材料称为塑性材料,如钢材、铜、铝等;$\delta < 5\%$ 的材料称为脆性材料,如铸铁等。

（6）卸载定律和冷作硬化。

若把试样拉到强化阶段的 d 点,然后逐渐卸除拉力,则应力-应变的关系将沿着与 Oa 近似平行的直线 dd' 变化,若外力全部卸去,则回到 d' 点。上述规律一般称为卸载定律。拉力完全卸除后,在 $\sigma - \varepsilon$ 图中,$d'g$ 代表消失了的弹性变形,而 Od' 表示了不再消失的塑性变形。卸载后如在短期内重新加载,则出现材料的比例极限上升而塑性变形减少的现象,称为冷作硬化。起重钢索、传动链条等就经常利用冷作硬化进行预拉以提高弹性承载能力。

2. 其他材料拉伸时的力学性能

为便于比较,图 3-25 中将几种塑性材料的应力-应变曲线画在同一坐标系内。可以看出,锰钢、硬铝、退火球墨铸铁和青铜都存在弹性阶段,有些材料无明显的屈服阶段,有些则不存在颈缩现象,但它们断裂时都有较大的塑性变形。

对于不存在明显屈服阶段的塑性材料,工程上规定,用产生 0.2% 塑性应变时的应力值作为材料的名义屈服应力极限,用 $\sigma_{0.2}$ 表示。

铸铁是一种典型的脆性材料,图 3-26 所示为铸铁拉伸时的应力-应变曲线。可以看出铸铁拉伸时没有屈服阶段和颈缩现象,断裂时的变形很小,断口则垂直于试件轴线,延伸率 $\delta \approx 0.5\%$,故为典型的脆性材料。衡量铸铁强度的惟一指标为强度极限 σ_b。

从铸铁应力-应变曲线还可以看出,它没有明显的直线部分,所以它不符合胡克定律。但由于在实际使用的应力范围内,应力-应变曲线的曲率很小,故可近似以一条直线（图中虚线）代替曲线,认为近似符合胡克定律。

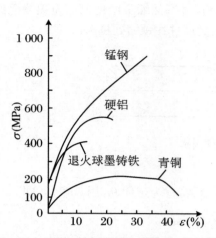

图 3-25　几种塑性材料拉伸的应力-应变曲线

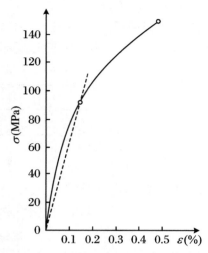

图 3-26　铸铁拉伸的应力-应变曲线

3. 材料在压缩时的力学性能

由于细长杆件压缩时容易产生失稳现象,故在金属压缩试验中,常采用短粗圆柱形试件,圆柱高度一般为直径的 1.5～3.0 倍。

通过对试件的逐渐加压,同样可以得到材料的 σ-ε 曲线。

低碳钢压缩时的应力-应变曲线如图 3-27 所示,图中同时画出了其拉伸时的应力-应变曲线。对比两曲线可以看出,在屈服极限以前,压缩与拉伸的 σ-ε 曲线基本重合,比例极限 σ_p、屈服极限 σ_s、弹性模数 E 大致相同。但在屈服阶段以后,随着压力的继续增加,试件将越压越扁,故两条曲线逐渐分离。

铸铁是脆性材料,其压缩时的 σ-ε 曲线如图 3-28 所示。与拉伸时的 σ-ε 曲线相比,压缩强度极限远高于拉伸强度极限(3～4 倍),故脆性材料宜用作承压构件。随着压力的不断增加,试件越压越扁,最后沿与轴线呈 45°角的斜截面破坏。

通过试验,可知塑性材料的抗拉压、抗冲击能力都很强,故在工程中,齿轮、轴等零件多用塑性材料制造;而脆性材料的抗压能力高于抗拉能力,所以常用脆性材料制造受压构件。

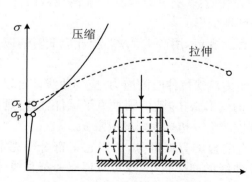

图 3-27　低碳钢压缩时的应力-应变曲线

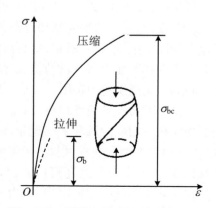

图 3-28　铸铁压缩时的应力-应变曲线

为便于查阅和比较,将几种常用材料受拉伸和压缩时的力学性能列于表 3-2 中。

表 3-2 常用材料在拉伸和压缩时的力学性能

材料名称	牌号	σ_s(MPa)	σ_b(MPa)	δ(%)
普通碳素钢	Q235	235	372~392	25~27
	Q275	274	490~519	21
优质碳素钢	35	314	529	20
	45	353	598	16
	50	372	627	14
低合金钢	09MuV	294	431	22
	Q345	343	510	21
合金钢	20Cr	539	833	10
	40Cr	784	980	9
	30CrMnSi	882	1078	8
铝合金	LY12	274	412	19

3.2.5 轴向拉伸和压缩时的强度计算

1. 许用应力和安全因数

工程上将材料丧失正常工作能力时的应力称为材料的极限应力,用 σ_u 表示。材料力学性能的研究表明,当塑性材料工作应力达到屈服极限 σ_s 时,将产生很大的塑性变形,从而影响构件的正常工作,通常用屈服极限 σ_s 作为塑性材料的极限应力;而脆性材料在断裂前无明显的塑性变形,当工作应力达到强度极限 σ_b 时,构件就会破坏,因此,用强度极限 σ_b 作为脆性材料的极限应力。

为使构件安全工作,应保证构件的工作应力小于极限应力,同时还要考虑留有一定的强度储备,因此在材料力学中引入许用应力概念。在工程上,将极限应力除以安全因数 $n(n>1)$ 作为构件工作时所允许承受的最大应力,称为许用应力,用 $[\sigma]$ 表示:

$$[\sigma] = \frac{\sigma_u}{n} \tag{3-16}$$

如果单从安全角度来考虑,安全因数越大越好,但同时会浪费材料并增加构件的重量,反之,若减小安全因数,只考虑节约用材,则安全性将会下降。

合理确定安全因数十分困难和复杂,需要考虑多方面的因素。例如,载荷的分析和计算是否准确,实际材料与标准试件之间存在多大差异,构件所处的工作环境与试验环境有何不同,计算模型简化的近似程度是否合理等。

在实际工程设计中,各种不同工作情况下安全因数的选取,可从有关规范或设计手册中查到。在静载荷作用下,对于塑性材料,安全因数 n_s 通常取为 1.5~2.0;对于脆性材料,安全因数 n_b 通常取为 2.5~3.0,甚至更大。

2. 强度计算

为保证轴向拉伸（压缩）杆件在工作时不致因强度不够而破坏，通常要求杆内的最大工作应力 σ_{max} 不得超过材料的许用应力 $[\sigma]$，即要求

$$\sigma_{max} = \left(\frac{N}{A}\right)_{max} \leqslant [\sigma] \qquad (3-17)$$

式（3-17）称为拉（压）杆的强度条件，主要用于解决三类强度问题：

（1）校核强度

如果已知拉（压）杆横截面尺寸、材料的许用应力和所受载荷，则式（3-17）可用于校核杆件是否满足强度要求。

（2）设计截面尺寸

如果已知拉（压）杆所受载荷和材料的许用应力，同时横截面形状已经确定，则可用于设计杆件的横截面面积和尺寸，有

$$A \geqslant \frac{N_{max}}{[\sigma]} \qquad (3-18)$$

（3）确定许用载荷

如果已知拉（压）杆的截面尺寸和材料的许用应力，根据强度条件可以确定该杆所能承受的最大轴力，其值为

$$[N] \leqslant A[\sigma] \qquad (3-19)$$

在实际工程中，如果工作应力超过了许用应力，但只要不超过许用应力的 5%，在工程计算中仍然是允许的。

例 3-5　如图 3-29 所示空心圆截面杆，外径 $D = 20\,mm$，内径 $d = 15\,mm$，受轴向载荷 $P = 20\,kN$ 作用，材料的许用应力 $[\sigma] = 157\,MPa$，试校核杆的强度。

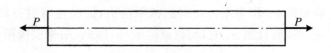

图 3-29　空心圆截面杆受轴向力

解　杆横截面上的正应力为

$$\sigma = \frac{P}{A} = \frac{4P}{\pi(D^2 - d^2)} = \frac{4 \times 20 \times 10^3}{\pi \times (20^2 - 15^2)} = 145.5\,(MPa)$$

$$\sigma < [\sigma]$$

即该杆件能够安全工作。

例 3-6　如图 3-30 所示钢拉杆受轴向载荷 $F = 40\,kN$ 作用，材料的许用应力 $[\sigma] = 100\,MPa$，横截面为矩形，且 $b = 2a$，试确定截面尺寸 a 和 b。

解　根据强度条件式（3-17），钢杆所需的横截面面积为 $A \geqslant \dfrac{F}{[\sigma]}$，即

$$ab \geqslant \frac{F}{[\sigma]}$$

将 $b = 2a$ 代入,得 $2a^2 \geqslant \dfrac{F}{[\sigma]}$,即

$$a \geqslant \sqrt{\frac{F}{2 \times [\sigma]}} = \sqrt{\frac{40 \times 10^3}{2 \times 100 \times 10^6}} = 0.014\,(\mathrm{m})$$

$$b \geqslant 0.028\,(\mathrm{m})$$

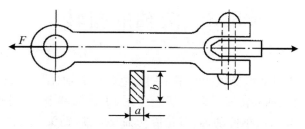

图 3-30 钢拉杆受轴向载荷

例 3-7 如图 3-31(a)所示简单桁架,已知 1 杆材料为钢,$A_1 = 707\ \mathrm{mm}^2$,$[\sigma_1] = 160\ \mathrm{MPa}$;2 杆为木制,$A_2 = 5000\ \mathrm{mm}^2$,$[\sigma_2] = 8\ \mathrm{MPa}$。试求许用载荷 $[P]$。

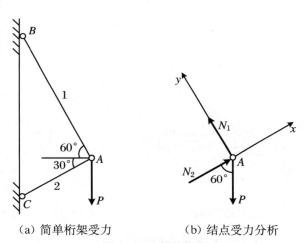

（a）简单桁架受力　　　　　　　（b）结点受力分析

图 3-31 简单桁架

解 （1）轴力分析。取结点 A 为研究对象,受力分析如图 3-31(b)所示,由平衡条件有

$$\sum F_x = 0 : N_2 - P\cos 60° = 0, \quad N_2 = \frac{P}{2}$$

$$\sum F_y = 0 : N_1 - P\sin 60° = 0, \quad N_1 = \frac{\sqrt{3}}{2}P$$

（2）确定许用载荷。由 1 杆的强度条件,有

$$\sigma_1 = \frac{\sqrt{3}P}{2A_1} \leqslant [\sigma_1]$$

$$P \leqslant \frac{2A_1[\sigma_1]}{\sqrt{3}} = \frac{2 \times 707 \times 160}{\sqrt{3}} = 131 \times 10^3\,(\mathrm{N})$$

由杆 2 的强度条件,有

$$\sigma_2 = \frac{P}{2A_2} \leqslant [\sigma_2]$$

$$P \leqslant 2A_2[\sigma_2] = 2 \times 5000 \times 8 = 8 \times 10^4 (\text{N})$$

取许用载荷$[P] = 80 \text{ kN}$。

3.3　圆轴的扭转

　　机械中的轴类零件通常承受扭转作用。例如电动机的轴(图3-32),左端受电动机的主动力偶作用,右端受到联轴器传来的阻力偶矩作用,于是轴就会产生扭转变形。另外,水轮发电机的主轴(图3-33)、汽车传动轴、齿轮传动轴及丝锥、钻头、螺钉旋具等,工作时均受到扭转作用。

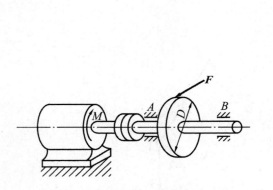

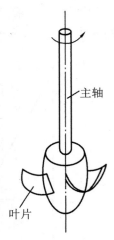

图 3-32　电动机轴的扭转　　　　　　图 3-33　水轮发电机主轴的扭转

　　从以上实例可以看出,杆件产生扭转变形的受力特点是:在垂直于杆件轴线的平面内,作用一对大小相等、转向相反的力偶(图3-34)。杆件的变形特点是:各横截面绕轴线做相对转动。杆件的这种变形称为扭转变形。

　　工程中将以扭转变形为主要变形的杆件统称为轴。工程中大多数轴在传动中除有扭转变形外,还伴随有其他形式的变形。本节只研究等截面圆轴的扭转问题。

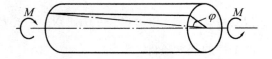

图 3-34　扭转变形的受力变形特点

3.3.1 扭矩和扭矩图

1. 外力偶矩的计算

为了计算圆轴扭转时截面上的内力,必须先计算出轴上的外力偶矩。在工程计算中,作用在轴上的外力偶矩的大小往往不直接给出,通常只给出轴所传递的功率 P 和轴的转速 n。通过功率的有关公式及推导,可得出外力偶矩(转矩)的计算公式为

$$M = 9549 \frac{P}{n} \tag{3-20}$$

式中,M 为外力偶矩,单位为 N·m;P 为轴所传递的功率,单位为 kW;n 为轴的转速,单位为 r/min。

在确定外力偶矩 M 的转向时通常规定:凡输入功率的主动外力偶矩的转向都与轴的转向一致,凡输出功率的从动力偶矩的转向均与轴的转向相反。

2. 扭转时的内力——扭矩的计算

圆轴在外力偶矩作用下发生扭转变形时,其横截面上将产生内力。求内力的方法仍用截面法。现以图 3-35(a)所示扭转圆轴为例,假想地将圆轴沿任一横截面 m—m 切开,分为左、右两段,先取截面左侧作为研究对象。

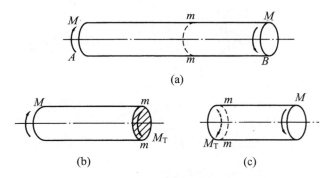

图 3-35 受扭圆轴的内力分析

由于整个轴是平衡的,因此左侧也处于平衡状态。轴上已知的外力偶矩为 M,因为力偶只能用力偶来平衡,显然截面 m—m 上分布的内力必构成力偶,内力偶矩以符号 M_T 表示,方向如图 3-35(b)所示,其大小可由左侧的平衡方程求得:

$$\sum M_x = 0 : M_T - M = 0$$

得 $M_T = M$。

这说明,杆件扭转时,其横截面上的内力是一个在截面平面内的力偶,其力偶矩 M_T 称为截面 m—m 上的扭矩。

扭矩的单位与外力偶矩的单位相同,常用的单位为牛·米(N·m)及千牛·米(kN·m)。

若取截面的右侧为研究对象,如图 3-35(c)所示,也可得到同样的结果。取截面左侧与取截面右侧为研究对象所求得的扭矩,应数值相等而转向相反,因为它们是作用与反作用的

关系。为使从两段杆上求得的同一截面上的扭矩符号相同,扭矩的正、负号用右手螺旋法则判定:将扭矩看作矢量,右手四指弯曲方向表示扭矩的转向,大拇指表示扭矩矢量的指向,如图 3-36 所示。若扭矩矢量的方向离开截面,则扭矩为正;若扭矩矢量的方向指向截面,则扭矩为负。这样,同一截面左、右两侧的扭矩,不但数值相等,而且符号相同。图 3-35 所示扭矩均为正。

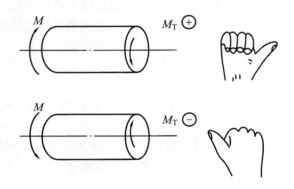

图 3-36 扭矩的正负判定

例 3-8 图 3-37(a)所示为一齿轮轴。已知轴的转速 $n = 300 \, \text{r/min}$,主动齿轮 A 输入功率 $P_A = 50 \, \text{kW}$,从动齿轮 B 和 C 输出功率分别为 $P_B = 30 \, \text{kW}$,$P_C = 20 \, \text{kW}$。试求轴上截面 1—1 和 2—2 处的内力。

解 (1)计算外力偶矩(取整数)。

$$M_A = 9549 \frac{P_A}{n} = 9549 \times \frac{50}{300} = 1592 \, (\text{N} \cdot \text{m})$$

主动力偶矩 M_A 的转向与轴的转向一致。

$$M_B = 9549 \frac{P_B}{n} = 9549 \times \frac{30}{300} = 955 \, (\text{N} \cdot \text{m})$$

$$M_C = 9549 \frac{P_C}{n} = 9549 \times \frac{20}{300} = 637 \, (\text{N} \cdot \text{m})$$

从动力偶矩 M_B 和 M_C 的转向与轴的转向相反。

(2)计算各段轴的扭矩。

将轴分为 AB、BC 两段,逐段计算扭矩。

对 AB 段,设 1—1 截面上的扭矩 M_{T1} 为正,如图 3-37(b)所示。由 $\sum M_x = 0$,$M_{T1} - M_A = 0$,得

$$M_{T1} = M_A = 1592 \, (\text{N} \cdot \text{m})$$

对 BC 段,设 2—2 截面上的扭矩 M_{T2} 为正,如图 3-37(c)所示。由 $\sum M_x = 0$,$M_{T2} - M_A + M_B = 0$,得

$$M_{T2} = M_A - M_B = 1592 - 955 = 637 \, (\text{N} \cdot \text{m})$$

若取 2—2 截面右段,如图 3-37(d)所示,可用同样方法求得

$$M'_{T2} = M_C = 637 \, (\text{N} \cdot \text{m})$$

从例 3-8 可以归纳出截面法求扭矩有两种方法。

需要说明的是：

（1）假设某截面上的扭矩均为正，则该截面上的扭矩等于截面一侧（左或右）轴上所有外力偶矩的代数和。

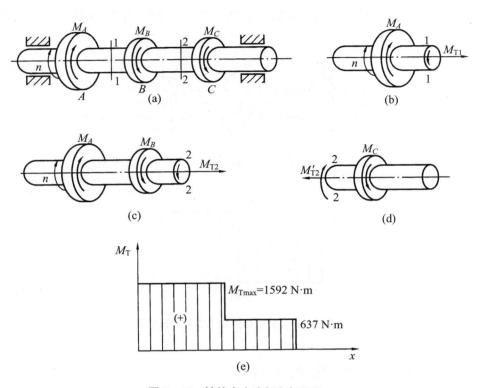

图 3-37　轴的内力分析和扭矩图

（2）计算扭矩时外力偶矩正、负号的规定是：使右手拇指与截面外法线方向一致（离开截面），四指和外力偶矩的转向相同，则取负号；反之，取正号。

应用上述方法直接求某截面上的扭矩非常简便。现仍以图 3-37（a）为例，计算各段轴的扭矩。

AB 段：取 1—1 截面左侧，有

$$M_{T1} = M_A = 1592（\text{N} \cdot \text{m}）$$

BC 段：取 2—2 截面右侧，有

$$M_{T2} = M_C = 637（\text{N} \cdot \text{m}）$$

3. 扭矩图

为了显示整个轴上各截面扭矩的变化规律，以便分析最大扭矩（$M_{T\max}$）所在截面的位置，常用横坐标表示轴各截面位置，纵坐标表示相应横截面上的扭矩，扭矩为正时，曲线画在横坐标上方，扭矩为负时，曲线画在横坐标下方，这样作出的曲线称为扭矩图。图 3-37（e）即为图 3-37（a）所示轴的扭矩图。可以看出，轴上 AB 段各截面的扭矩最大，$M_{T\max} = 1592$ N·m。

例 3-8 中，如果在设计时将齿轮 A 安装在从动齿轮 B 和 C 之间，如图 3-38（a）所示，用截面法可求得

$$M_{T1} = -M_B = -955\,(\text{N} \cdot \text{m})$$
$$M_{T2} = M_C = 637\,(\text{N} \cdot \text{m})$$

这种设计的扭矩图如图 3-38(b)所示,最大扭矩 $|M_T|_{\max} = 955\,\text{N} \cdot \text{m}$。由此可见,传动轴上输入与输出的齿轮位置不同,轴的最大扭矩数值也不同。显然,从强度观点考虑,后者比较合理。

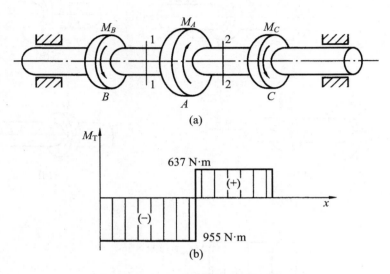

图 3-38　合理布置轴上零件及扭矩图

3.3.2　剪切与剪切胡克定律

1. 剪切的概念

剪床剪切钢板,钢板在刀口所加力 F 的作用下被剪断,如图 3-39(a)所示。这时钢板受到大小相等、方向相反、作用线平行且相距很近的两个力作用。这与日常生活中用剪刀剪东西的现象相同。当刀所加的力 F 较小,钢板还未被剪断时,可以看到钢板在刀口处的两个相邻截面发生相对错动,见图 3-39(b),原来的矩形 $abcd$ 变成了平行四边形 $a'b'cd$,每个直角都改变了一个角度 γ,这种变形形式称为剪切变形。因此,剪切变形是角变形。其中的直角改变量 γ 称为剪应变,以弧度(rad)来度量。发生相对错动的截面称为剪切面,剪切面总是平行于外力且位于二力作用线之间。剪切面上与截面相切的内力称为剪力,用 Q 表示。

剪力在剪切面上的分布情况是比较复杂的,工程计算中通常假定剪力在剪切面上均匀分布。剪切构件单位面积上的剪力称为剪应力,以 τ 表示。

承受剪切变形的构件如键、铆钉、汽轮机叶片与叶轮的连接等,在其剪切面上除剪应力外,还存在正应力。而从实验可以看出,等直圆轴扭转时其相邻两横截面仍保持平行,只存在(垂直于直径的)剪应力,无正应力。

2. 剪切胡克定律

实验表明,当剪应力不超过材料的剪切比例极限时,剪应力 τ 与剪应变 γ 成正比,即

$$\tau = G\gamma \qquad\qquad (3-21)$$

式(3-21)称为剪切胡克定律。其中,比例常数 G 称为材料的剪切弹性模量,常用单位是 GPa。当 τ 一定时,G 值越大,剪应变 γ 就越小。因此,G 是表示材料抵抗剪切变形能力的量,其数值可由实验测得。一般碳钢的剪切弹性模量 $G = 80 \sim 84$ GPa。

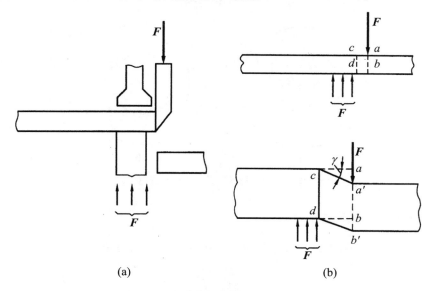

(a)　　　　　　　　　　　(b)

图 3-39　剪切变形的受力、变形特点

3.3.3　圆轴扭转时横截面上的应力

1. 实验观察及假设

圆轴扭转时,在确定了横截面上的扭矩后,还应进一步研究其内力的分布规律,以便求得横截面上的应力。

取一等直圆杆,在其表面画上任意相邻两圆周线和两纵向线。圆杆受扭后可以看到:

(1) 两圆周线的形状、大小以及两圆周线间的距离均无变化,只是绕杆轴线相对转过一个角度。

(2) 各纵向线均倾斜了一个角度 γ。

通过观察扭转变形,对受扭圆轴可以做出平面假设:圆形横截面变形后仍保持为同样大小的圆形平面,半径仍为直线,且相互间的距离不变。因此可得以下推论:扭转变形的实质是剪切变形;圆轴扭转时横截面上只有垂直于半径方向的剪应力 τ,而没有正应力 σ。

2. 剪应力分布规律

由变形规律、变形与应力间的物理关系、静力平衡关系,可以得到扭转时横截面上任一

点剪应力的分布规律:

$$\tau_\rho = \frac{M_T}{I_P}\rho \tag{3-22}$$

式中,τ_ρ 为距离圆心为 ρ 处的剪应力,单位为 MPa;M_T 为截面的扭矩,单位为 N·mm;I_P 为截面的极惯性矩,单位为 mm⁴,$I_P = \int_A \rho^2 \mathrm{d}A$;$\rho$ 为点到圆心的距离,单位为 mm。

τ_ρ 的方向与半径垂直,绕圆心的转向与扭矩 M_T 相同。

剪应力沿半径成线性规律分布,如图 3-40 所示。

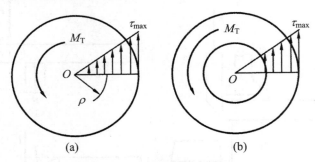

图 3-40 扭转剪应力的分布规律

3. 最大剪应力计算公式

由式(3-22)可知,圆截面的最大剪应力发生在横截面圆周处,其值为

$$\tau_{max} = \frac{M_T}{I_P}\frac{D}{2} = \frac{M_T}{W_P} \tag{3-23}$$

式中,D 为截面的直径,单位为 mm;W_P 为抗扭截面模量,单位为 mm³,$W_P = \dfrac{I_P}{D/2}$。

对如图 3-41(a)所示的直径为 D 的实心圆截面:

$$极惯性矩\ I_P = \int_A \rho^2 \mathrm{d}A = 2\pi\int_0^R \rho^3 \mathrm{d}\rho = \frac{\pi D^4}{32} \approx 0.1D^4 \tag{3-24}$$

$$抗扭截面模量\ W_P = \frac{I_P}{D/2} = \frac{\pi D^3}{16} \approx 0.2D^3 \tag{3-25}$$

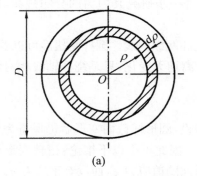 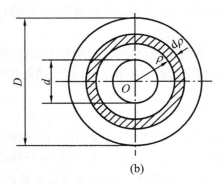

图 3-41 实心圆截面和空心圆截面的 I_P

对如图 3-41(b)所示的空心圆截面:

极惯性矩 $I_P = \int_A \rho^2 dA = 2\pi \int_{-\frac{d}{2}}^{\frac{D}{2}} \rho^3 d\rho = \dfrac{\pi D^4}{32}(1 - a^4) \approx 0.1 D^4 (1 - \alpha^4)$ （3-26）

抗扭截面模量 $W_P = \dfrac{I_P}{D/2} = \dfrac{\pi D^3}{16}(1 - a^4) \approx 0.2 D^3 (1 - \alpha^4)$ （3-27）

其中，$\alpha = \dfrac{d}{D}$，d 和 D 分别表示空心圆截面的内径和外径。

3.3.4 圆轴扭转时的强度计算

为保证圆轴正常工作，应使危险截面上最大工作剪应力 τ_{max} 不超过材料的许用剪应力 $[\tau]$，即应有 $\tau_{max} \leqslant [\tau]$。

对于等截面圆轴，有

$$\tau_{max} = \frac{M_{Tmax}}{W_P} \leqslant [\tau]$$ （3-28）

式中，M_{Tmax} 为横截面上的最大扭矩，单位为 N·mm；W_P 为抗扭截面模量，单位为 mm³；$[\tau]$ 为许用剪应力，单位为 MPa。

式（3-28）称为圆轴扭转时的强度条件。扭转强度条件可用来解决强度校核、设计截面尺寸及确定许可载荷等三类强度计算问题。

例 3-9 如图 3-38（a）所示的圆轴，轴径 $D = 50$ mm，其扭转许用剪应力 $[\tau] = 60$ MPa，试校核轴的扭转强度。

解 （1）作轴的扭矩图如图 3-38（b）所示，得

$$M_{T1} = -M_B = -955 （N·m），\quad M_{T2} = M_C = 637 （N·m）$$

危险截面的扭矩 $|M_T|_{max} = 955$ N·m。

（2）校核轴的扭转强度：

$$\tau_{max} = \frac{M_{Tmax}}{W_P} = \frac{M_{T1}}{0.2 D^3} = \frac{955 \times 10^3}{0.2 \times 50^3} = 38.2 （MPa） < [\tau]$$

故该轴的扭转强度足够。

例 3-10 一电动机转轴所传递的功率 $P = 30$ kW，转速 $n = 1400$ r/min，转轴由 45 钢制成，其许用剪应力 $[\tau] = 40$ MPa。（1）试求满足强度条件下的直径 D_1；（2）若改用相同材料的 $\alpha = 0.5$ 的空心轴，求 D_2；（3）比较空心轴和实心轴的质量。

解 由强度条件式（3-28），得

$$W_P \geqslant \frac{M_{Tmax}}{[\tau]}$$

而 $M_T = 9549 \dfrac{P}{n} = 9549 \times \dfrac{30}{1400} = 204.6 （N·m）$。

（1）求实心圆轴直径 D_1，有

$$D_1 \geqslant \sqrt[3]{\frac{16 M_T}{\pi [\tau]}} = \sqrt[3]{\frac{16 \times 204.6 \times 10^3}{\pi \times 40}} = 29.6 （mm）$$

（2）若改用相同材料的 $\alpha = 0.5$ 的空心轴，求空心圆轴直径 D_2，有

$$D_2 \geqslant \sqrt[3]{\frac{16 M_T}{\pi (1 - a^4)[\tau]}} = \sqrt[3]{\frac{16 \times 204.6 \times 10^3}{\pi \times (1 - 0.5^4) \times 40}} = 30.2 （mm）$$

（3）比较空心轴和实心轴的质量。因为当二者的材料及长度都相同时，空心轴和实心轴的质量之比就是它们横截面面积之比，故有

$$\frac{A_2}{A_1} = \frac{\frac{\pi}{4}\left[D_2^2(1-a^2)\right]}{\frac{\pi}{4}D_1^2} = \frac{30.2^2 \times \frac{3}{4}}{29.6^2} = 0.78 = 78\%$$

即空心轴的质量仅为实心轴的 78%，节约材料 22%。

例 3 - 10 结果说明，在条件相同的情况下，采用空心轴可以节省大量材料，减轻自重，提高承载能力，因此汽车、轮船和飞机中的轴类零件大多采用空心轴。

3.3.5　圆轴扭转时的变形和刚度计算

1. 圆轴扭转时的变形

在生产中，若机器的轴在工作中产生过大扭转变形，常常会引起机器振动，以致不能正常工作；机床主轴的扭转变形过大，会降低零件的加工精度和表面质量；车床丝杠的扭转变形过大会影响螺纹的加工精度。因此，圆轴受扭转时除了应满足强度要求外，还需满足刚度要求。

圆轴扭转时的变形用两横截面绕轴线的相对扭转角 φ 来度量，φ 的单位是弧度（rad）。试验结果指出，扭转角 φ 与扭矩 M_T 及杆长 L 成正比，而与材料的剪切弹性模量 G 及杆的截面极惯性矩 I_P 成反比。对于 M_T 为常量的同材料等截面圆轴，有

$$\varphi = \frac{M_T L}{G I_P} \tag{3-29}$$

式中，M_T 为横截面上的扭矩，单位为 N·m；L 为轴的长度，单位为 m；G 为剪切弹性模量，单位为 Pa；I_P 为极惯性矩，单位为 m⁴。

当 M_T、G、I_P 之中任意一个参数发生改变时，要先分段计算扭转角，再求出各段 φ 的代数和。

式（3-29）中，GI_P 称为截面的抗扭刚度，它反映了材料和横截面的几何因素对扭转变形的抵抗能力。当 M_T 和 L 一定时，GI_P 越大，则扭转角 φ 越小，说明圆轴的刚度越大。

2. 圆轴扭转时的刚度条件及其计算

在工程计算中，为保证轴的刚度，通常规定轴单位长度的扭转角 θ 不得超过许用值 $[\theta]$，故刚度条件为

$$\theta = \frac{M_T}{G I_P} \leqslant [\theta]$$

其中 θ 和 $[\theta]$ 的单位是弧度/米（rad/m）。在工程中 $[\theta]$ 的常用单位是度/米（°/m），因此将圆轴的刚度条件改写为

$$\theta = \frac{M_T}{G I_P} \times \frac{180°}{\pi} \leqslant [\theta] \tag{3-30}$$

单位长度内的许用扭转角 $[\theta]$ 的数值应根据对机器的要求、工作条件等来确定，具体数值可从有关手册中查得。其一般范围是：精密机械、仪表的轴 $[\theta] = 0.15 \sim 0.5$ °/m，一般传

动轴$[\theta]=0.5\sim1.0\,°/$m,精度较低的轴$[\theta]=1\sim4\,°/$m。

例 3-11 汽车传动轴由无缝钢管制成,外径$D=90$ mm,壁厚$\delta=2.5$ mm,其所承受的最大外力偶矩$M=1.5$ kN·m,单位长度的许用扭转角$[\theta]=2.5\,°/$m,剪切弹性模量$G=80$ GPa,试校核该轴的扭转刚度。

解 计算单位长度的最大扭转角,校核该轴的扭转刚度;

$$\theta_{max}=\frac{M_{Tmax}}{GI_P}\times\frac{180°}{\pi}$$

$$=\frac{1.5\times10^3}{80\times10^9\times0.1\times(90\times10^{-3})^4\times[1-(0.944)^4]}\times\frac{180°}{\pi}$$

$$=0.8\,°/\text{m}<[\theta]$$

故轴的扭转刚度足够。

例 3-12 某型自行加榴炮扭杆悬挂系统受力如图 3-42 所示,车辆悬置重量(车重减去 12 个负重轮重量及 1/3 履带重量)$G_X=400000$ N,每侧负重轮$n=6$个,扭力轴长$L=1978.92$ mm,直径$d=50$ mm,弹性模量$G=77500$ MPa,平衡肘静倾角$\alpha=15.59°$,平衡肘工作长度$l=320$ mm,求扭力轴的扭转角。

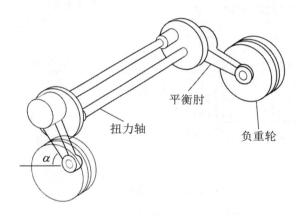

图 3-42 某型自行加榴炮扭杆布置图

解 (1)每个负重轮上的平均静载荷为

$$P=\frac{G_X}{2n}=\frac{400000}{2\times6}=33.3\,(\text{kN})$$

(2)车辆悬置水平地面时扭杆弹簧承受的扭矩为

$$M_T=P\times l\times\cos\alpha=10274\,(\text{kN·mm})$$

(3)扭力轴静应力为

$$W_P=\frac{\pi D^3}{16}=24544\,(\text{mm}^3)$$

$$\tau=\frac{M_T}{W_P}=\frac{10274}{24544}=418.61\,(\text{MPa})$$

(4)扭力轴静扭角为

$$I_P=\frac{\pi D^4}{32}=613592\,(\text{mm}^4)$$

$$\varphi=\frac{M_T L}{GI_P}\times\frac{180}{\pi}=\frac{10274\times1978.92}{77500\times613592}\times\frac{180}{\pi}=24.5°$$

3.4　梁 的 弯 曲

杆件不仅要受轴向力的作用而变形,还可能受与轴向垂直的力的作用而变形,这种变形称为弯曲,它也是影响构件性能的重要因素。

3.4.1　弯曲的概念

在实际工程中,有许多杆件受横向载荷或在杆的轴线平面内的力偶作用而产生弯曲变形,即轴线由直线变成了曲线。在材料力学中,将以弯曲变形为主的杆件称为梁,如图 3－43(a)所示的桥式吊车的横梁、如图 3－43(b)所示的制动器手柄、车辆的轮轴、桥梁等均是梁。

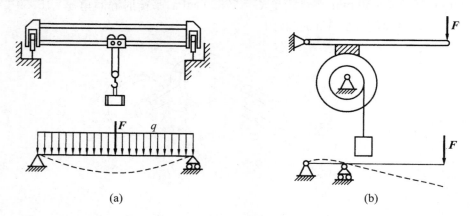

图 3－43　工程实例

当所有外载荷均作用在一通过轴线的纵向对称平面内,且变形后的轴线也在这一平面内时,这种变形称为平面弯曲变形,如图 3－44 所示,其横截面和纵向对称的交线称为纵向对称轴。本节只讨论平面弯曲变形。

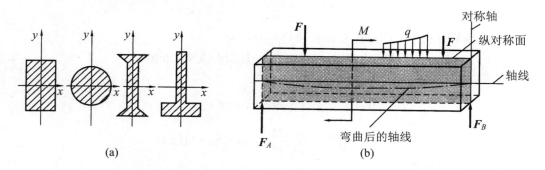

图 3－44　平面弯曲变形

梁的支承通常有固定铰支座、活动铰支座和固定端支座三种,与之相对应,梁也有三种常见的形式:

(1) 简支梁,如图 3-45(a)所示,梁的一端为固定铰支座,另一端为活动铰支座。

(2) 外伸梁,如图 3-45(b)所示,简支梁一端或两端外伸出支座外。

(3) 悬臂梁,如图 3-45(c)所示,梁的一端为固定端,另一端自由。

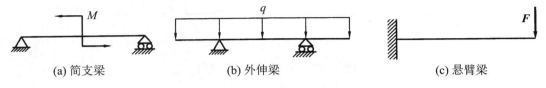

(a) 简支梁　　　　　　　(b) 外伸梁　　　　　　　(c) 悬臂梁

图 3-45　支承梁的分类

作用在梁上的外载荷一般有集中力 F、集中力偶 M 及分布载荷 q,其中较为常见的是 q 为常数的均布载荷。

3.4.2　梁弯曲时横截面上的内力

1. 剪力和弯矩

如图 3-46(a)所示,一简支梁受集中力 F 作用,现求距 A 点 x 处横截面 m—n 上的内力。

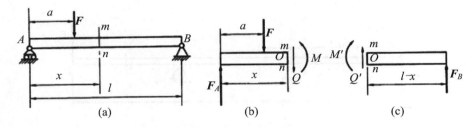

图 3-46　梁的外力和截面上的内力分析

首先求支座反力。由静力平衡方程可得

$$F_A = \left(1 - \frac{a}{l}\right)F, \quad F_B = \frac{a}{l}F$$

然后用截面法求截面 m—n 上的内力。用一垂直于轴线的平面 m—n 将梁截成两段,考虑 m—n 截面以左梁段的平衡,m—n 截面应有垂直于轴线的剪力 Q(切向分布)及弯矩 M,剪力和弯矩可用平衡方程求出。

由 $\sum F_y = 0, F_A - F - Q = 0$,得

$$Q = F_A - F$$

由 $\sum M_O = 0, M + F(x - a) - F_A x = 0$,得

$$M = F_A x - F(x - a)$$

若取 m—n 截面以右梁段来分析,根据作用与反作用定理,得

$$Q = -Q', \quad M = -M'$$

为使左、右两段计算的内力有相同的正负号,规定如图 3-47 中所示 Q、M 的方向为正

方向,反之为负。

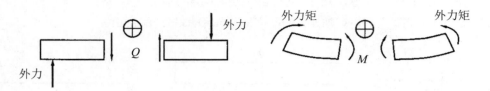

图 3-47 *Q*、*M* 的正方向判断

Q 和 *M* 的符号规定如下:

(1) 剪力对梁段内任一点形成力矩为顺时针方向时为正,即顺转剪力正。

(2) 弯矩使梁段产生下凸弯曲变形时为正,即下凸弯矩正。

从上述剪力和弯矩的计算过程中,可以得到以下规律:

(1) 横截面上的剪力在数值上等于此截面一侧梁上所有横向外力的代数和,横截面上的弯矩在数值上等于此截面一侧梁上所有外力对该截面形心力矩的代数和。

(2) 计算横截面上的内力时外载荷正负号的规定是:截面左侧的向上外力或右侧的向下外力产生正剪力,即"左上右下生正剪",截面左侧的顺时针外力矩或右侧的逆时针外力矩产生正弯矩,即"左顺右逆生正弯";反之皆为负。

例 3-13 求如图 3-48(a)所示外伸梁 1—1、2—2 横截面上的内力。已知 $F = 20 \text{ kN}$,$a = 3 \text{ m}$。

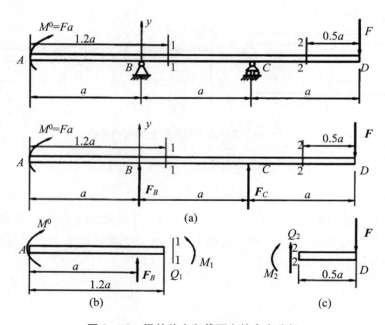

图 3-48 梁的外力和截面上的内力分析

解 (1) 计算支座反力。取整个梁为研究对象,其受力分析如图 3-48(a)所示。由平衡方程,有

$$F_C = \frac{M^0 + F \times 2a}{a} = \frac{20 \times 3 + 20 \times 2 \times 3}{3} = 60 \text{ (kN)}$$

$$\sum F_y = 0 \colon F_B + F_C - F = 0$$

得

$$F_B = F - F_C = 20 - 60 = -40\,(\text{kN})\quad(\text{负号表示与假设方向相反})$$

（2）求截面 1—1 上的内力。选取截面 1—1 左侧梁段，受力分析如图 3-48(b)所示，得

$$Q_1 = F_B = -40\,(\text{kN})\quad(\text{负号表示与假设方向相反})$$

$$M_1 = M^0 + F_B \times 0.2a = 20 \times 3 - 40 \times 0.2 \times 3 = 36\,(\text{kN} \cdot \text{m})$$

（3）求截面 2—2 上的内力。选取截面 2—2 右侧梁段，受力分析如图 3-48(c)所示，得

$$Q_2 = F = 20\,(\text{kN})$$

$$M_2 = -0.5Fa = -0.5 \times 20 \times 3 = -30\,(\text{kN} \cdot \text{m})\quad(\text{负号表示与假设方向相反})$$

计算结果若为正值表示其指向与假设一致。弯矩 M_2 为负值说明其转向与假设的相反。取左段梁分析可得同样结果，可自行验算。

2. 剪力图与弯矩图

梁各横截面上的剪力、弯矩一般是随截面位置变化而变化的。为确定危险截面的位置，必须知道沿梁轴线各横截面上剪力和弯矩的变化规律，这种变化规律可用图形表示。取梁轴线上一点为坐标原点，梁轴线为横坐标 x 轴，纵坐标为剪力 Q 或弯矩 M，则梁任一横截面上的剪力和弯矩都可写成横截面位置坐标 x 的函数，即

$$Q = Q(x), \quad M = M(x)$$

上述这两个函数表达式称为梁的剪力方程和弯矩方程，其线图分别称为梁的剪力图与弯矩图。

利用剪力图和弯矩图可以很容易地确定出梁的最大剪力和最大弯矩，找出梁危险截面的位置。因此，正确绘制剪力图和弯矩图是梁强度计算的基础。

例 3-14　如图 3-49 所示，一简支梁受集中力 F 作用，试绘制梁的剪力图、弯矩图。

解　（1）求支座反力。取整个梁为研究对象，其受力分析如图 3-49(a)所示。根据静力平衡方程式 $\sum M_A = 0$，$\sum M_B = 0$，求得

$$F_A = \frac{Fb}{l}, \quad F_B = \frac{Fa}{l}$$

（2）分段列剪力、弯矩方程。梁受集中力作用时载荷不连续，因此必须以集中力的作用点 C 为分界点，将全梁分成两段，分段写出剪力、弯矩方程。

在 AC 段内取距原点 A 为 x_1 的任意横截面，该截面以左有向上的力 F_A，其剪力方程和弯矩方程分别为

$$Q(x_1) = F_A = \frac{Fb}{l} \quad (0 < x_1 < a) \tag{a}$$

$$M(x_1) = F_A x_1 = \frac{Fb}{l} x_1 \quad (0 \leqslant x_1 \leqslant a) \tag{b}$$

对于 C 点右边梁段 CB，取距右端 B 为 x_2 的任意横截面，该截面以右有向上的力 F_B，其剪力方程和弯矩方程分别为

$$Q(x_2) = -F_B = -\frac{Fa}{l} \quad (0 < x_2 < b) \tag{c}$$

$$M(x_2) = F_B x_2 = \frac{Fa}{l} x_2 \quad (0 \leqslant x_2 \leqslant b) \tag{d}$$

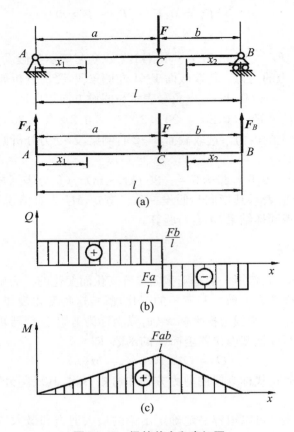

图 3 - 49　梁的剪力和弯矩图

（3）绘制剪力图和弯矩图。由式（a）和式（c）可知，AC 和 CB 两段梁内各截面上剪力为常量，剪力图是两条平行于 x 轴的水平线，如图 3 - 49（b）所示。若 $a > b$，则 CB 段的剪力值大，即

$$|Q|_{max} = \frac{Fa}{l}$$

由式（b）和式（d）可知，AC 和 CB 两段内弯矩均是 x 的一次函数，弯矩图为斜直线，已知斜直线上两点即可确定这条直线。

AC 段：$x_1 = 0$ 时，$M = 0$；$x_1 = a$ 时，$M = \dfrac{Fab}{l}$。

CB 段：$x_2 = 0$ 时，$M = 0$；$x_2 = b$ 时，$M = \dfrac{Fab}{l}$。

用直线连接各点就得到两段梁的弯矩图，如图 3 - 49（c）所示。

由图可见，最大弯矩在截面 C 上，为

$$M_{max} = \frac{Fab}{l}$$

可见，在集中力 F 作用的 C 截面处，剪力图发生突变，突变量等于集中力 F 之值，弯矩图有一折角。

例 3 - 15　一横梁 A 点、B 点受集中力 F_A 和 F_B 作用，方向如图 3 - 50（a）所示，在 C 点处受到力偶矩为 M_e 的集中力偶作用。作此梁的剪力图、弯矩图。

解　(1) 根据力偶系平衡条件 $\sum M_i = 0$，求得

$$F_A = \frac{M_e}{l}, \quad F_B = \frac{M_e}{l}$$

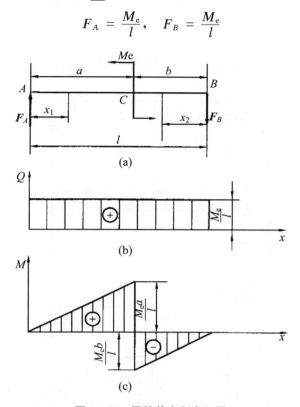

图 3-50　梁的剪力和弯矩图

(2) 分段列剪力、弯矩方程。在 AC 段内取距原点 A 为 x_1 的任意横截面，该截面以左有向上的力 F_A，其剪力方程和弯矩方程分别为

$$Q(x_1) = F_A = \frac{M_e}{l} \quad (0 < x_1 \leqslant a) \tag{a}$$

$$M(x_1) = F_A x_1 = \frac{M_e}{l} x_1 \quad (0 \leqslant x_1 < a) \tag{b}$$

对于梁段 CB，取距右端 B 为 x_2 的任意横截面，该截面以右有向下的力 F_B，其剪力方程和弯矩方程分别为

$$Q(x_2) = F_B = \frac{M_e}{l} \quad (0 < x_2 \leqslant b) \tag{c}$$

$$M(x_2) = -F_B x_2 = -\frac{M_e}{l} x_2 \quad (0 \leqslant x_2 < b) \tag{d}$$

(3) 绘制剪力图和弯矩图。

由式(a)和式(c)绘出的剪力图是一条平行于 x 轴的水平线，可见集中力偶对剪力无影响，梁上任意截面的剪力均为最大值，即

$$Q_{max} = \frac{M_e}{l}$$

由式(b)和式(d)可知，在 AC、CB 段内弯矩图为相互平行的斜直线，绘制方法同例 3-14，见图 3-50(c)。若 $a > b$，则最大弯矩作用在 C 截面左侧：

$$|M|_{max} = \frac{M_e a}{l}$$

由图 3-50(c)可见,在集中力偶 M_e 作用的 C 截面处,弯矩图有一突然变化,突变处弯矩的数值等于集中力偶矩 M_e。

例 3-16 如图 3-51(a)所示,一简支梁受均布载荷 q 作用,作此梁的剪力图、弯矩图。

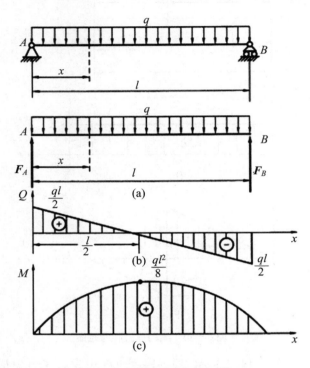

图 3-51 梁的剪力和弯矩图

解 (1)求支座反力。其受力图如图 3-51(a)所示,由梁的对称关系可得

$$F_A = F_B = \frac{1}{2}ql$$

(2)列剪力、弯矩方程。取距原点 A 为 x 的任意横截面,如图 3-51(a)所示,可得剪力方程和弯矩方程分别为

$$Q(x) = F_A - qx = \frac{ql}{2} - qx \quad (0 < x < l) \tag{a}$$

$$M(x) = F_A x - qx \cdot \frac{x}{2} = \frac{ql}{2}x - \frac{qx^2}{2} \quad (0 \leqslant x \leqslant l) \tag{b}$$

(3)绘制剪力图和弯矩图。

式(a)表示剪力图是一斜直线,斜率为 $-q$,向右下倾斜。据 $x=0$,$x=l$ 的剪力值即可绘出剪力图,见图 3-51(b)。

由式(b)可知,在 AB 段内弯矩是 x 的二次函数,弯矩图为一开口向下的抛物线。当 $x=0$ 或 $x=l$ 时(即梁的 A、B 端截面上),$M=0$;当 x 在 0 和 l 之间时,M 为正值。

为求抛物线极值点的位置,对式(b)求一阶导数。由 $\dfrac{\mathrm{d}M(x)}{\mathrm{d}x} = \dfrac{ql}{2} - qx = 0$,得 $x = \dfrac{l}{2}$,代入式(b),得极值为

$$M_{max} = \frac{ql}{2} \times \frac{l}{2} - q \times \frac{l}{2} \times \frac{l}{4} = \frac{ql^2}{8}$$

通过此三点可绘出弯矩图如图 3-51(c)所示。

由图可知,梁跨度中点截面上的弯矩值为最大,即

$$|M|_{max} = \frac{ql^2}{8}$$

例 3-14 至例 3-16 中,全梁各横截面上的弯矩是 x 的一个连续函数,弯矩用一个方程即可表达。若梁上载荷不连续,如分布载荷中断或有集中力、集中力偶时,弯矩就不能用一个连续函数表示,而应分段写出。

3. 剪力、弯矩和载荷集度间的微分关系

由例 3-16 可知,梁的弯矩方程、剪力方程、载荷集度之间有如下的微分关系,即

$$\frac{\mathrm{d}Q(x)}{\mathrm{d}x} = q(x)$$

$$\frac{\mathrm{d}M(x)}{\mathrm{d}x} = Q(x)$$

即剪力方程 $Q(x)$ 对 x 的一阶导数等于载荷集度 $q(x)$;弯矩方程 $M(x)$ 对 x 的一阶导数等于剪力方程 $Q(x)$。使用微分公式时应注意:x 轴向右为正;$q(x)$ 向上为正;弯矩、剪力符号规定同前。

上述关系不是偶然现象,而是普遍存在的规律。

通过上述讨论可归纳出以下简捷绘制剪力图、弯矩图的规律:

(1) 若梁的铰支端、自由端没有集中力偶 M_e,则其截面的弯矩为零。

(2) 在没有分布载荷 q 的梁段,剪力图为水平线,弯矩图为斜直线。剪力 $Q > 0$ 时,弯矩图为一上斜直线(斜率为正);剪力 $Q < 0$ 时,弯矩图为一右下斜直线(斜率为负);剪力 $Q = 0$ 时,弯矩图为水平线。

(3) 在有均布载荷 q 的梁段,剪力图为斜直线,弯矩图为抛物线。均布载荷 $q > 0$(q 向上为正),剪力图为一上斜直线,弯矩图为凹抛物线(开口向上);均布载荷 $q < 0$,剪力图为一下斜直线,弯矩图为凸抛物线(开口向下)。

(4) 在有集中力偶 M_e 作用的截面两侧,剪力图无变化,弯矩图发生突变,变化量即为 M_e 的大小。逆时针集中力偶引起的弯矩图突变向下,反之则向上突变,简称"逆者下,顺者上"。

(5) 在有集中力 F 作用的截面两侧,弯矩图发生转折,剪力图发生突变,变化量即为 F 的大小,突变方向与集中力 F 的方向一致。

(6) 在有均布载荷 q 的梁段,在 $Q = 0$ 的截面两侧,若 Q 有正负号变化,则弯矩有极值。

例 3-17　利用 M、Q、q 之间的关系,作图 3-52(a)所示梁的剪力图、弯矩图。

解　(1) 求支座反力。

由 $\sum M_A = 0, F_B \times 4 - q \times 2 \times 1 - M_e - F \times 3 = 0$,得

$$F_B = 3 \text{ (kN)}$$

由 $\sum F_y = 0, F_A + F_B - q \times 2 - F = 0$,得

$$F_A = 4 \text{ (kN)}$$

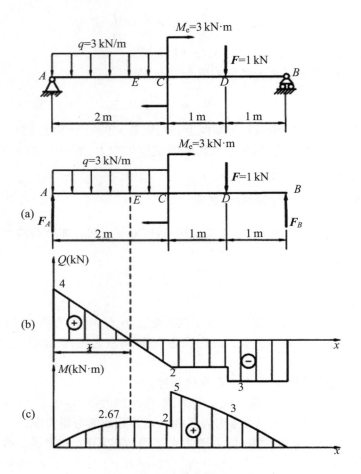

图 3-52 梁的剪力图和弯矩图

（2）梁分 AC、CD、DB 三段。计算 A、C、D、B（分段点）各处截面的剪力与弯矩（从左到右），列于表 3-3 中。

表 3-3 A、C、D、B 处截面剪力与弯矩

截面	$A_右$	$C_左$	$C_右$	$D_左$	$D_右$	$B_左$
Q	4	−2	−2	−2	−3	−3
M	0	2	5	3	3	0

（3）绘制出剪力图、弯矩图。结合规律先作剪力图，后作弯矩图。其中，AC 段中有 $Q=0$ 处 E，为 M 图的极值点，可设 ΔE 为 x，按照比例关系，$x:(2-x)=4:2$，求出 $x=1.33$ m，对应的弯矩 $M_E = F_A x - \dfrac{qx^2}{2} = 2.67$（kN·m）。弯矩图在 AC 段内为上凸的抛物线，其他段内为右下倾斜直线。剪力图、弯矩图分别如图 3-52(b)、(c)所示。

作图时，应注意梁上有集中力、集中力偶、支承点的截面和分布载荷的起始、终止点的截面（控制截面）剪力和弯矩的变化。

3.4.3 梁纯弯曲时的正应力

在一般情况下,梁的截面上既有弯矩又有剪力,剪力由横截面上的剪(切)应力而形成,而弯矩由横截面上的正应力而形成。实验表明,当梁细长时,正应力是决定梁会否被破坏的主要因素,剪(切)应力是次要因素。

1. 正应力的分布规律

若梁横截面上只有弯矩没有剪力,则所产生的弯曲称为纯弯曲。

取一矩形截面梁,如图 3 - 53(a)所示,在其表面画出横向线 1—1、2—2(视为横截面)和纵向线 a—b、c—d(视为纵向纤维)。在梁两端的纵向对称平面内,加一对等值反向的力偶,使梁发生纯弯曲。可观察到如下变形:

(1) 横向线仍为垂直于梁轴的直线,只是相对转动了一个角度。

(2) 纵向线弯成弧线,靠凸边的纵向线 cd 伸长,梁宽减小;靠凹边的纵向线 ab 缩短,梁宽增大。

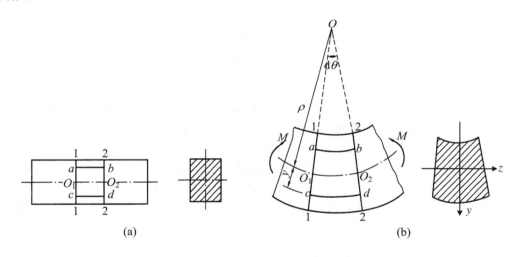

图 3 - 53 纯弯曲变形

由以上实验结果可对纯弯曲的梁做出如下假设:

(1) 变形前的横截面为平面,变形后仍为平面且垂直于变形后梁的轴线,仅绕某轴转过一微小的角度。这一假设称为平面假设。

(2) 梁可视为由无数的纵向纤维组成,各纤维的变形为拉伸或压缩。

根据上述假设,梁纯弯曲后,各横截面仍垂直于轴线,无相对错动,故横截面上没有剪应力。截面上靠近顶部的各层纤维缩短,靠近底部的各层纤维伸长,可见各层纤维只受到正应力。由于变形的连续性,沿梁的高度必有一层纵向纤维既不伸长也不缩短,这一纤维层称为中性层,中性层与横截面的交线称为中性轴,如图 3 - 54 所示。

将代表相邻两横截面的线段 1—1 和 2—2 延长相交于 O 点,如图 3 - 53(b)所示,该点就是变形后梁轴线的曲率中心。用 $d\theta$ 表示这两个横截面的夹角,ρ 表示中性层的曲率半径,y 轴为横截面的对称轴,z 轴为中性轴,距中性层 y 处的纵向纤维 c—d 的原长为 $d =$

$\rho\mathrm{d}\theta$,则其伸长量为

$$(\rho + y)\mathrm{d}\theta - \rho\mathrm{d}\theta = y\mathrm{d}\theta$$

其线应变为

$$\varepsilon = \frac{y\mathrm{d}\theta}{\rho\mathrm{d}\theta} = \frac{y}{\rho} \tag{3-31}$$

这说明梁内任一层纵向纤维的线应变 ε 与该层到中性层的距离 y 成正比,与中性层的曲率半径 ρ 成反比。

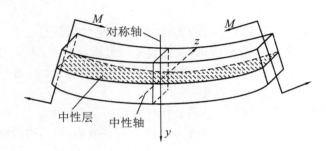

图 3 - 54   中性层与中性轴

根据胡克定律,当应力没有超过材料的比例极限时,应力与应变规律为

$$\sigma = E\varepsilon = E\frac{y}{\rho} \tag{3-32}$$

这表明,当梁外力矩一定,E、ρ 为常量时,横截面上任一点的正应力与该点到中性轴的距离成正比。显然,中性轴上各点的正应力为零,离中性轴越远的点的正应力绝对值越大。

由静力平衡可得到(推导省略):中性轴 z 通过截面形心且与纵向对称轴垂直,中性层的曲率为

$$\frac{1}{\rho} = \frac{M}{EI} \tag{3-33}$$

曲率 $\frac{1}{\rho}$ 与弯矩 M 成正比,与 EI 成反比。EI 称为梁的抗弯刚度,其数值表示梁抵抗弯曲变形能力的大小。

将 $\frac{1}{\rho} = \frac{M}{EI}$ 代入 $\sigma = E\frac{y}{\rho}$,可得到梁纯弯曲时横截面上任意一点的正应力计算公式:

$$\sigma = \frac{My}{I} \tag{3-34}$$

式中,M 为所在截面的弯矩;I 为截面对中性轴的惯性矩,简称轴惯矩,其单位为长度的四次方;y 为点到中性轴的距离。

式(3-34)表明,正应力与所在截面的弯矩 M 成正比,与截面轴惯矩 I 成反比。σ 沿截面高度呈线性分布,如图 3-55 所示。在中性轴($y=0$)处正应力为零,上、下边缘处最大。

应用式(3-34)时,M、y 均可用绝对值代入。所求点的应力 σ 是拉应力(正)还是压应力(负),则可根据梁变形情况,判断纤维的伸缩而定。以中性轴为界,凸边的应力为拉应力,凹边的应力为压应力。

2. 最大正应力的计算公式

根据应力分布规律,正应力在离中性轴最远的上、下边缘部分分别达到拉应力和压应力

的最大值,设其坐标为 $y = y_{max}$,则有

$$\sigma_{max} = \frac{M y_{max}}{I} = \frac{M}{\dfrac{I}{y_{max}}} = \frac{M}{W} \qquad (3-35)$$

式中,σ_{max} 为截面上最大正应力;M 为所在截面的弯矩;W 为截面对中性轴 z 的抗弯截面模量,单位为 mm^3;y_{max} 为截面最远点到中性轴的距离。

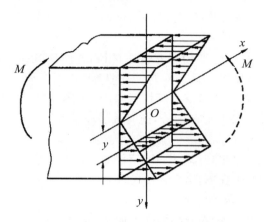

图 3−55 弯曲正应力分布规律

应注意,若中性轴 z 不是截面的对称轴,则计算最大拉、压应力时,需将中性轴两侧不同的 y 值代入。

抗弯截面模量 W 只与截面的形状和大小有关,可用 $W = \dfrac{I}{y_{max}} = \dfrac{\int y^2 \mathrm{d}A}{y_{max}}$ 求得。

对于高为 h、宽为 b 的矩形截面,有

$$W = \frac{I}{y_{max}} = \frac{bh^3}{12} \bigg/ \frac{h}{2} = \frac{bh^2}{6} \qquad (3-36)$$

对于直径为 d 的圆形截面,有

$$W = \frac{\pi d^4}{64} \bigg/ \frac{d}{2} = \frac{\pi d^3}{32} \approx 0.1 d^3 \qquad (3-37)$$

对空心圆截面(D 为外径,d 为内径,$a = d/D$ 为内、外径比值),有

$$W = \frac{\pi D^3}{32}(1 - a^4) \approx 0.1 D^3 (1 - a^4) \qquad (3-38)$$

在工程实践中,各种型钢的抗弯截面模量可从型钢表中查得。

3.4.3　梁弯曲时正应力的强度计算

为保证梁能安全工作,必须使梁具备足够的强度。在一般情况下,正应力是支配梁强度的主要因素,通常按照弯曲正应力强度进行计算即可满足工程要求。

1. 强度计算

等截面直梁弯曲时,弯矩绝对值最大的横截面是梁的危险截面。最大正应力 σ_{max} 发生

在危险截面上离中性轴最远处。为保证梁能正常工作，必须使其最大工作应力即 σ_{max} 不超过材料的许用弯曲应力$[\sigma]$。所以梁弯曲的强度条件为

$$\sigma_{max} = \frac{M_{max}}{W} \leqslant [\sigma] \tag{3-39}$$

式中，M_{max} 为横截面上的最大弯矩，单位为 N·mm；W 为抗弯截面模量，单位为 mm³；$[\sigma]$ 为许用弯曲正应力，单位为 MPa。

运用式(3-39)可以解决工程中强度校核、截面尺寸设计和确定梁的许可载荷三个方面的强度计算问题。

对于低碳钢等抗拉和抗压强度相同的塑性材料，为使横截面上最大拉应力和最大压应力同时达到许用应力，通常使梁的截面对称于中性轴，如工字形、圆环形、圆形、矩形等。对于抗压强度远高于其抗拉强度的铸铁等脆性材料制成的梁，为充分利用材料，梁的截面常做成与中性轴不对称的形状，如 T 形截面等，此时其强度条件为

$$\sigma_{tmax} \leqslant [\sigma_t], \quad \sigma_{cmax} \leqslant [\sigma_c] \tag{3-40}$$

对阶梯轴等变截面梁，应用式(3-39)时应注意，W 不是常量，σ_{max} 可能发生在弯矩绝对值最大的截面上，也可能发生在截面较小的截面上。确定梁的危险截面位置和最大正应力 σ_{max} 时，应综合考虑 M 和 W 两个因素。

例 3-18 图 3-56(a)所示为一车轴受力简图，$F = 20$ kN，$a = 150$ mm。材料的许用应力$[\sigma] = 100$ MPa。试确定车轴的直径 d。

解 (1) 绘弯矩图和求最大弯矩。弯矩图如图 3-56(b)所示，最大弯矩为

$$M_{max} = -Fa = -20000 \times 150 = -3 \times 10^6 (\text{N·mm}^3)$$

(2) 确定车轴直径。有

$$W = \frac{\pi D^3}{32} \geqslant \frac{|M|_{max}}{[\sigma]} = \frac{3 \times 10^6}{100} = 3 \times 10^4 (\text{mm}^3)$$

故 $d \geqslant \sqrt[3]{\dfrac{32 \times 3 \times 10^4}{\pi}} = 67$ (mm)。

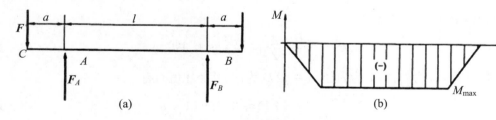

图 3-56 车轴的受力图和弯矩图

例 3-19 如图 3-57(a)所示由 45a 工字钢制成的吊车梁，其跨度 $l = 10.5$ mm，材料的许用应力$[\sigma] = 140$ MPa，小车自重 $G = 15$ kN，起重量为 F，梁的自重不计，求许用载荷 F。

解 (1) 绘弯矩图并求最大弯矩。吊车梁可简化为简支梁，见图 3-57(b)。当小车行驶到梁中点 C 时引起的弯矩最大，这时的弯矩图如图 3-57(c)所示，最大弯矩为

$$M_{max} = \frac{(G+F)l}{4}$$

(2) 确定许可载荷 F。查型钢表，45a 工字钢的抗弯截面模量 $W = 1430$ cm³。由式(3-39)可得梁允许的最大弯矩为

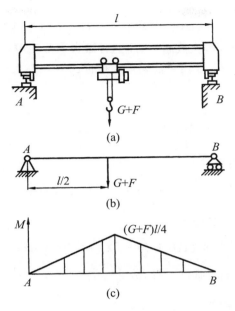

图 3-57 吊车梁的受力、弯矩图

$$M_{max} \leqslant [\sigma]W = 140 \times 1430 \times 10^3 \approx 2 \times 10^8 \,(\text{N} \cdot \text{mm}) = 200 \,(\text{kN} \cdot \text{m})$$

故 $F \leqslant \dfrac{4M_{max}}{l} - G = \dfrac{4 \times 200}{10.5} - 15 = 61.3 \,(\text{kN})$。

例 3-20 一铸铁梁如图 3-58 所示。材料的许用拉应力$[\sigma_t] = 30$ MPa，许用压应力$[\sigma_c] = 60$ MPa。已知截面对中性轴的惯性矩 $I = 763 \times 10^4$ mm^4，试校核此梁的强度。

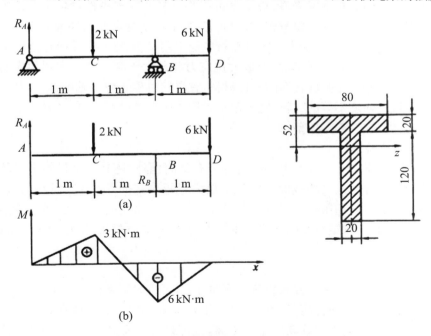

图 3-58 铸铁梁的受力图和弯矩图

解 （1）绘弯矩图，判断危险截面。

求支反力，受力如图 3-58(a)所示，得 $R_A = 3$ kN，$R_B = 15$ kN。

弯矩图如图 3-58(b)所示，在截面 C、B 上有最大正弯矩 $M_C = 3$ kN·m 和最大负弯矩 $M_B = -6$ kN·m，因此截面 C、B 均可能是危险截面。

（2）校核强度。

B 截面：最大拉应力（上边缘）为

$$\sigma_{tmax} = \frac{M_B}{I} \times 52 = 40.9 \text{ (MPa)} > [\sigma_t]$$

最大压应力（下边缘）为

$$\sigma_{cmax} = \frac{M_B}{I} \times (120 + 20 - 52) = 69.2 \text{ (MPa)} > [\sigma_c]$$

C 截面：最大拉应力（下边缘）为

$$\sigma_{tmax} = \frac{M_C}{I} \times (120 + 20 - 52) = 3406 \text{ (MPa)} > [\sigma_t]$$

由于在 C、B 截面均不满足强度条件，故此梁的强度不够。

2. 提高梁抗弯能力的措施

提高梁的抗弯能力，就是在材料消耗最低的前提下，提高梁的承载能力，满足既安全又经济的要求。由强度条件式(3-39)可知，降低最大弯矩 $|M|_{max}$ 或增大抗弯截面模量 W 均能提高强度。依据此关系，可以采用以下措施使梁的设计经济合理，提高梁的抗弯能力。

（1）合理设计截面

梁的合理截面设计应是用较小的截面面积获得较大的抗弯截面模量或较大的轴惯矩。从梁横截面正应力的分布情况来看，应该尽可能将材料放在离中性轴较远的地方。面积远离中性轴时惯性矩和抗弯截面模量较大，因此，工程上许多受弯曲构件都采用工字形、箱形、槽形等截面形状，以提高抗弯能力。各种型材广泛采用型钢、空心钢管等也是这个道理。

此外，合理的截面形状应使截面上最大拉应力和最大压应力同时达到相应的许用应力值。对于抗拉强度和抗压强度相等的塑性材料，宜采用对称于中性轴的截面，如工字形。对于抗拉强度和抗压强度不等的材料，宜采用不对称于中性轴的截面，如铸铁等脆性材料制成的梁，其截面常做成 T 字形或槽形。

（2）采用变截面梁

除上述材料在梁的某一截面上如何合理分布的问题外，还有一个材料沿梁的轴线如何合理安排的问题。等截面梁的截面尺寸是由最大弯矩决定的，除 M_{max} 所在的截面外，其余截面的材料均未被充分利用。为节省材料和减轻重量，可采用变截面梁，即在弯矩较大的部位采用较大的截面，在弯矩较小的部位采用较小的截面，如阶梯轴、钢筋混凝土电杆、汽车的板弹簧等。

（3）合理的结构设计

合理地安排结构的支承位置和载荷的施加方式，可以起到降低梁上最大弯矩的作用，同时也缩小了梁的跨度，从而提高了梁的强度。工程上常见的锅炉筒体和龙门吊车大梁的支承都不在梁的两端，而向中间移动一定的距离，这都是合理安排梁的支承实例；传动轴上齿轮靠近轴承安装、运输大型设备的多轮平板车、吊车增加副梁，也都是在简支梁上合理地布置载荷、提高抗弯能力的实例。

除了上述三条措施外,还可以采用增加约束、减小跨度等措施来减小弯矩,提高梁的强度,从而提高抗弯能力。

*3.5 组 合 变 形

前面分别讨论了拉伸(或压缩)、剪切、扭转和弯曲(主要是平面弯曲)四种基本变形形式,但在工程实际中,杆件的变形往往是由两种或两种以上基本变形叠加而成的,这样的变形形式式称为组合变形。

例如,图 3-59 所示的车刀工作时产生弯曲和压缩变形;图 3-60 所示钻机中的钻杆工作时产生压缩和扭转变形;图 3-61 所示的齿轮轴工作时产生弯曲和扭转变形。本节主要介绍拉伸(或压缩)和弯曲组合作用下、弯曲和扭转组合作用下构件的强度计算方法。

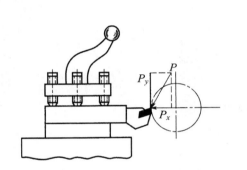

图 3-59 车刀工作时产生弯曲和压缩变形

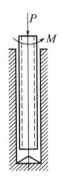

图 3-60 钻机中的钻杆工作时产生压缩和扭转变形

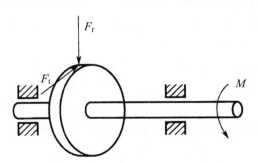

图 3-61 齿轮轴工作时产生弯曲和扭转变形

3.5.1 拉伸(或压缩)与弯曲的组合变形

如图 3-62(a)所示的矩形截面悬臂梁,在自由端 B 作用一力 F,F 位于梁的纵向对称面内,其作用线通过截面形心并与 x 轴成 φ 角。

1. 外力分析

将力 F 沿梁轴线和横截面的纵对称轴方向做等效分解,如图 3 - 62(b)所示,有

$$F_x = F\cos\varphi, \quad F_y = F\sin\varphi$$

F_x 引起梁的轴向拉伸变形,F_y 使梁发生平面弯曲变形,因此梁受拉伸与弯曲的组合变形。

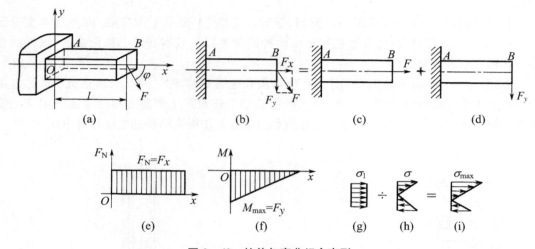

图 3 - 62　拉伸与弯曲组合变形

2. 内力分析

(1) F_x 使梁产生轴向拉伸变形,各横截面上产生的轴力为 $F_N = F_x$,作轴力图如图 3 - 62(e)所示。

(2) F_y 使梁发生平面弯曲变形,弯矩图如图 3 - 62(f)所示。由图可知,最大弯矩产生在固定端 A 处,且有 $M_{max} = Fl\sin\varphi$。

由内力图易知,固定端截面是危险截面。

3. 应力分析

在危险截面上与轴力对应的正应力分布如图 3 - 62(g)所示,其值为

$$\sigma_N = \frac{F_N}{A} = \frac{F\cos\varphi}{A}$$

与弯矩对应的弯曲正应力分布如图 3 - 62(h)所示,其最大值在离中性轴最远的上、下边缘处,为

$$\sigma_M = \frac{M_{max}}{W_z} = \frac{Fl\sin\varphi}{W_z}$$

由叠加原理可得该截面上各点的应力分布如图 3 - 62(i)所示,可见危险点在固定端截面的上侧,其应力值为

$$\sigma_{max} = \sigma_N + \sigma_M = \frac{F_N}{A} + \frac{M_{max}}{W_z} = \frac{F\cos\varphi}{A} + \frac{Fl\sin\varphi}{W_z}$$

4. 强度计算

危险点上的应力为构件的最大应力,故其强度条件为

$$\sigma_{\max} = \sigma_N + \sigma_M = \frac{F_N}{A} + \frac{M_{\max}}{W_z} \leqslant [\sigma] \tag{3-41}$$

对于抗拉、抗压性能不同的材料,要分别考虑其抗拉强度和抗压强度。

例 3 - 21　如图 3 - 63 所示悬臂梁吊车的横梁用 25a 工字钢制成。已知:$l = 4$ m,$\alpha = 30°$,$[\sigma] = 100$ MPa,电葫芦重 $Q_1 = 4$ kN,起重量 $Q_2 = 20$ kN。试校核横梁的强度。(由型钢表查得 25a 工字钢的截面面积和抗弯截面模量分别为 $A = 48.5$ cm^2,$W_z = 402$ cm^3。)

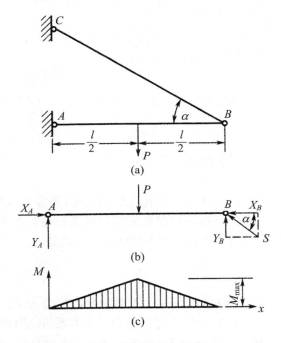

图 3 - 63　吊车的横梁

解　(1) 如图 3 - 63(b)所示,当载荷 $P = Q_1 + Q_2 = 24$ (kN)移动至梁的中点时,可近似地认为梁处于危险状态,此时梁 AB 发生弯曲与压缩组合变形。

由 $\sum m_A = 0$,$Y_B \times l - Pl/2 = 0$,解得

$$Y_B = P/2 = 12 \,(\text{kN})$$

而

$$X_B = Y_B \cot 30° = 20.8 \,(\text{kN})$$

由 $\sum Y = 0$,$Y_A - P + Y_B = 0$,解得

$$Y_A = 12 \,(\text{kN})$$

由 $\sum X = 0$,$X_A - X_B = 0$,解得

$$X_A = 20.8 \,(\text{kN})$$

(2) 内力和应力计算。梁的弯矩图如图 3 - 63(c)所示。梁中点截面上的弯矩最大,其值为

$$M_{max} = Pl/4 = 24\,(\text{kN} \cdot \text{m})$$

最大弯曲应力为

$$\sigma_{max} = \frac{M_{max}}{W_z} = \frac{24 \times 10^3}{402 \times 10^{-6}} \approx 59.7 \times 10^6\,(\text{Pa}) = 59.7\,(\text{MPa})$$

梁 AB 所受的轴向压力为

$$N = -X_B = -20.8\,(\text{kN})$$

其轴向压应力为

$$\sigma_c = -\frac{N}{A} = -4.29\,(\text{MPa})$$

梁中点横截面上、下边缘处的总正应力分别为

$$\sigma_{cmax} = -\frac{N}{A} - \frac{M_{max}}{W_z} = -64\,(\text{MPa})$$

$$\sigma_{tmax} = -\frac{N}{A} + \frac{M_{max}}{W_z} = 55.4\,(\text{MPa})$$

（3）强度校核。工字钢的抗拉、抗压能力相同，而 $|\sigma_{cmax}| = 64\,\text{MPa} < 100\,\text{MPa} = [\sigma]$，所以此悬臂吊车的横梁安全。

3.5.2　弯曲与扭转的组合变形

在工程中的许多受扭转杆件，在发生扭转变形的同时，还常会发生弯曲变形，当这种弯曲变形不能忽略时，则应按弯曲与扭转的组合变形问题来处理。本节将以圆截面杆为研究对象，介绍杆件在扭转与弯曲组合变形情况下的强度计算问题。

1. 外力分析

以带传动轴为例，如图 3-64(a)所示，已知带轮紧边拉力为 F_1，松边拉力为 F_2($F_1 > F_2$)，轴的跨距为 l，轴的直径为 d，带轮的直径为 D。按力系简化原则，将带的拉力 F_1 和 F_2 分别平移至 C 点并合成，得一个水平力 $F_C = (F_1 + F_2)$ 和附加力偶 $M_C = (F_1 - F_2)D/2$，如图 3-64(b)所示。根据力的叠加原理，轴的受力可视作只受集中力 F_C 作用的图 3-64(c)和只受转矩 M_A、M_C（平衡时有 $M_A = M_C$）作用的图 3-64(e)两种受力情况的叠加。

2. 内力分析

作出弯矩图和转矩图分别如图 3-64(d)、(f)所示。由弯矩图和转矩图可知，跨度中点 C 处为危险截面。

3. 应力分析

在水平力 F_C 作用下，轴在水平面内弯曲，其最大弯曲正应力 σ 发生在轴中间截面直径的两端（如图 3-65 所示的 C_1、C_2 处）；在 M_A、M_C 作用下，AC 段各截面圆周边的切应力均达最大值 τ 且相同。由此可见，C_1、C_2 处作用有最大弯曲正应力 σ 和最大扭转切应力 τ，故为危险点。σ 和 τ 由下式确定：

$$\sigma = \frac{M}{W_z}, \quad \tau = \frac{T}{W_n}$$

式中，M 是危险截面弯矩，单位为 N·mm；W_z 是危险截面弯曲截面系数，单位为 mm³；T 是危险截面扭矩，单位为 N·mm；W_n 是危险截面扭转截面系数，单位为 mm³。

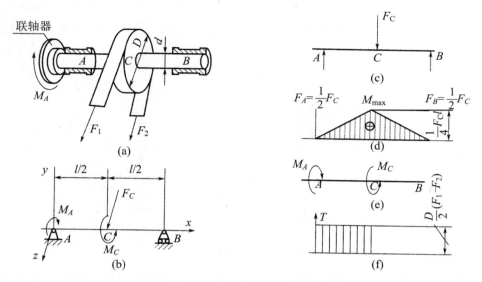

图 3-64　弯曲与扭转组合变形

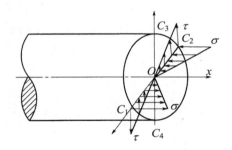

图 3-65　弯曲和扭转组合变形的应力分析

4. 强度条件

如图 3-65 所示，C_1、C_2 处同时处于既有正应力又有切应力的复杂应力状态，根据第三强度理论，C_1、C_2 处的当量应力 σ_r 为

$$\sigma_r = \sqrt{\sigma^2 + 4\tau^2} \tag{3-42}$$

其强度条件可用下式表示：

$$\sigma_r = \sqrt{\sigma^2 + 4\tau^2} \leqslant [\sigma] \tag{3-43}$$

对于圆轴 $W_z = 2W_n$，经简化可表达为

$$\sigma_r = \frac{\sqrt{M^2 + T^2}}{W_z} \leqslant [\sigma] \tag{3-44}$$

根据第四强度理论，其强度条件可用下式表示：

$$\sigma_r = \sqrt{\sigma^2 + 3\tau^2} \leqslant [\sigma] \tag{3-45}$$

简化后可表达为

$$\sigma_r = \frac{\sqrt{M^2 + 0.75T^2}}{W_z} \leqslant [\sigma] \tag{3-46}$$

例 3-22 试根据第三强度理论确定图 3-66 中所示手摇卷扬机（辘轳）能起吊的最大许可载荷 P 的数值。已知：机轴的横截面为直径 $d = 30$ mm 的圆形，机轴材料的许用应力 $[\sigma] = 160$ MPa。

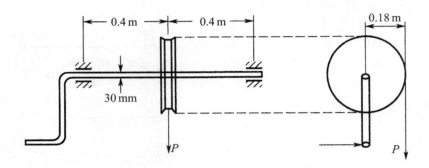

图 3-66 手摇卷扬机

解 在力 P 作用下，机轴将同时发生扭转和弯曲变形，应按扭转与弯曲组合变形问题计算。

(1) 跨中截面的内力：

$$\text{扭矩 } T = P \times 0.18 = 0.18P \text{ (N·m)}$$

$$\text{弯矩 } M = \frac{P \times 0.8}{4} = 0.2P \text{ (N·m)}$$

(2) 截面的几何特性：

$$W_z = \frac{\pi d^3}{32} = \frac{\pi \times 30^3}{32} = 2650 \text{ (mm}^3\text{)}$$

$$W_n = 2W_z = 5300 \text{ (mm}^3\text{)}$$

$$A = \frac{\pi d^2}{4} = \frac{\pi \times 30^2}{4} = 707 \text{ (mm}^2\text{)}$$

(3) 应力计算：

$$\tau = \frac{T}{W_n} = \frac{0.18P}{5300} = 0.034P \text{ (MPa)}$$

$$\sigma = \frac{M}{W_z} = \frac{0.2P}{2650} = 0.076P \text{ (MPa)}$$

由式(3-42)求得当量应力为

$$\sigma_r = \sqrt{\sigma^2 + 4\tau^2} = \sqrt{(0.076P)^2 + 4 \times (0.034P)^2} = 0.102P$$

(4) 根据第三强度理论求许可载荷。

由式 $\sigma_r = \sqrt{\sigma^2 + 4\tau^2} = \sqrt{(0.076P)^2 + 4 \times (0.034P)^2} = 0.102P \leqslant [\sigma] = 160$，得

$$P \leqslant \frac{160}{0.102} \approx 1569 \text{ (N)}$$

练　习　题

基本题

3-1　弹性变形与塑性变形有何区别？强度、刚度和稳定性各自反映何种能力？

3-2　分布载荷与集中载荷有何区别？有哪些基本变形形式？

3-3　何谓截面法？应力与应变有何区别？彼此间关系如何？泊松比有何用处？

3-4　比例极限与弹性极限、屈服极限与强度极限各自有何区别？低碳钢和铸铁在拉、压时强度差异情况如何？塑性材料与脆性材料如何区分？

3-5　应力与许用应力有何区别？影响拉压强度条件的因素有哪些？

3-6　剪切力与切应力有何区别？剪切强度条件如何？

3-7　何谓挤压应力？当接触面为非平面时，接触面积如何取？挤压强度条件如何？

3-8　何谓内力偶矩？其符号如何确定？扭矩图如何绘制？

3-9　何谓极惯性矩、抗扭截面系数？扭转切应力如何计算？扭转强度条件如何？

3-10　何谓扭转角？何谓抗扭刚度？扭转刚度条件如何？

3-11　求如图 3-67 所示各杆 1—1、2—2、3—3 截面上的轴力，并作轴力图。

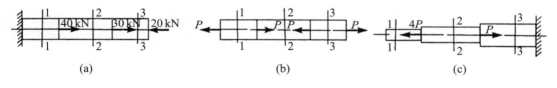

(a)　　　　　　　　　　　　(b)　　　　　　　　　　　　(c)

图 3-67　题 3-11 图

3-12　阶梯杆受载荷如图 3-68 所示。杆左端及中段是铜的，横截面面积 $A_1 = 20\ \text{cm}^2$，$E_1 = 100\ \text{GPa}$；右段是钢的，横截面面积 $A_2 = 10\ \text{cm}^2$，$E_2 = 200\ \text{GPa}$。试画出轴力图，并计算杆长的改变量。

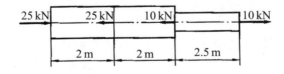

图 3-68　题 3-12 图

3-13　用截面法求如图 3-69 所示各杆在截面 1—1、2—2、3—3 上的扭矩，并于截面上用矢量表示扭矩，指出扭矩的符号，作出各杆扭矩图。

3-14　直径 $D = 50\ \text{mm}$ 的圆轴受扭矩 $T = 2.15\ \text{kN·m}$ 的作用。试求距轴心 10 mm 处的切应力，并求横截面上的最大切应力。

3-15　如图 3-70 所示矩形截面简支梁，材料许用应力 $[\sigma] = 10\ \text{MPa}$，已知 $b = 12\ \text{cm}$，

若截面高宽比为 $h/b = 5/3$，试求梁能承受的最大荷载。

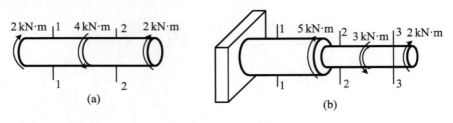

图 3-69　题 3-13 图

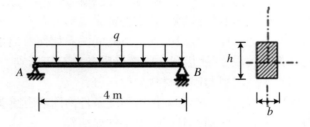

图 3-70　题 3-15 图

3-16　矩形截面悬臂梁如图 3-71 所示，已知 $l = 4\,\text{m}$，$b/h = 2/3$，$q = 10\,\text{kN/m}$，$[\sigma] = 10\,\text{MPa}$，试确定此梁横截面的尺寸。

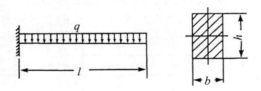

图 3-71　题 3-16 图

提高题

3-17　何谓梁？其基本类型有哪些？梁中剪力和弯矩如何确定？

3-18　横力弯曲与纯弯曲间有何区别？工程问题中的梁一般都是什么弯曲？通常以何种弯曲正应力计算？

3-19　何谓惯性矩、抗弯截面系数？弯曲正应力如何计算？弯曲强度条件如何？

3-20　工程中常用什么来衡量梁的弯曲变形？其含义如何？弯曲刚度条件如何？

3-21　如图 3-72 所示简单托架，BC 杆为圆钢，横截面直径 $d = 20\,\text{mm}$。BD 杆为 8 号槽钢。若 $[\sigma] = 160\,\text{MPa}$，$E = 200\,\text{GPa}$，试校核托架的强度，并求出 B 点的位移。设 $P = 60\,\text{kN}$。

3-22　如图 3-73 所示，设 CF 为刚体（即 CF 的弯曲变形可以忽略），BC 为铜杆，DF 为钢杆，两杆的横截面积分别为 A_1 和 A_2，弹性模量分别为 E_1 和 E_2。如要求 CF 始终保持水平位置，求 x。

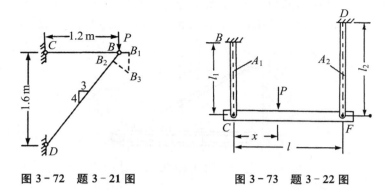

图 3 - 72 题 3 - 21 图　　　　图 3 - 73 题 3 - 22 图

3 - 23　直径 $D = 50$ mm 的圆轴,受到扭矩 $T = 3.15$ kN·m 的作用。求在距离轴心 10 mm 处的剪应力,并求轴横截面上的最大剪应力。

3 - 24　如图 3 - 74 所示传动轴的转速 $n = 500$ r/min,主动轮 1 输入功率 $P_1 = 368$ kW, 从动轮 2、3 分别输出功率 $P_2 = 147$ kW,$P_3 = 221$ kW。已知 $[\tau] = 70$ MPa,$[\theta] = 1°/m$,$G = 80$ GPa。

(1) 确定 AB 段的直径 d_1 和 BC 段的直径 d_2;

(2) 若 AB 和 BC 两段选用同一直径,试确定其数值;

(3) 主动轮和从动轮的位置如可以重新安排,试问怎样安置才比较合理?

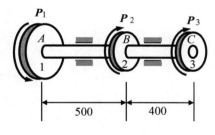

图 3 - 74　题 3 - 24 图

3 - 25　如图 3 - 75 所示为齿轮轴简图,已知齿轮 C 受径向力 $F_1 = 3$ kN,齿轮 D 受径向 力 $F_2 = 6$ kN,轴的跨度 $L = 450$ mm,材料的许用应力 $[\sigma] = 100$ MPa,试确定轴的直径。(暂 不考虑齿轮上所受的圆周力。)

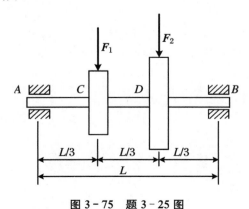

图 3 - 75　题 3 - 25 图

3-26　如图3-76所示的起重架,最大起重量(包括行走小车等)$P = 40 \text{ kN}$,横梁 AB 由圆钢构成,直径 $d = 30 \text{ mm}$,许用应力$[\sigma] = 120 \text{ MPa}$。试校核横梁 AB 的强度。

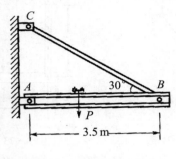

图 3-76　题 3-26 图

第4章 工程材料

导入装备案例

图 4-1 为某型火炮身管热护套,它由玻璃纤维增强环氧塑料与一层铝箔复合而成,主要为了避免火炮身管因阳光照射受热不均而产生弯曲变形,过大的弯曲变形严重影响火炮命中率和射击精度。身管热护套属于什么材料?它具有怎样的性能特点?这些问题将通过本章来解决。本章主要介绍工程材料的基本理论、材料的改性和强化工艺以及固体材料领域中与工程(结构、零件、工具等)有关的材料。

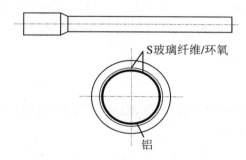

图 4-1 玻璃纤维增强塑料/铝热护套

4.1 工程材料的种类与性能

4.1.1 工程材料的种类

工程材料有许多不同的分类方法。比较科学的方法是按化学成分、结合键的特点分类,分为金属材料、高分子材料、陶瓷材料和复合材料四大类,通常也统称除金属材料以外的一切工程材料为非金属材料。

金属材料是以金属键为主要结合键的材料。在工业上把金属材料分为两类:第一类是黑色金属,也称为钢铁材料,包括铁、锰、铬及其合金,其中以铁为基的合金(钢和铸铁)应用最广;第二类是有色金属,也称为非铁金属材料,是指除黑色金属以外的所有金属及其合金。按照性能的特点,有色金属可分为轻有色金属(铝、镁等)、重有色金属(铜、铝等)、稀有金属(稀土等)等多种。

高分子材料又称为高分子化合物或高分子聚合物（简称高聚物），主要是由分子量特别大的高分子化合物组成的有机合成材料，其主要成分是碳和氢。按用途可分为塑料、橡胶和合成纤维。

陶瓷材料属于无机非金属材料，即它是不含碳、氢的化合物，主要由金属氧化物和金属非氧化合物组成。按照成分和用途，陶瓷材料可分为普通陶瓷、特种陶瓷和金属陶瓷。

复合材料是由两种或两种以上不同的材料复合组成的。它不仅保留了组成材料的各自优点，而且具有单一材料所不具备的优异性能。

在生产实际中，不同材料有不同的性能和用途。例如同一种金属材料通过不同的热处理方法，可以得到不同的性能。因此在选择机械零件的材料时，熟悉材料的性能是十分必要的。

4.1.2　金属材料的性能

金属材料的性能包括力学性能、物理性能、化学性能和工艺性能。

金属材料的力学性能是指金属材料在外加载荷（外力）作用下表现出来的特性，亦称机械性能。力学性能指标可采用国家标准所规定的试验来测定，根据试验条件的不同，可分为静态力学性能、动态力学性能及高温力学性能等。这些性能指标是设计计算、选用材料和检验材料的重要依据。

1. 静态力学性能

金属材料的静态力学性能有强度、刚度、塑性、硬度等性能指标，各指标的测定方法可参考第 3 章相关内容及其他资料。

（1）强度

在外力作用下，材料抵抗塑性变形和断裂的能力称为强度，这是材料最重要、最基本的力学性能指标之一，主要包括弹性极限 σ_e、屈服强度（屈服点）σ_s 或 $\sigma_{0.2}$、抗拉强度 σ_b 等。

材料的强度愈高，所能承受的外力愈大，愈难发生变形或断裂。对于绝大多数机械零件，在工作中都不允许产生明显的塑性变形。因此，屈服强度是选择和设计塑性材料的最主要依据。对于灰口铸铁等脆性材料，由于拉伸时没有明显的塑性变形，则用抗拉强度作为选材、设计的依据。

（2）塑性

材料在外力作用下产生塑性变形而不断裂的能力称为塑性。塑性指标用断后伸长率（又称延伸率）δ 或断面收缩率 Ψ 表示。

δ、Ψ 值愈大，材料的塑性愈好。材料具有良好的塑性才能顺利进行压力加工，如锻压、轧制、冲压等。此外，具有一定塑性的零件，超载时不至于立即断裂，可保证安全可靠性。

（3）刚度

材料在外力作用下，抵抗弹性变形的能力称为刚度。刚度的大小用弹性模量 E 衡量。

弹性模量相当于引起单位弹性变形所需的应力，E 值愈大，表明刚度愈高，即在一定外力作用下，产生的弹性变形愈小。

一般机械零件均在弹性状态下工作，除满足强度要求外，还应有较大的刚度要求。对于发动机曲轴，精密机床的主轴、床身、箱体等要求高精度的零件，应选 E 值大的材料。弹性模量对材料组织不敏感,热处理、合金化、冷变形等强化手段对其作用甚微。

（4）硬度

硬度是指金属材料抵抗更硬物体压入的能力,它是衡量材料软硬程度的指标,表征了材料抵抗表面局部弹性变形、塑性变形及破坏的能力。材料的硬度高,其耐磨性就好。

根据测定硬度方法的不同,可用布氏硬度(HB)、洛氏硬度(HR)和维氏硬度(HV)等多种硬度指标来表示材料的硬度,工业生产中常用布氏硬度和洛氏硬度。硬度测试简便,造成表面损伤相对较小,可直接对零件表面进行硬度测定。

2. 动态力学性能

动态力学性能包括冲击韧性和疲劳强度等性能指标。

（1）冲击韧性

在冲击载荷作用下,金属材料抵抗破坏的能力称为冲击韧性,其值以冲击韧度 α_K 来表征。α_K 值越大,材料的韧性就越好,在受到冲击时越不容易断裂。

当用冲击试验方法测定冲击韧度时,α_K 值就等于冲断试样单位截面积所消耗的冲击吸收功的大小,数值可从冲击试验机的刻度盘上直接读出。

（2）疲劳强度

疲劳强度是指材料经无数次的应力循环仍不断裂的最大应力,用以表征材料抵抗疲劳断裂的能力。

测试材料的疲劳强度,最简单的方法是旋转弯曲疲劳试验。实验测得的材料所受循环应力 σ 与其断裂前的应力循环次数 N 的关系曲线称为疲劳曲线,如图 4-2 所示。由图中可以看出,循环应力越小,则材料断裂前所承受的循环次数越多。当应力降低到某一值时,曲线趋于水平,即表示在该应力作用下,材料可经无数次的应力循环而不发生疲劳断裂。工程上规定,材料在循环应力作用下达到某一基数而不断裂时,其最大应力就作为该材料的疲劳极限。一般钢铁材料的循环基数取 10^7 次。当材料承受对称循环应力时,材料的疲劳极限用 σ_{-1} 表示。

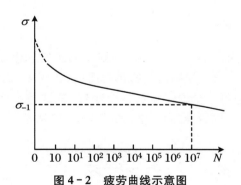

图 4-2 疲劳曲线示意图

（3）物理、化学及工艺性能

1）物理性能

金属材料的物理性能主要包括比重、熔点、热膨胀性、导热性、导电性和磁性等。由于机器零件的用途不同,对金属材料的物理性能要求也有所不同。例如,飞机零件使用比重小、强度高的铝合金制造,这样可以增加有效载重量;制造内燃机的活塞,要求材料具有较小的热膨胀系数;制造变压器用的硅钢片,要求具有良好的磁性。

2) 化学性能

化学性能是指金属材料在常温或高温条件下抵抗外界介质对其化学侵蚀的能力。它主要包括耐酸性、耐碱性和抗氧化性等。

一般金属材料的耐酸性、耐碱性和抗氧化性都是很差的,为了满足化学性能的要求,必须使用特殊的合金钢及某些有色金属,或者使之与介质隔离。如化工设备、医疗器械等采用不锈钢,工业用的锅炉、喷气发动机、汽轮机叶片选用耐热钢等。

3) 工艺性能

金属材料的工艺性能是指材料加工成型的难易程度。工艺性能往往是由物理性能、化学性能和机械性能综合作用所决定的,分为可铸性、可锻性、可焊性、切削加工性和热处理性能等。

金属材料加工成为零件常用的四种基本加工方法是铸造、锻压、焊接和切削加工(通常前三种加工方法称为热加工,而切削加工称为冷加工)。在设计零件和选择工艺方法时,都必须考虑金属材料的工艺性能,做到工艺合理,符合技术要求,零件生产成本低廉。

4.2 金属和合金的晶体结构

金属材料的优良性能是与金属原子的聚集状态和组织有关的。

固态物质根据其内部原子聚集状态的不同,分为晶体和非晶体两大类。所谓非晶体是指其内部原子杂乱无章地不规则地堆积,如玻璃、松香、沥青和石蜡等;晶体则指其内部原子在空间有规则地排列,如食盐、金刚石和石墨等,所有的固态金属都是晶体。

4.2.1 金属的晶体结构

1. 晶体、晶格、晶胞的概念

用 X 射线结构分析技术研究金属晶体内部原子的排列规律证实,晶体由许多金属原子(或离子)在空间按一定几何形式规则地紧密排列而成,如图 4-3(a)所示。为了便于研究晶体内部原子排列的形式,把每一个原子看成一个小球,把这些小球用线条连接起来,这样就得到一个空间格架,这种空间格架称为晶格,如图 4-3(b)所示。

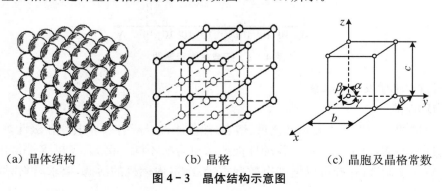

（a）晶体结构   （b）晶格   （c）晶胞及晶格常数

图 4-3 晶体结构示意图

晶格实质上是由一些最基本的几何单元重复堆砌而成的,因此,只要取晶格中的一个最基本的几何单元进行分析,便能从中找出整个晶格的排列规律,如图 4-3(c)所示。这种构成晶格的最基本的几何单元称为晶胞。晶胞中各棱边的长度分别用 a、b、c 表示,其大小用 Å(1 Å = 10^{-9} mm)度量;各棱边之间的夹角分别用 α、β、γ 表示。a、b、c 和 α、β、γ 称为晶格常数。

2. 金属中常见的晶体结构

在已知的 80 余种金属元素中,大多数金属都具有比较简单的晶体结构。最常见的金属晶格有三种类型。

(1)体心立方晶格

体心立方晶格的晶胞是一个立方体,在立方体的八个顶角上各有一个原子,在立方体的中心还有一个原子,如图 4-4(a)所示。具有体心立方晶格的金属有铬、钨、钼、钒及 α-Fe 等。

(2)面心立方晶格

面心立方晶格的晶胞也是一个立方体,在立方体的八个顶角上各有一个原子,同时在立方体的六个面的中心又各有一个原子,如图 4-4(b)所示。具有这种晶格的金属有铜、铝、银、金、镍及 γ-Fe 等。

(3)密排六方晶格

密排六方晶格的晶胞是一个正六棱柱体,在柱体的 12 个顶角上各有一个原子,上、下底面的中心也各有一个原子,晶胞内部还有三个呈品字形排列的原子,如图 4-4(c)所示。具有这种晶格的金属有铍、镁、锌和钛等。

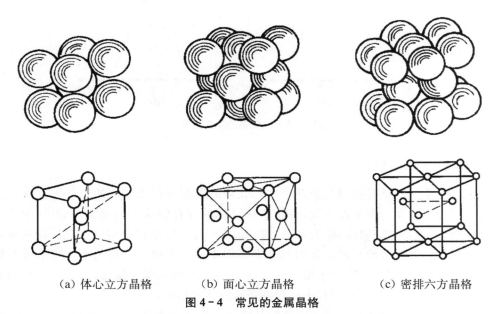

(a)体心立方晶格　　　　(b)面心立方晶格　　　　(c)密排六方晶格

图 4-4　常见的金属晶格

4.2.2 纯金属的结晶

1. 纯金属的冷却曲线及过冷度

金属材料通常经过熔炼和铸造,经历从液态到固态的凝固过程,这个过程称为结晶。这实际是金属原子由不规则排列过渡到规则排列的过程。它可用液态金属缓慢冷却时所得的温度与时间的关系曲线(即冷却曲线)来表示。

纯金属的冷却曲线如图 4-5(a)所示。金属液缓慢冷却时,随着热量向外散失,温度不断下降,当液态金属冷却到 T_0 时,开始结晶。由于结晶时放出的结晶潜热补偿了其冷却时向外散失的热量,故结晶过程中温度不变,即冷却曲线出现了一水平线段,水平线段所对应的温度 T_0 称为理论结晶温度。结晶结束后,固态金属的温度继续下降,直至室温。

实际上液态金属往往在低于 T_0 的 T_1 温度时开始结晶,这一现象称为过冷现象。理论结晶温度与实际结晶温度之差($\Delta T = T_0 - T_1$),称为过冷度(图 4-5(b))。过冷度与冷却速度有关,冷却速度越快,过冷度越大。

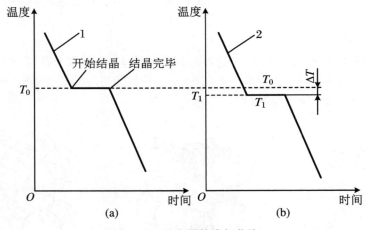

图 4-5 纯金属的冷却曲线

2. 纯金属的结晶过程

实验证明,金属的结晶过程是由两个密切联系的基本过程来实现的。首先在液体金属内部,有一些原子自发地聚集在一起,并按金属晶体的固有规律排列起来,形成规则排列的原子团而成结晶核心,这些核心称为晶核。然后,原子按一定的规律向这些晶核聚集而不断长大,形成晶粒。晶核可能是由金属内部许多类似于晶体中原子排列的小集团形成的稳定晶核,称为自发晶核;也可能是以金属液中一些未熔解的杂质作为晶核,这些晶核称为非自发晶核。这两种晶核都是结晶过程中晶粒发展和成长的基础。

在新的晶体长大的同时,金属液中新的晶核又不断地产生并长大。这样发展下去,当全部长大的晶体都相互接触时,金属液体消失,结晶过程也就完成。由此可见,结晶过程是不断地形成晶核和晶核不断地长大的过程。整个过程如图 4-6 所示。

晶粒在长大过程中,向着散热的反方向,按一定的方式,如树枝一样,先长出枝干,再长出分枝,最后将枝间填满,形成树枝状晶体。

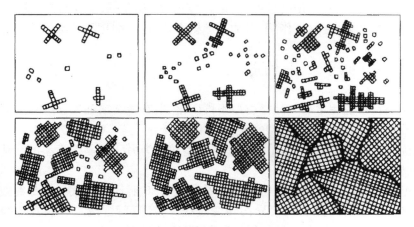

图4-6 纯金属结晶过程示意图

结晶后,每个晶核长成的晶体,称为单晶体,如图4-7(a)所示。而实际使用的金属大多数为多晶体,它是由许多外形不规则、大小不等、排列位向不相同的小颗粒晶体组成的。在多晶体中,小颗粒晶体称为晶粒,晶粒与晶粒之间的界面称为晶界,如图4-7(b)所示。

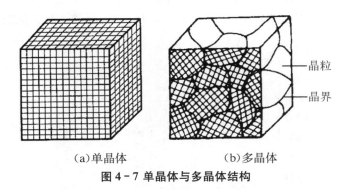

(a)单晶体　　　　　　(b)多晶体

图4-7 单晶体与多晶体结构

金属的晶粒大小对金属材料的力学性能、化学性能和物理性能影响很大。在一般情况下,晶粒越细小,则金属材料的强度和硬度越高,塑性和韧性越好。因为晶粒细小,晶界就多。晶界处的晶体排列极不规则,界面犬牙交错,相互咬合,因而加强了金属之间的结合力。在工业生产过程中,常用细化晶粒的方法来提高金属材料的力学性能,这种方法称为细晶强化。生产中常采用以下措施来控制晶粒的大小。

（1）增加过冷度

金属液的过冷度越大,产生的晶核越多。晶核越多,每个晶核的长大空间就受到限制,形成的晶粒就越细小。

增加过冷度就是要提高凝固时的冷却速度。实际生产过程中,常采用金属型铸造来提高冷却速度。

（2）变质处理

在液态金属结晶前加入一些细小的难熔质点(变质剂),以增加形核率或降低长大速率,从而细化晶粒的方法,称为变质处理。例如,往铝液中加钛、硼;往钢液中加入钛、锆、铝等;往铸铁液中加入硅铁、硅钙合金,都能使晶粒细化,从而提高金属的力学性能。

（3）附加振动

金属结晶时,对金属液附加机械振动、超声波振动和电磁振动等措施,使生长中的枝晶破碎,破碎的枝晶尖端可起晶核作用,增加了形核率,可达到细化晶粒的目的。

4.2.3　金属的同素异构转变

大多数金属在结晶完之后其晶格类型不再变化,但有些金属如铁、锰、钛、钴等在结晶成固态后继续冷却,还将发生晶格类型的变化。

金属在固态下随温度的改变,由一种晶格类型转变为另一种晶格类型的变化,称为金属的同素异构转变。

铁是典型的具有同素异构转变特性的金属。图4-8所示为纯铁的冷却曲线图,它表示了纯铁在不同温度下的结晶和同素异构转变过程。由图可见,液态纯铁在1538℃进行结晶,得到具有体心立方晶格的δ-Fe;继续冷却到1394℃时发生同素异构转变,δ-Fe转变为具有面心立方晶格的γ-Fe;再继续冷却到912℃时又发生同素异构转变,γ-Fe转变为具有体心立方晶格的α-Fe;再继续冷却到室温,晶格类型不再发生变化。这些转变可以用下式表示:

$$
\underset{\text{（体心立方晶格）}}{\delta - Fe} \rightleftharpoons \underset{\text{（面心立方晶格）}}{\gamma - Fe} \rightleftharpoons \underset{\text{（体心立方晶格）}}{\alpha - Fe}
$$

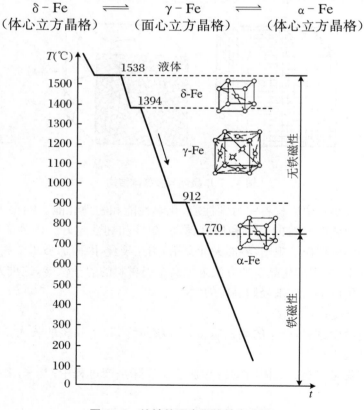

图4-8　纯铁的同素异构转变曲线

此外,纯铁在770℃还发生磁性转变,即在770℃以上纯铁没有铁磁性,在770℃以下具有强的铁磁性。

金属的同素异构转变是通过原子的重新排列来完成的,因此其实质也是一个结晶过程,遵守结晶的一般规律,但其又具有本身特点,即新晶格优先在晶界处形核;转变需要较大的过冷度;晶格的变化伴随金属体积的变化,转变时会产生较大的内应力。如 δ-Fe 转变为 α-Fe 时,铁的体积会膨胀约 1%,这是钢在热处理时产生应力、导致工件变形开裂的重要原因。

铁的同素异构转变是钢材能进行热处理的重要依据。

4.2.4　合金的结构

纯金属虽然得到了一定的应用,但它的力学性能较差,而且价格昂贵。因此,在工业生产上用的大多是合金。

一种金属元素与其他金属或非金属元素通过熔化或其他方法结合成的具有金属特性的物质称为合金。工业上广泛应用的碳素钢和铸铁就是由铁和碳两种元素为主要成分的合金,黄铜则是铜和锌组成的合金。合金除具有纯金属的特性以外,还具有更好的力学性能,并可以通过调节组成元素的比例来获得一系列性能各不相同的合金,以满足工业生产上提出的众多性能要求。

组成合金的最基本的、独立的单元称为组元。组元可以是金属、非金属(如碳)或化合物(如渗碳体)。按组元的数目,合金可以分为二元合金、三元合金和多元合金。

由两个或两个以上的组元按不同的含量配制的一系列不同成分的合金,称为一个合金系,简称系。如 Cu-Zn 系、Pb-Sn 系、Fe-C 系等。

合金中具有同一化学成分、同一晶格形式,并以界面的形式分开的各个均匀组成部分称为相。如纯铁在不同温度下的相是不同的,它有液相、δ-Fe 相、γ-Fe 相和 α-Fe 相。合金的基本相有固溶体和金属化合物。

所谓组织,是指用肉眼或借助显微镜观察到的具有某种形态特征的微观形貌。实质上它是一种或多种相按一定的方式相互结合所构成的整体的总称。它直接决定合金的性能。

合金的结构比纯金属复杂,根据组成合金的组元之间在结晶时的相互作用,合金的组织可以形成固溶体、金属化合物和混合物。

1. 固溶体

固溶体是溶质的原子溶入溶剂晶格中,但仍保持溶剂晶格类型的金属晶体。在固溶体中,保持晶格类型不变的组元称为溶剂,而分布于溶剂中的另一组元称为溶质,固溶体一般用 α、β、γ 等符号表示。根据溶质原子在溶剂晶格中所处位置不同,固溶体可分为间隙固溶体和置换固溶体两类。

图 4-9(a)所示为置换固溶体,溶质原子在溶剂晶格中部分地置换了溶剂原子(即占有溶剂原子原来的位置)而形成的固溶体。置换固溶体的溶解度取决于两者晶格类型、电子结构、原子半径及在周期表中的位置。置换固溶体的溶解度可以达到很高,温度越高,溶解度越大。

图 4-9(b)所示为间隙固溶体结构示意图,由于溶剂晶格的空隙尺寸小,所以溶质原子的尺寸不能过大,一般原子半径小于 1 Å,如碳、氮、硼等,铁碳合金中的固溶体属于这一类。

由于溶质原子的溶入,使溶剂晶格发生畸变,从而使合金对塑性变形的抗力增加,使材料的强度、硬度提高。这种由于溶入溶质元素形成固溶体,使材料力学性能变好的现象,称为固溶强化。固溶强化是提高金属材料力学性能的重要途径之一。

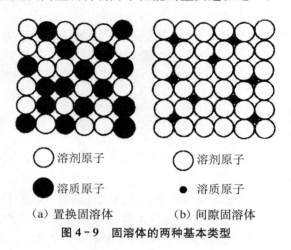

○ 溶剂原子　　　　　　　○ 溶剂原子

● 溶质原子　　　　　　　· 溶质原子

（a）置换固溶体　　　　（b）间隙固溶体

图 4 - 9　固溶体的两种基本类型

2. 金属化合物

金属化合物是指合金组元之间,按一定的原子数量比相互化合生成的一种具有金属特性的新相,一般可用分子式表示。金属化合物的晶格类型与组成它的任一组元的晶格类型完全不同,一般比较复杂。性质也与组成它的组元完全不同,其熔点高,硬而脆,塑性和韧性差,不能直接使用。金属化合物存在于合金中,可以使合金的强度、硬度、耐磨性提高,但塑性、韧性有所下降。金属化合物是合金的重要组成相。

3. 混合物

混合物是由两种或两种以上的相机械地混合在一起而组成的一种多相组织。在混合物中,它的各组成相仍保持各自的晶格类型和性能。

工业中广泛应用的合金,多数是由两种或两种以上的固溶体组成的机械混合物,或者是由固溶体和金属化合物组成的机械混合物。混合物的性能主要取决于组成它的各相的性能以及各相在混合物中的数量、大小、形状和分布状况。

4.3　铁　碳　合　金

铁碳合金是以铁和碳为基本组元组成的合金,是钢和铸铁的统称。由于钢铁材料具有优良的力学性能和工艺性能,在现代工业中成为应用最广泛的金属材料。

4.3.1　铁碳合金的基本组织及性能

在铁碳合金中,铁和碳在液态时能够相互溶解成为一个均匀的液相。在结晶和随后的冷却过程中,由于铁和碳的相互作用,可以形成固溶体、金属化合物及由固溶体和金属化合物组成的混合物。其中,铁素体、奥氏体和渗碳体为铁碳合金的基本相,珠光体和莱氏体为铁碳合金的基本组织。

1. 铁素体(F)

碳溶入 α - Fe 中的间隙固溶体称为铁素体,用 F 表示。它保持 α - Fe 的体心立方晶格。

碳在 α - Fe 中的溶解度很小,室温下只能溶解 0.006% 的碳,在 727 ℃ 时溶碳量为 0.0218%。所以,铁素体室温时的力学性能与工业纯铁接近,其强度和硬度较低,塑性、韧性良好。

2. 奥氏体(A)

碳溶入 γ - Fe 中的间隙固溶体称为奥氏体,用 A 表示。它仍保持 γ - Fe 的面心立方晶格。

奥氏体内原子间的空隙较大,碳在 γ - Fe 中的溶解度也较大,1148 ℃ 时溶碳量达 2.11%,在 727 ℃ 时溶碳量降为 0.77%。

奥氏体的存在温度为 727~1495 ℃,是铁碳合金一个重要的高温相。

奥氏体具有良好的塑性和低的变形抗力,易于承受压力加工,生产中常将钢材加热到奥氏体状态进行压力加工。

3. 渗碳体(Fe_3C)

渗碳体是铁与碳的化合物,碳的质量分数为 6.69%。它的晶体是复杂的斜方晶格,与铁和碳的晶体结构完全不同。根据形成条件的不同,渗碳体的显微形态可分为片状、网状、球状和条状等。渗碳体硬度很高,塑性几乎为零。因此,渗碳体不能单独使用,一般在铁碳合金中与铁素体等固溶体构成混合物。钢中含碳量越高,渗碳体越多,硬度越高,而塑性、韧性越低。

渗碳体在适当条件下(如高温长期停留或缓慢冷却)能分解为铁和石墨,这对铸铁的处理有重要意义。

4. 珠光体(P)

珠光体是铁素体和渗碳体的混合物,碳的质量分数为 0.77%,显微形态一般是一片铁素体与一片渗碳体相间呈片状存在。由于珠光体是由硬的渗碳体片与软的铁素体片相间组成的混合物,故其力学性能介于两者之间。

5. 莱氏体(Ld)

奥氏体和渗碳体组成的机械混合物称为莱氏体。它是碳的质量分数为 4.3% 的铁碳合金液相冷却到 1148 ℃ 时的结晶产物。由于奥氏体在 727 ℃ 时还将转变为珠光体,所以室温下莱氏体由珠光体和渗碳体组成,此时的显微形态是在白亮的 Fe_3C 基体上分布着粒状的珠光体。

莱氏体的力学性能和渗碳体相似,硬度很高,塑性、韧性很差。

4.3.2 铁碳合金状态图

纯金属的结晶过程可以用冷却曲线或温度坐标来表示组织随温度的变化。合金的结晶过程比纯金属复杂,一是纯金属的结晶是在恒温下进行,而合金却不一定在恒温下进行;二是纯金属在结晶过程中只有一个液相和一个固相,而合金在结晶过程中,在不同的温度范围内会有不同数量的相,而且各相的成分有时也随温度变化;三是同一合金系,成分不同,其组织也不同,即所形成的相的结构或相的数量也不相同。因此,合金的结晶过程要用状态图才能表示清楚。状态图是表示在平衡状态(极其缓慢冷却或加热状态)下,合金的成分、温度与组织之间关系的简明图表。利用状态图,可以方便地掌握合金的结晶过程和组织变化规律。

　　铁碳合金状态图表述了在平衡状态下合金的成分、温度与组织之间的关系。目前所应用的铁碳合金,其碳的质量分数不超过 5%,碳的质量分数超过 6.69% 的铁碳合金脆性很大,没有实用价值。当碳的质量分数小于 6.69% 时,碳以渗碳体(Fe$_3$C)的形式存在。因此,铁碳合金只研究 Fe - Fe$_3$C 部分。铁碳合金状态图又称为 Fe - Fe$_3$C 状态图。

　　图 4 - 10 为简化后的 Fe - Fe$_3$C 状态图。

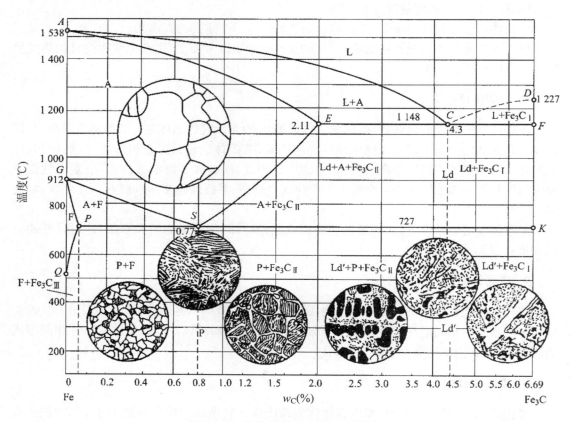

图 4 - 10　简化后的 Fe - Fe$_3$C 状态图

1. 铁碳合金状态图的分析

　　铁碳合金状态图中有四个基本相,即液相(L)、奥氏体相(A)、铁素体相(F)和渗碳体相(Fe$_3$C),各有其相应的单相区。

　　在铁碳合金状态图中,用字母标出的点都有其特定的意义,称为特性点。主要特性点的温度、碳质量分数和含义列于表 4 - 1。

　　状态图中各条线表示铁碳合金发生组织转变的界限,所以这些线就是组织转变线,又称特性线。现将图 4 - 10 中的一些主要线的含义简单介绍如下：

（1）ACD 线——液相线。此线以上的区域是液相区，以符号 L 表示。液态合金冷却到此线温度时，便开始结晶。

表 4 - 1　铁碳合金状态图中的各特性点

特性点	温度(℃)	碳质量分数(%)	含义
A	1538	0	纯铁的熔点
C	1148	4.3	共晶点
D	1227	6.69	渗碳体的熔点①
E	1148	2.11	碳在 γ - Fe 中的最大固溶度
F	1148	6.69	渗碳体的成分点
G	912	0	α - Fe 和 γ - Fe 同素异晶转变点
S	727	0.77	共析点
P	727	0.0218	碳在 α - Fe 中的最大固溶度
Q	600	0.006	600 ℃时碳在 α - Fe 中的最大固溶度

①：由于渗碳体在熔化前便已开始分解，其精确的熔点难以测出，因此图 4 - 10 中的 CD 线采用虚线。表中的 1227 ℃系计算值。

（2）AECF 线——固相线。表示合金冷却到此线温度时，将全部结晶成固态。

在液相线和固相线之间所构成的两个区域（ACE 区和 CDF 区）中，都是包含着液态合金和结晶体的两相区，不过这两个区所包含的结晶体不同。液态合金沿 AC 线结晶出来的是奥氏体，而沿 CD 线结晶出来的是渗碳体。由液态合金直接析出的渗碳体称为初生渗碳体或一次渗碳体（Fe_3C）。显然，ACE 区包含着液态合金和奥氏体两个相，而 CDF 区包含着的是液态合金和渗碳体两个相。

液态合金只有在 C 点（1148 ℃、碳质量分数为 4.3%），才会通过共晶反应结晶出奥氏体和渗碳体的机械混合物——莱氏体。其反应式为

$$L_C \underset{}{\overset{1148℃}{\longleftrightarrow}} Ld(A + Fe_3C)$$

ECF 线又称共晶线，因为碳质量分数为 2.11%～6.69%的所有合金（即铸铁）经过此线都要发生共晶反应，除 C 点成分合金全部结晶成莱氏体外，其他成分合金都将形成一定量的莱氏体，这是铸铁结晶的共同特征。

（3）GS 线——奥氏体在冷却过程中析出铁素体的开始线。奥氏体之所以转变成铁素体，是 γ - Fe→α - Fe 同素异晶转变的结果。GS 线常以符号 A_3 表示。

（4）ES 线——碳在奥氏体中的固溶度曲线。由图可见，温度愈低，奥氏体的溶碳能力愈小，过饱和的碳将以渗碳体形式析出。因此，ES 线也是冷却时从奥氏体中析出渗碳体的开始线。ES 线常以符号 A_{cm} 表示。

（5）PSK 线——共析线，常以符号 A_1 表示。

当 S 点成分的奥氏体冷却到 PSK 线温度时，将析出铁素体和渗碳体的机械混合物——珠光体。上述反应称为共析反应，其反应式为

$$A_S \overset{727℃}{\longleftrightarrow} P(F + Fe_3C)$$

各种成分的铁碳合金冷却至 PSK 线温度时都要发生共析反应。除 S 点成分合金全部

转变成珠光体外,其他成分的合金都将形成一定量的珠光体,这对莱氏体中的奥氏体也不例外,故 727 ℃以下的低温莱氏体为珠光体和渗碳体的机械混合物。

(6) PQ 线——碳在铁素体中的固溶度曲线。铁素体冷却到此线,将以 Fe_3C 形式析出过饱和的碳,这种由铁素体中析出的渗碳体称为三次渗碳体(Fe_3C_{III})。由于三次渗碳体数量极少,对钢铁性能的影响一般可忽略不计。为了初学者方便,可将铁碳合金状态图的左下角予以简化,但铁素体这个相不应忽略,并应与纯铁加以区分。

根据碳质量分数的不同,可将铁碳合金分为钢和白口铸铁两大类。

钢指碳质量分数小于 2.11% 的铁碳合金。依照室温组织的不同,可将钢分为如下三类:

(1) 亚共析钢。碳质量分数<0.77%。

(2) 共析钢。碳质量分数 = 0.77%。

(3) 过共析钢。碳质量分数>0.77%。

白口铸铁即生铁,它是指碳质量分数为 2.11%～6.69% 的铁碳合金。依照室温组织的不同,可将铸铁分为如下三类:

(1) 亚共晶白口铸铁。碳质量分数<4.3%。

(2) 共晶白口铸铁。碳质量分数 = 4.3%。

(3) 过共晶白口铸铁。碳质量分数>4.3%。

2. 钢在缓慢冷却过程中的组织转变

在铁碳合金状态图的实际应用中,常需分析具体成分合金在加热或冷却过程中的组织转变。下面以图 4-11 所示的典型成分的碳素钢为例,分析其在缓慢冷却过程中的组织转变规律。

(1) 共析钢

是指 S 点成分合金,如图 4-11 中的合金 Ⅰ 所示。合金在 1 点以上温度时全部为液态。当缓慢冷却到 1 点以后,开始从钢液中结晶出奥氏体;随着温度的降低,奥氏体愈来愈多,而剩余钢液愈来愈少,直到 2 点结晶完毕,全部形成奥氏体。在 2 点以下

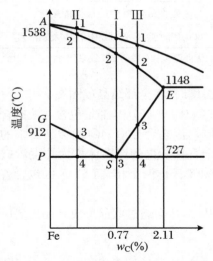

图 4-11　铁碳合金状态图中的典型合金

为单一的奥氏体,直至冷却到 3 点(即 S 点)以前,不发生组织转变。当冷却至 3 点温度时,即到达共析温度,奥氏体将发生前述的共析反应,转变成铁素体和渗碳体的机械混合物,即珠光体。此后,在继续冷却过程中不再发生组织变化(三次渗碳体的析出不计),故共析钢的室温组织全部为珠光体。图 4-12 为共析钢的结晶过程示意图。

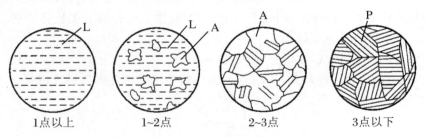

| 1点以上 | 1～2点 | 2～3点 | 3点以下 |

图 4-12　共析钢的结晶过程

（2）亚共析钢

是指 S 点成分以左的合金，如图 4-11 中的合金Ⅱ所示。当合金Ⅱ冷却到 1 点以后，开始从钢液中结晶出奥氏体，直到 2 点全部结晶成奥氏体。当合金Ⅱ继续冷却到 GS 线上的 3 点之前，不发生组织变化。当温度继续降低到 3 点以后，将由奥氏体中逐渐析出铁素体。由于铁素体的碳质量分数很低，致使剩余奥氏体的碳质量分数沿着 GS 线增加。当温度下降到 4 点时，剩余奥氏体的碳质量分数已增加到 S 点的对应成分，即共析成分。到达共析温度 4 点后，剩余奥氏体因发生共析反应转变成珠光体，而已析出的铁素体不再发生变化。4 点以下其组织不变。因此，亚共析钢的室温组织由铁素体和珠光体构成。

图 4-13 为碳质量分数为 0.2% 碳钢的显微组织图，其中白色为铁素体，黑色为珠光体，图 4-14 为亚共析钢结晶过程示意图。

图 4-13　碳质量分数为 0.2% 钢的显微组织

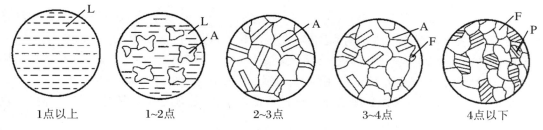

1 点以上	1～2 点	2～3 点	3～4 点	4 点以下

图 4-14　亚共析钢的结晶过程

亚共析钢随其碳质量分数增加，由于珠光体的含量增多，铁素体的含量减少，因而钢的强度、硬度增加，而塑性、韧性降低。

（3）过共析钢

是指碳质量分数超过 S 点成分的钢，如图 4-11 中的合金Ⅲ所示。合金Ⅲ由液态冷却到 3 点之前，其结晶过程与合金Ⅰ、Ⅱ相同。当温度降低到 ES 线上 3 点之后，由于奥氏体的溶碳能力不断地降低，将由奥氏体中不断以 Fe_3C 形式、沿着奥氏体晶界析出多余的碳，这种由奥氏体析出的渗碳体称为二次渗碳体（Fe_3C_{II}）。由于析出含碳较高的 Fe_3C_{II}，剩余奥氏体的碳质量分数将沿着它的溶解度曲线（ES 线）降低。当温度降低到共析温度的 4 点时，奥氏体达到共析成分，并转变为珠光体。此后继续降温，组织不再发生变化。因此，过共析钢的室温组织由珠光体和二次渗碳体组成。图 4-15 为过共析钢的显微组织图，图中黑色为珠光体，在珠光体晶界上呈白色网状的为二次渗碳体。图 4-16 所示为过共析钢的结晶过程示意图。

图 4-15　过共析钢的显微组织

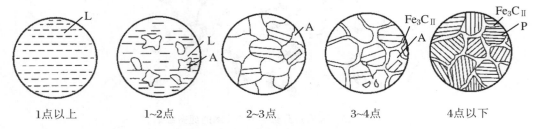

图 4-16　过共析钢的结晶过程

　　除了钢之外,铸铁也是重要的铁碳合金。但依照图 4-10 所示的 Fe-Fe$_3$C 状态图结晶出来的铸铁,由于存有相当比例的莱氏体,性能硬脆,难以进行切削加工。这种铸铁因断口呈银白色,故称白口铸铁。白口铸铁在机械制造中极少用来制造零件,因此,对其结晶过程不做进一步分析。机械制造广泛应用的是灰铸铁,其中碳主要以石墨状态存在。

　　铁碳合金状态图不仅为合理选择钢铁材料提供了依据,还是制订铸造、锻造、焊接和热处理等工艺规范的重要工具。

4.4　钢的热处理

　　钢的热处理是将钢在固态下,通过加热、保温和冷却,以获得预期组织和性能的工艺。热处理与其他加工方法(如铸造、锻压、焊接和切削加工等)不同,只改变金属材料的组织和性能,而不以改变形状和尺寸为目的。

　　热处理的作用日趋重要,因为现代机器设备对金属材料的性能不断提出新的要求。热处理可提高零件的强度、硬度、韧性、弹性等,同时还可改善毛坯或原材料的切削加工性能,使之易于加工。可见,热处理是改善金属材料的性能、保证产品质量、延长使用寿命、挖掘材料潜力不可缺少的工艺方法。据统计,在机床制造中,热处理件占 60%～70%;在汽车、拖拉机制造中占 70%～80%；在刀具、模具和滚动轴承制造中,几乎全部零件都需要进行热处理。

热处理的工艺方法很多,大致可分如下两大类：

（1）普通热处理,包括退火、正火、淬火、回火等。

（2）表面热处理,包括表面淬火和化学热处理（如渗碳、氮化等）。

各种热处理都可用温度、时间为坐标的热处理工艺曲线（图 4-17）来表示。

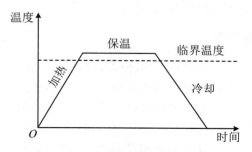

图 4-17　热处理工艺曲线示意图

4.4.1　钢在加热和冷却时的组织转变

1. 钢在加热时的组织转变

加热是热处理工艺的首要步骤。多数情况下,将钢加热到临界温度以上,使原有的组织转变成奥氏体后,再以不同的冷却方式或速度转变成所需的组织,以获得预期的性能。

如前所述,铁碳合金状态图中组织转变的临界温度曲线 A_1、A_3、A_{cm} 是在极其缓慢加热或冷却条件下测定出来的,而实际生产中的加热和冷却大多不是极其缓慢的,故存有一定的滞后现象,也就是需要一定的过热或过冷转变才能充分进行。通常将加热时实际转变温度位置用 Ac_1、Ac_3、Ac_{cm} 表示,将冷却时实际转变温度位置用 Ar_1、Ar_3、Ar_{cm} 表示,如图 4-18 所示。

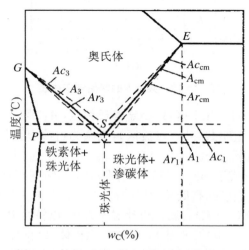

图 4-18　在加热和冷却时各临界点的位置

显然,欲使共析钢完全转变成奥氏体,必须加热到 Ac_1 以上;对于亚共析钢,必须加热到 Ac_3 以上,否则难以达到应有的热处理效果。必须指出,初始形成的奥氏体晶粒非常细小,保持细小的奥氏体晶粒可使冷却后的组织继承其细小晶粒,使钢的强度提高,且塑性和韧性均较好。如果加热温度过高或保温时间过长,将会引起奥氏体的晶粒急剧长大,冷却到室温后,使钢的性能降低。因此,应根据铁碳合金状态图及钢的含碳量,合理选定钢的加热温度和保温时间,以形成晶粒细小、成分均匀的奥氏体。

2. 钢在冷却时的组织转变

钢经过加热、保温实现奥氏体化后,接着便需进行冷却。依据冷却方式及冷却速度的不同,过冷奥氏体(A_1 线以下不稳定状态的奥氏体)可形成多种组织。现实生产中,绝大多数是采用连续冷却方式来进行的,如将加热的钢件投入水中淬火等。此时,过冷奥氏体是在温度连续下降过程中发生组织转变的。为了探求其组织转变规律,可通过科学试验,测出该成分钢的"连续冷却转变曲线",但这种测试难度较大,而现存资料又较少,因此目前主要是利用已有的"等温转变曲线"近似地分析连续冷却时的组织转变过程,以指导生产。

所谓"等温转变"是指将奥氏体化的钢迅速冷却到 A_1 以下某个温度,使过冷奥氏体在保温过程中发生组织转变,待转变完成后再冷却到室温。经改变不同温度、多次测试,绘制成等温转变曲线。各种成分的钢均有其等温转变曲线。由于这种曲线类似英文字母"C",故称 C 曲线。下面以图 4-19 所示共析钢的等温转变曲线为例,扼要分析。

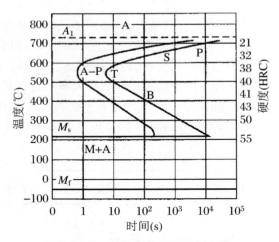

图 4-19 共析钢的等温转变曲线

等温转变曲线可分为如下几个区域:稳定奥氏体区(A_1 线以上),过冷奥氏体区(A_1 线以下,C 曲线以左),A-P 组织共存区(过渡区),其余为过冷奥氏体转变产物区。过冷奥氏体转变产物区又可分为如下三个区:

(1)珠光体转变区(形成于 $Ar_1 \sim 550\,℃$ 高温区)。其转变产物为 F + Fe$_3$C 组成的片层状机械混合物。依照形成温度的高低及片层的粗细,又可分成三种组织:

① 珠光体($Ar_1 \sim 650\,℃$ 形成)。属于粗片层珠光体,以符号 P 表示。

② 细片状珠光体(650~600 ℃形成)。常称为索氏体,以符号 S 表示。

③ 极细片状珠光体(600~550 ℃形成)。常称为托氏体,以符号 T 表示。

(2)贝氏体转变区(形成于 550 ℃~M_s 中温区)。常以符号 B 表示。

（3）马氏体转变区（形成于 M_s 以下的低温区）。钢在淬火时，过冷奥氏体快速冷却到 M_s 以下，由于已处于低温，只能发生 $\gamma - Fe \rightarrow \alpha - Fe$ 的同素异晶转变，而钢中的碳却难以从溶碳能力很低的 $\alpha - Fe$ 晶格中扩散出去，这样就形成了碳在 $\alpha - Fe$ 中的过饱和固溶体，称为马氏体（以符号 M 表示）。由于碳的严重过饱和，致使马氏体晶格发生严重的畸变，因此中碳以上的马氏体通常具有高硬度，但韧性很差。实践证明，低碳钢淬火所获得的低碳马氏体虽然硬度不高，但有着良好的韧性，也具有一定的使用价值。

图 4-19 中 M_s 是马氏体开始转变的温度线，M_f 是马氏体转变的终止温度线，M_s、M_f 随着钢碳质量分数的增加而降低。由于共析钢的 M_f 为 $-50\,℃$，故冷却至室温时，仍残留少量未转变的奥氏体。这种残留的奥氏体称为残余奥氏体，以符号 A' 表示。

显然，共析钢淬火到室温的最终产物为 $M + A'$。

如图 4-20 所示为共析钢等温转变曲线在连续冷却中的应用。

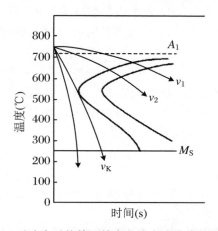

图 4-20　过冷奥氏体等温转变曲线在连续冷却中的应用

v_1 示出在缓慢冷却（如在加热炉中随炉冷却）时，根据它与 C 曲线相交的位置，可获得珠光体组织。

v_2 示出在较缓慢冷却（如加热后从炉中取出在空气中冷却）时，可获得索氏体组织。

v_3 示出在快速冷却（如加热后在水中淬火）时，可获得马氏体（包括少量 A'）组织。

v_K 为过冷奥氏体获得全部马氏体（包括少量 A'）的最低冷却速度，称为临界冷却速度。

4.4.2　钢的退火和正火

1. 退火

退火是将钢加热、保温，然后随炉或埋入灰中使其缓慢冷却的热处理工艺。由于退火的具体目的不同，其具体工艺方法有多种，常用的有：

（1）完全退火

将亚共析钢加热到 Ac_3 以上 $30\sim50\,℃$，保温后缓慢冷却（图 4-20 中 v_1），以获得接近平衡状态组织。完全退火主要用于铸钢件和重要锻件。因为铸钢件铸态下晶粒粗大，塑性、韧性较差；锻件因锻造时变形不均匀，致使晶粒和组织不均，且存在内应力。完全退火还可降低硬度,改善切削加工性。

完全退火的原理是:钢件被加热到 Ac_3 以上时,呈完全奥氏体化状态,由于初始形成的奥氏体晶粒非常细小,缓慢冷却时,通过"重结晶"使钢件获得细小晶粒,并消除了内应力。必须指出,应严格控制加热温度、防止温度过高,否则奥氏体晶粒将急剧长大。

(2)球化退火

主要用于过共析钢件。过共析钢经过锻造以后,其珠光体晶粒粗大,且存在少量二次渗碳体,致使钢的硬度高、脆性大,进行切削加工时易磨损刀具,且淬火时容易产生裂纹和变形。

球化退火时,将钢加热到 Ac_1 以上 20～30 ℃。此时,初始形成的奥氏体内及其晶界上尚有少量未完全溶解的渗碳体,在随后的冷却过程中,奥氏体经共析反应析出的渗碳体便以未溶渗碳体为核心,呈球状析出,分布在铁素体基体之上,这种组织称为"球化体",它是人们对淬火前过共析钢最期望的组织。因为车削片状珠光体时容易磨损刀具,而球化体的硬度低,节省刀具。必须指出,对二次渗碳体呈严重网状的过共析钢,在球化退火前应先进行正火,以打碎渗碳体网。

(3)去应力退火

将钢加热到 500～650 ℃,保温后缓慢冷却。由于加热温度低于临界温度,因而钢未发生组织转变。去应力退火主要用于部分铸件、锻件及焊接件,有时也用于精密零件的切削加工,使其通过原子扩散及塑性变形消除内应力,防止钢件产生变形。

2. 正火

正火是将钢加热到 Ac_3 以上 30～50 ℃(亚共析钢)或 Ac_{cm} 以上 30～50 ℃(过共析钢),保温后在空气中冷却的热处理工艺。

正火和完全退火的作用相似,也是将钢加热到奥氏体区,使钢进行重结晶,从而解决铸钢件、锻件的粗大晶粒和组织不均问题。但正火比退火的冷却速度稍快,形成了索氏体组织(图 4-20 中 v_2)。索氏体比珠光体的强度、硬度稍高,但韧性并未下降。正火主要用于:

(1)取代部分完全退火。正火是在炉外冷却,占用设备时间短,生产率高,故应尽量用正火取代退火(如低碳钢和含碳量较低的中碳钢)。必须看到,含碳量较高的钢,正火后硬度过高,使切削加工性变差,且正火难以消除内应力。因此,中碳合金钢、高碳钢及复杂件仍以退火为宜。

(2)用于普通结构件的最终热处理。

(3)用于过共析钢,以减少或消除二次渗碳体呈网状析出。

图 4-21 为几种退火和正火的加热温度范围示意图。

4.4.3 淬火和回火

淬火和回火是强化钢最常用的工艺。通过淬火,再配以不同温度的回火,可使钢获得所需的力学性能。

1. 淬火

淬火是将钢加热到 Ac_3 或 Ac_1 以上 30～50 ℃(图 4-22),保温后在淬火介质中快速冷却(图 4-20 中 v_3),以获得马氏体组织的热处理工艺。

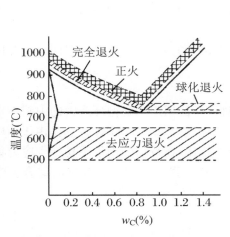

图 4-21 几种退火和正火的加热温度范围

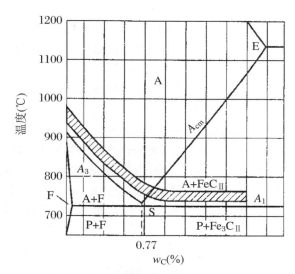

图 4-22 碳钢的淬火加热温度范围

由于马氏体形成过程中伴随着体积膨胀,造成淬火件产生了内应力,而马氏体组织通常脆性又较大,这些都使钢件淬火时容易产生裂纹或变形。为防止上述淬火缺陷的产生,除应选用适合的钢材和正确的结构外,在工艺上还应采取如下措施:

(1)严格控制淬火加热温度。对于亚共析钢,若淬火加热温度不足,因未能完全形成奥氏体,致使淬火后的组织中除马氏体外,还残存少量铁素体,使钢的硬度不足;若加热温度过高,因奥氏体晶粒长大,淬火后的马氏体组织也粗大,增加了钢的脆性,致使钢件裂纹和变形的倾向加大。对于过共析钢,若超过图 4-22 所示温度,不仅钢的硬度并未增加,而且裂纹、变形倾向加大。

(2)合理选择淬火介质,使其冷却速度略大于图 4-20 中的临界冷却速度 v_K。淬火时钢的快速冷却是依靠淬火介质来实现的。水和油是最常用的淬火介质。水的冷却速度大,使钢件易于获得马氏体,主要用于碳素钢;油的冷却速度较水低,用它淬火钢件的裂纹、变形倾向小。合金钢因淬透性较好,以在油中淬火为宜。

(3)正确选择淬火方法。生产中最常用的是单介质淬火法,在一种淬火介质中连续冷却到室温。由于操作简单,便于实现机械化和自动化生产,故应用最广。对于容易产生裂纹、变形的钢件,有时采用先水后油双介质淬火法或分级淬火等其他淬火法。

2. 回火

将淬火的钢重新加热到 Ac_1 以下某温度,保温后冷却到室温的热处理工艺,称为回火。回火的主要目的是消除淬火内应力,以降低钢的脆性,防止产生裂纹,同时也使钢获得所需的力学性能。

淬火所形成的马氏体是在快速冷却条件下被强制形成的不稳定组织,因而具有重新转变成稳定组织的自发趋势。回火时,由于被重新加热,原子活动能力加强,所以随着温度的升高,马氏体中过饱和碳将以碳化物的形式析出。总的趋势是回火温度愈高,析出的碳化物愈多,钢的强度、硬度下降,而塑性、韧性升高。

根据回火温度的不同(参见 GB/T 7232—2012),可将钢的回火分为如下三种:

(1) 低温回火(250 ℃以下)

目的是降低淬火钢的内应力和脆性,但基本保持淬火所获得的高硬度(56~64 HRC)和高耐磨性。淬火后低温回火用途最广,如各种刀具、模具、滚动轴承和耐磨件等。

(2) 中温回火(250~500 ℃)

目的是使钢获得高弹性,保持较高硬度(35~50 HRC)和一定的韧性。中温回火主要用于弹簧、发条、锻模等。

(3) 高温回火(500 ℃以上)

淬火并高温回火的复合热处理工艺称为调质处理。广泛用于承受循环应力的中碳钢重要件,如连杆、曲轴、主轴、齿轮、重要螺钉等。调质后的硬度为 20~35 HRC。这是由于调质处理后其渗碳体呈细粒状,与正火后的片状渗碳体组织相比,在载荷作用下不易产生应力集中,从而使钢的韧性显著提高,因此经调质处理的钢可获得强度及韧性都较好的综合力学性能。

4.4.4　表面淬火和化学热处理

表面淬火和化学热处理都是为改变钢件表面的组织和性能,仅对其表面进行热处理的工艺。

1. 表面淬火

表面淬火是通过快速加热,使钢的表层很快达到淬火温度,在热量来不及传到钢件心部时就立即淬火,从而使表层获得马氏体组织,而心部仍保持原始组织。表面淬火的目的是使钢件表层获得高硬度和高耐磨性,而心部仍保持原有的良好韧性,常用于机床主轴、发动机曲轴、齿轮等。

表面淬火采用的快速加热方法有多种,如电感应、火焰、电接触、激光等,目前应用最广泛的是电感应加热法。

感应加热表面淬火法是把钢件放在一个感应线圈中,通以一定频率的交流电(有高频、中频、工频三种),使感应线圈周围产生频率相同、方向相反的感应电流,这个电流称为涡流。由于集肤效应,涡流主要集中在钢件表层。由涡流所产生的电阻热使钢件表层被迅速加热到淬火温度,随即向钢件喷水,将钢件表层淬硬。

感应电流的频率愈高,集肤效应愈强烈,故高频感应加热用途最广。高频感应加热常用的频率为 200~300 kHz,此频率加热速度极快,通常只有几秒钟,淬硬层深度一般为 0.5~2 mm,主要用于要求淬硬层较薄的中、小型零件。

感应加热表面淬火质量好,加热温度和淬硬层深度较易控制,易于实现机械化和自动化生产。缺点是设备昂贵,需要专门的感应线圈。因此,主要用于成批或大量生产的轴、齿轮等零件。

2. 化学热处理

化学热处理是将钢件置于适合的化学介质中加热和保温,使介质中的活性原子渗入钢件表层,以改变钢件表层的化学成分和组织,从而获得所需的力学性能或理化性能。化学热处理的种类很多,依照渗入元素的不同,有渗碳、渗氮、碳氮共渗等,以适应不同的场合,其中以渗碳应用最广。

渗碳是将钢件置于渗碳介质中加热、保温,使分解出来的活性碳原子渗入钢的表层。渗碳是采用密闭的渗碳炉,并向炉内通以气体渗碳剂(如煤油),加热到 900~950 ℃,经较长时间的保温,使钢件表层增碳。渗碳件通常采用低碳钢或低碳合金钢,渗碳后渗层深一般为 0.5~2 mm,表层碳质量分数 w_C 将增至 1% 左右,经淬火和低温回火后,表层硬度达 56~64 HRC,因而耐磨;而心部因仍是低碳钢,故保持其良好的塑性和韧性。渗碳主要用于既承受强烈摩擦,又承受冲击或循环应力的钢件,如汽车变速箱齿轮、活塞销、凸轮、自行车和缝纫机的零件等。

渗氮又称氮化。将钢件置于氮化炉内加热,并通入氨气,使氨气分解出活性氮原子渗入钢件表层,形成氮化物(如 AlN、CrN、MoN 等),从而使钢件表层具有高硬度(可达 72 HRC)、高耐磨性、高抗疲劳性和高耐腐蚀性。渗氮时加热温度仅为 550~570 ℃,钢件变形甚小。渗氮的缺点是生产周期长,需采用专用的中碳合金钢,成本高。渗氮主要用于制造耐磨性和尺寸精度要求均高的零件,如排气阀、精密机床丝杠、齿轮等。

4.4.5　某型舰炮用钢的热处理工艺

舰炮由于长期工作在高湿、高盐雾的恶劣环境中,机械零件除要求有较高的机械性能外,对不易防护及有特殊要求的零件,还要求材料有较强的抗腐蚀性能。3Cr13 钢属马氏体类型不锈钢,机械加工性能好,经热处理后具有较好的表面抗氧化性能和较好的机械性能,因此某型小口径舰炮的多个零件材料选用 3Cr13 不锈钢,以防止零件的锈蚀和氧化,保证舰炮在恶劣环境下的可靠性和功能。而 3Cr13 钢的热处理对其力学性能和防腐性能有较大影响,因此需要根据材料的特点选用合理的工艺路线,以提升材料性能,满足使用需求。

1. 3Cr13 钢热处理工艺性能分析

3Cr13 不锈钢属铬 13 型不锈钢,含 C 量为 0.3% 左右,含 Cr 量为 13% 左右,在加热和冷却时具有 $\alpha \rightleftharpoons \gamma$ 的相变,因此可以用热处理的方法在比较宽的范围内改善它们的机械性能。3Cr13 钢完全退火后,硬度低且耐腐蚀性低,这是因为在退火的钢中存在大量的碳化铬,这不仅使固溶体中的铬含量降低,并且碳化铬与基体构成许多微电池,故加速了钢的腐蚀。而淬火状态 3Cr13 钢,由于基体组织是马氏体,大量的铬与碳被保持在马氏体中,不仅硬度高而且耐腐蚀性也高,因此为了保证 3Cr13 钢有高的耐腐蚀性,须经淬火和回火后才能使用。

2. 3Cr13 钢的热处理工艺

3Cr13 钢在某型舰炮的应用中,有不同使用状态的多个零件,实际的热处理工艺也有 2 种,一种是真空炉淬火(600~650 ℃预热 20~30 min 后,980~1 000 ℃加热 30~45 min,油冷)加高温回火(520~560 ℃保温 60~90 min),另一种是真空炉淬火(条件同上)加低温回火(240~300 ℃保温 60~90 min),2 种工艺的差别只在回火温度不同。根据 3Cr13 钢在该型炮上的使用需求,需要较好的机械性能,即具有较高的硬度和较好的耐冲击韧性,同时需要其具备较高的防腐蚀性能,即在热处理工艺选取时,需要在达到该材料最佳机械性能和最好防腐性能间综合选择,较合理的工艺应是在 1000 ℃左右淬火,200～300 ℃低温回火。从实际选取的工艺参数上看,低温回火工艺路线与理论上达到材料最佳性能的工艺要求吻合。而高温回火的工艺路线,回火温度为 520～560 ℃,刚好在碳化物高析出的温度区间内,且在此温度区间内,3Cr13 钢硬度下降快,温度控制难度大,硬度、强度和耐腐蚀性均处于较低状态。采用高温回火工艺路线材料性能未得到有效发挥,零件在使用中存在不确定性。

3Cr13 钢是价格低廉的不锈钢,主要用于高硬度同时要求耐腐蚀的条件下。该钢在舰炮中有着广泛的应用,包括基础受力构件及各型对防腐有要求的零件,为舰炮在高湿、高盐雾的海洋环境中保持高可靠性发挥着重要作用。不同的热处理工艺使材料在性能上有一定的差异,这也是在特定的环境中为发挥材料的某一项性能而采取的措施。

4.5 常用工程材料

4.5.1 工业用钢

钢主要由生铁冶炼而成,是机械制造中应用最广的金属材料。

钢的种类繁多,分类方法也不尽相同。随着现代工业的迅速发展,出现了许多新的钢种。我国参照国际标准 ISO 4948/1、ISO 4948/2 制定了 GB/T 13304.1—2008《钢分类》国家标准。该标准按照化学成分将钢分为非合金钢、低合金钢、合金钢三大类,每类钢还按照主要质量等级、主要性能和使用特性分成若干小类。但 1991 年前国家制定的有关标准迄今仍在使用,显然其中还需要衔接。

《钢分类》标准中以"非合金钢"一词取代传统的"碳素钢",而前期公布的技术标准并未修改,因此"碳素钢"这一名词将继续使用,或与"非合金钢"在一定的时间内并行使用。本书为方便读者与现行资料对照仍将沿用"碳素钢"。同时,《钢分类》中具体细节十分繁杂,本书仅按其三大类简述之。

1. 碳素钢

碳素钢即"非合金钢",简称碳钢。

(1) 化学成分对碳钢性能的影响

碳素钢的碳质量分数在 1.5% 以下,除碳之外,还含有硅、锰、磷、硫等杂质。

碳对钢的组织和性能影响很大。图 4-23 所示为碳质量分数 ω_C 对退火状态钢力学性能(HBW)的影响。由图可见,亚共析钢随碳质量分数的增加,珠光体增多,铁素体减少,因而钢的强度、硬度上升,而塑性、韧性下降。碳质量分数 ω_C 超过共析成分时,因出现网状二次渗碳体,随着碳质量分数 ω_C 的增加,尽管硬度直线上升,但由于脆性加大,强度 σ_b 反而下降。

钢中杂质含量对其性能也有一定影响。磷和硫是钢中的有害杂质。磷会使钢的塑性、韧性下降,特别是在低温时脆性急剧增加,这种现象称为冷脆性。硫在钢的晶界处可形成低熔点的共晶体,致使含硫较高的钢在高温下进行热加工时容易产生裂纹,这种现象称为热脆性。由于磷、硫的有害作用,必须严格限制钢中的磷、硫含量,并以磷、硫含量的高低作为衡量钢的质量的重要依据。

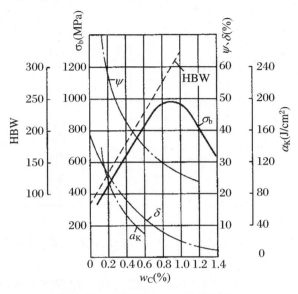

图 4-23 碳对钢的力学性能的影响

硅和锰是炼钢后期作为脱氧剂加入钢液中残存的。硅和锰可提高钢的强度和硬度,锰还能与硫形成 MnS,从而抵消硫的部分有害作用。显然,它们都是钢中的有益元素。

（2）碳素钢的牌号和用途

碳素钢通常分为如下三类:

① 碳素结构钢

碳素结构钢的碳质量分数 $w_C<0.38\%$,而以 $w_C<0.25\%$ 的最为常用,即以低碳钢为主。这类钢在使用中一般不进行热处理。尽管其硫、磷含量较高,但性能上仍能满足一般工程结构及一些机件的使用要求,且价格低廉,因此在国民经济各个部门得到了广泛应用,其产量约占钢总产量的 70%～80%。

依据 GB/T 700—2006,碳素结构钢的牌号以代表屈服强度的"屈"字汉语拼音首字母 Q 和后面三位数字来表示,每个牌号中的数字表示该钢种厚度小于 16 mm 时的最低屈服强度(MPa)。在钢号尾部可用 A、B、C、D 表示钢的质量等级,其中 A、B 为普通级别,C、D 为磷、硫低的优等级别,可用于较重要的焊接结构。在牌号的最后还可用符号标志其冶炼时的脱氧程度,对未完全脱氧的沸腾钢标以符号"F",对已完全脱氧的镇静钢标以符号"Z"或不标符号。表 4-2 所示为部分碳素结构钢的牌号、化学成分、力学性能和用途举例。

表 4 - 2　碳素结构钢的牌号、化学成分、力学性能和用途举例

牌号	等级	化学成分 ω（%）					力学性能			用途举例
		C	Mn	Si	S	P	σ_s（MPa）	σ_b（MPa）	δ_s（%）	
				不大于						
Q215	A	0.15	1.20	0.35	0.050	0.045	≥215	335～450	≥31	塑性好，常轧制成薄板、钢管、型材制造钢结构，也用于制作铆钉、螺钉、冲压件、开口销等
	B				0.045					
Q235	A	0.22	1.40	0.35	0.050	0.045	≥235	375～500	≥26	强度较高，塑性也较好，常轧制成各种型钢、钢管、钢筋等制成各种钢构件、冲压件、焊接件及不重要的轴类、螺钉、螺母等
	B	0.20			0.045					
	C	0.17			0.040	0.040				
	D				0.035	0.035				

②　优质碳素结构钢

其硫、磷质量分数较小（＜0.035%），供货时既保证化学成分，又保证力学性能，主要用于制造机器零件。

依据 GB/T 699—1999，优质碳素结构钢的牌号用两位数字表示，这两位数字即是钢中平均含碳量的万分数。例如，20 钢表示平均碳质量分数为 0.20% 的优质碳素结构钢。这类钢一般均为镇静钢。若为沸腾钢或专门用途钢，则在牌号尾部增加符号表示之。

08、10、15、20 等牌号属于低碳钢。其塑性优良，易于拉拔、冲压、挤压、锻造和焊接。其中 20 钢用途最广，常用于制造螺钉、螺母、垫圈、小轴、焊接件，有时也用于渗碳件。

40、45 等牌号属于中碳钢。因钢中珠光体含量增多，其强度、硬度有所提高，而淬火后的硬度提高尤为明显。其中以 45 钢最为典型，它的强度、硬度、塑性、韧性均较适中，综合性能优良。45 钢常用来制造主轴、丝杠、齿轮、连杆、蜗轮、套筒、键和重要螺钉等。

60、65 等牌号属于高碳钢。它们经过淬火、回火后，不仅强度、硬度显著提高，且弹性优良，常用于制造小弹簧、发条、钢丝绳、轧辊、凸轮等。

③　碳素工具钢

碳素工具钢的含碳量高达 0.7%～1.3%，淬火、回火后有高的硬度和耐磨性，常用于制造锻工、钳工工具和小型模具。

碳素工具钢较合金工具钢价格便宜，但淬透性和热硬性差。由于淬透性差，只能在水类淬火介质中才能淬硬，且零件不宜过大和复杂。因热硬性差，淬火后零件的工作温度应低于 250 ℃，否则硬度将迅速下降。

依据国家标准 GB/T 1298—2008，碳素工具钢的牌号以符号"T"（"碳"的汉语拼音首字母）开始，其后面的一位或两位数字表示钢中平均碳质量分数的千分数。碳素工具钢一般均为优质钢。对于硫、磷含量更低的高级优质碳素工具钢，则在数字后面增加"A"表示，例如 T10A 表示平均碳质量分数为 1.0% 的高级优质碳素工具钢。表 4 - 3 为几种碳素工具钢的牌号、化学成分、热处理及用途举例。

表 4-3　几种碳素工具钢的牌号、化学成分、热处理及用途举例(摘自 GB/T 1298—2008)

牌号	化学成分 ω(%)					淬火温度 (℃)	回火温度 (℃)	用途举例
	C	Mn	Si	S	P			
			不大于					
T8	0.75~ 0.84	≤0.40	0.35	0.030	0.035	780~800	180~200	冲头、錾子、锻工工具、木工工具、台虎钳钳口等
T10	0.95~ 1.04	≤0.40	0.35	0.030	0.035	760~780	180~200	硬度较高但仍要求一定韧性的工具,如手锯条、小冲模、丝锥、板牙等
T10A	0.95~ 1.04	≤0.40	0.35	0.020	0.030	760~780	180~200	
T12	1.15~ 1.24	≤0.40	0.35	0.030	0.035	760~780	180~200	适用于不受冲击的耐磨工具,如钢锉、刮刀、铰刀等

2. 低合金钢

合金钢是为了改善钢的某些性能,在碳素钢的基础上加入某些合金元素所炼成的钢。如果钢中的含硅量大于 0.5%,或者含锰量大于 1.0%,也属于合金钢。

低合金钢是指合金总含量较低(小于 3%)、碳质量分数也较低的合金结构钢。这类钢通常在退火或正火状态下使用,成型后不再进行淬火、调质等热处理。与碳质量分数相同的碳素钢相比,其有较高的强度、塑性、韧性和耐蚀性,且大多具有良好的焊接性,广泛用于制造桥梁、汽车、铁道、船舶、锅炉、高压容器、油缸、输油管、钢筋、矿用设备等。

依照 GB/T 13304.2—2008,低合金钢分类如下:

(1) 可焊接低合金高强钢。包括一般用途低合金结构钢、锅炉和压力容器用低合金钢、造船用合金钢、汽车用低合金钢、桥梁用低合金钢、自行车用低合金钢、舰船和兵器用低合金钢、核能用低合金钢等。

(2) 低合金耐候钢。

(3) 低合金钢筋钢。

(4) 铁道用低合金钢。

(5) 矿用低合金钢。

可焊接低合金高强钢(简称低合金高强钢)应用最为广泛。它的碳质量分数低于 0.2%,并以锰为主要合金元素(0.8%~1.8% Mn),有时还加入少量 Ti、V、Nb、Cr、Ni、RE 等,通过"固溶强化"和"细化晶粒"等作用,使钢的强度、韧性提高,但仍保持着优良的焊接性能。例如,原 16 Mn 钢的 σ_s 约为 345 MPa,而碳素结构钢 Q235 的 σ_s 约为 235 MPa,因此,用低合金高强钢代替碳素结构钢,就可在相同载荷条件下,使构件减重 20%~30%,从而节省钢材、降低成本。

低合金高强钢的牌号表示方法与碳素结构钢相同,即以字母"Q"开始,后面以三位数字表示其最低屈服强度,最后以符号表示其质量等级。如 Q345A 表示屈服强度不小于 345 MPa 的 A 级低合金高强钢。表 4-4 所示为一般用途的低合金高强钢的牌号、化学成分、力学性能和用途举例。

表 4-4 低合金高强钢的牌号、化学成分、力学性能和用途举例(摘自 GB/T 1591—2008)

牌号	相应旧牌号举例	化学成分 ω(%)						力学性能		用途举例
		C	Mn	V	Nb	Ti	其他	σ_s (MPa)	δ_s (%)	
Q295	09Mn2	≤0.16	≤1.50	≤0.15	≤0.06	≤0.20	—	≥295	23	低压容器、输油管道、车辆等
Q345	16Mn	≤0.20	≤1.70	≤0.15	≤0.07	≤0.20	—	≥345	21~22	桥梁、船舶、压力容器、车辆等
Q390	15MnV	≤0.20	≤1.70	≤0.20	≤0.07	≤0.20	Cr≤0.30 Ni≤0.70	≥390	19~20	桥梁、船舶、起重机、压力容器等
Q420	15MnVN	≤0.20	≤1.70	≤0.20	≤0.07	≤0.20	Cr≤0.40 Ni≤0.70	≥420	19~19	高压容器、船舶、桥梁、锅炉等

3. 合金钢

当钢中合金元素超过低合金钢的限度时,即为合金钢。参见 GB/T 13304.1—2008 中的表1"非合金钢、低合金钢和合金钢合金元素规定含量界限值"。合金钢不仅合金元素含量高,且严格控制硫、磷等有害杂质的含量,属于优质钢或高级优质钢。

(1)合金结构钢

指常用于制造机器零件用的合金钢。常采用的合金元素为 Mn、Cr、Si、Ni、W、V、Ti、B 等,这些元素可增加钢的淬透性,并使晶粒细化,这样可使大截面零件经调质处理后,在整个截面上获得强、韧结合的力学性能。同时,因淬透性的提高,可采用冷却烈度较小的油类来淬火,从而减少淬火时的裂纹和变形倾向。

低碳合金结构钢用于渗碳件,中碳合金结构钢用于调质件和渗氮件,高碳合金结构钢用于制造较大的弹簧。

合金结构钢的牌号通常以"数字+元素符号+数字"来表示。牌号中开始的两位数字表示钢的平均含碳量的万分数,元素符号及其后的数字表示所含合金元素及其平均含量的百分数。当合金元素含量小于 1.5%时,则不标其含量。高级优质合金钢则在牌号尾部增加符号"A"。滚动轴承钢的牌号表示方法与前述不同,在牌号前面加符号"G"表示"滚动轴承钢",而合金元素含量用千分数表示。

(2)合金工具钢

合金工具钢主要用于制造刀具、量具、模具等,含碳量甚高。其合金元素的主要作用是提高钢的淬透性、耐磨性及热硬性。加入合金元素 Si、Cr、Mn 等可提高钢的淬透性;加入 W、Mo、V 可形成特殊碳化物,提高钢的热硬性和耐磨性。

与碳素钢相比,合金工具钢适合制造形状复杂、尺寸较大、切削速度较高或工作温度较高的工具和模具。如高速工具钢含有大量的 W、Mo、V、Cr 等元素,用这种钢制成的钻头、铰刀或拉刀,在切削温度高达 600 ℃时仍能保持高硬度,故可采用较高的切削速度进行切削。

合金工具钢分为量具、刀具用钢,耐冲击工具用钢,冷作模具钢,热作模具钢等。牌号与合金结构钢相似,不同的是以一位数字表示平均碳质量分数的千分数,若碳质量分数超过

1%，则不标出。例外的是高速钢的碳质量分数尽管未超过1%，牌号中也不标出。

（3）炮钢

火炮射击时，炮管受到温度高达3000℃的火药燃气强瞬态周期性热冲击，高温不仅会严重烧蚀炮管，还会引起炮管变形。此外，发射时火炮炮膛内壁需承受高达800 MPa的压强。耐高温、耐高压、耐摩擦、耐腐蚀，并具有足够的强度和韧性是炮管生产的重点。

高膛压火炮必须采用高强韧炮钢制造身管。现代火炮身管用钢是中碳（0.30%～0.35%的C）Ni‐Cr‐Mo‐V钢，以中碳镍铬钼钒系合金钢为主，适当添加少量的微量元素如钒做改性。由于现行的炮钢生产技术的发展，已使今天的炮钢较之20年前的炮钢，在同样强度级别水平上，冲击韧性提高了2～3倍。如德国莱茵金属公司，炮身管金属材料采用的牌号是PCrNi3NoV。国内最早采用的火炮合金结构钢是PCrNiMoV。

4. 特殊性能钢

这类钢包括不锈钢，耐磨钢，耐蚀钢及具有软磁、永磁、无磁等特殊物理、化学性能的钢。其中，不锈钢在石油、化工、食品、医药等工业及日用品、装饰材料中广为应用。

4.5.2　铸铁

铸铁具有良好的铸造性能，生产成本低，用途广。在一般机械中，铸铁约占机器总质量的40%～70%，在机床和重型机械中甚至高达80%～90%。

铸铁是C含量＞2.11%的铁碳合金，常用为2.5%～4.0%。根据碳在铸铁中存在形式的不同，常用铸铁有灰铸铁、球墨铸铁、可锻铸铁、蠕墨铸铁和合金铸铁等。

1. 灰铸铁

灰铸铁中的碳多以片状石墨形式存在，它是铸铁中用量最大的一种。

根据国家标准，灰铸铁牌号以HT（灰铁）开放，后面加数字表示抗拉强度（σ_b）。如HT300表示抗拉强度300 MPa的灰铸铁。

灰铸铁适用于制造力学性能要求较高、截面尺寸变化较大的大型铸件。

2. 球墨铸铁

球墨铸铁中石墨呈球状或粒状，它对基体组织的割裂程度较弱。

球墨铸铁牌号由QT（球铁）和两组数字组成，前一组数字表示抗拉强度（σ_b），后一组数字表示延伸率（δ）。如QT400‐18表示抗拉强度为400 MPa，延伸率为18%的球墨铸铁。

3. 蠕墨铸铁

蠕墨铸铁是一种新型铸铁，其中碳主要以蠕虫状石墨形态存在，其石墨形状介于片状和球状之间。

蠕墨铸铁的力学性能介于相同基体组织的灰铸铁和球墨铸铁之间。其铸造性能、减震能力以及导热性能都优于球墨铸铁，并接近灰铸铁。

蠕墨铸铁的牌号用RuT（蠕铁）加一组数字表示，数字表示抗拉强度值。例如RuT420表示抗拉强度不低于420 MPa的蠕墨铸铁。

4. 可锻铸铁

可锻铸铁是由白口铸铁经可锻化退火而获得的具有团絮状石墨的铸铁。

可锻铸铁的牌号用 KT(可铁)及其后的 H(表示黑心可锻铸铁)或 Z(表示珠光体可锻铸铁),再加上分别表示其最小抗拉强度和伸长率的两组数字组成。如 KTH300－06 表示抗拉强度为 300 MPa、伸长率为 6%的黑心可锻铸铁。

可锻铸铁伸长率较高,塑性较好,但不可锻。

5. 合金铸铁

随着生产的发展,对铸铁不仅要求具有较高的力学性能,有时还要求具有某些特殊的性能。为此,在熔炼时增加一些合金元素如 Mn、Cr、W、Cu 和 Mo 等,制成合金铸铁(或称特殊性能铸铁)。

合金铸铁与相似条件下使用的合金钢相比,熔炼简单,成本低廉,基本上能满足特殊性能的要求。但其力学性能较差,脆性较大。

常用合金铸铁有耐磨铸铁、耐热铸铁和耐蚀铸铁。

4.5.3　非铁金属及其合金

在工程上通常将钢铁材料以外的金属或合金,称为非铁金属或非铁合金,或统称为非铁金属材料。

非铁金属具有特殊的物理、化学和力学性能,如钼、镁、钛等合金密度小,强度高,具有优异的耐腐蚀性能;铜具有优良的导电、导热、抗蚀、抗磁性等性能。

1. 铝及其合金

纯铝的特点是密度小、强度低、导电性和导热性好、抗大气腐蚀性好。

工业纯铝塑性好,可进行各种压力加工,制成板材、箔材、线材、带材及型材,适用于制造电缆、电器零件、蜂窝结构、装饰件及日常生活用品。

工业纯铝牌号有 L1、L2、L3、L4、L5 等,序号越大,纯度越低。

为提高铝的强度、硬度,使其能作为受力的结构件,采取在铝中加入一定的合金元素使之合金化,从而得到一系列性能优异的铝合金。

目前用于制造铝合金的合金元素主要有 Si、Cu、Mg、Mn、Zn、Li 等。一般将铝合金分为两大类:变形铝合金和铸造铝合金。

(1) 变形铝合金

① 防锈铝合金

防锈铝合金是在大气、水和油等介质中具有良好抗腐蚀性能的变形铝合金。

防锈铝合金强度低,塑性好,易于压力加工,具有良好的抗腐蚀性能和焊接性能,特别适用于制造承受低载荷的零件,如油箱、管道等。

常用防锈铝合金有 LF11、LF21 等。

② 硬铝合金

硬铝合金是在 Al－Cu 系合金的基础上发展起来的具有较高力学性能的变形铝合金,属于可热处理强化类。

硬铝合金在航空工业中应用广泛,但耐腐蚀性能低,其制品需要进行防腐处理,如包铝、阳极氧化和涂漆等。

常用硬铝合金有 LY11、LY12 等。

③ 超硬铝合金

超硬铝合金是工业上使用的室温力学性能最高的变形铝合金。广泛用于飞机结构中的主要受力件,如大梁、桁架和起落架等。

目前使用最广泛的超硬铝合金是 LC4。

④ 锻铝合金

锻铝合金是一种在锻造温度范围内具有优良的塑性,可以制造复杂锻件的变形铝合金,属于可热处理强化类。常用锻铝合金有 LD5、LD7 等。

工业锻铝合金主要包括 Al－Mg－Si、Al－Cu－Mg－Si、Al－Cu－Mg－Fe－Ni 系合金。

(2) 铸造铝合金

用于制造铸件的铝合金称为铸造铝合金,它的力学性能不如变形铝合金,但其铸造性能好,可铸造形状复杂的零件毛坯。

根据主要加入元素的不同,铸造铝合金分为 Al－Si 系、Al－Cu 系、Al－Mg 系及 Al－Zn 系四类,其中 Al－Si 系合金是工业中应用最广泛的铸造铝合金。

铸造铝合金代号用“铸铝”的汉语拼音字首“ZL”及三位数字表示。ZL 后的第一位数字表示合金系列,其中 1 为 Al－Si 系,2 为 Al－Cu 系,3 为 Al－Mg 系,4 为 Al－Zn 系。如 ZL101 表示 Al－Si 系铸造铝合金。

2. 铜及其合金

纯铜又称紫铜,具有优良的导电、导热、耐蚀和焊接性能,又有一定的强度,广泛用于导电、导热和耐蚀器件。

工业上按含氧量及加工方法不同,将纯铜分为工业纯铜和无氧纯铜两大类。

工业纯铜牌号有 Tl、T2、T3 和 T4 四种。序号越大,纯度越低。

无氧纯铜含氧量低于 0.003%,牌号有 Tu1、Tu2 等,主要用于电真空器件。

铜合金按加入元素可分为黄铜、白铜和青铜。

(1) 黄铜

由铜和锌组成的合金称为黄铜。

黄铜又可分为普通黄铜和特殊黄铜。不含其他合金元素的黄铜为普通黄铜,如 H70 表示 $\omega_{Cu} = 70\%$、$\omega_{Zn} = 30\%$ 的普通黄铜;含有其他合金元素的黄铜为特殊黄铜,如 HPb60－1 等。

(2) 白铜

由铜和镍组成的合金称为白铜。

白铜又可分为普通白铜和特殊白铜。不含其他合金元素的白铜为普通白铜,如 B5 表示 $\omega_{Cu} = 95\%$、$\omega_{Ni} = 5\%$ 的普通白铜;含有其他合金元素的白铜为特殊白铜,如 BMn40－1.5 等。

(3) 青铜

除黄铜、白铜以外的铜合金统称为青铜。青铜又可分为锡青铜和无锡青铜。

以锡为主要加入元素的铜合金称锡青铜。如锡青铜 QSn4－3,表示含 4%Sn、3%Zn,其余为铜。锡青铜按生产方法,可分为压力加工锡青铜(牌号前不加注)和铸造锡青铜(牌号前加注"Z")两类。

无锡青铜是指不含锡的青铜,常用的有铝青铜、铅青铜、锰青铜、硅青铜等,其中铝青铜是无锡青铜中用途最广泛的一种,如 QAl9 - 4 等。

4.5.4　非金属材料

非金属材料通常是指除金属材料以外的一切工程材料,主要指高分子材料、陶瓷和复合材料等。

1. 高分子材料

高分子材料由大量高分子化合物聚合而成,因相对分子质量很大,故也称为高分子化合物或高聚物。

常用高分子材料有塑料、橡胶、纤维和粘结剂等。

高分子材料中,原子之间主要是以共价键形式连接,分人工和天然两大类。

天然高分子材料有蚕丝、羊毛、纤维素、天然橡胶以及存在于生物组织中的淀粉、蛋白质等。

工程上所指高分子材料主要指人工合成的各种有机材料,以塑料、橡胶和纤维这三大合成材料为主。

(1) 工程塑料

工程塑料是以合成树脂为主要成分的高分子材料。它具有质量轻、摩擦系数小、耐磨、吸震、耐腐蚀、绝缘、可以着色、易于加工成型等优点,因此得到广泛的应用。

工程塑料可分为热固性塑料和热塑性塑料两大类。热固性塑料可在常温或受热后起化学反应,固化成型,再加热时不可能恢复成型前的化学结构,也就是说不可回收再生。热塑性塑料受热后软化、熔融,冷却后固化,可以多次反复而化学结构基本不变。

① 热固性塑料

最常用的热固性塑料是酚醛塑料和氨基塑料。它们的脆性都较大,常需加入石棉纤维、木屑、纸屑等填充料,以提高其强度和弹性,减少脆性。加入填充料的热固性塑料制品是在模压机上加工成型的,所以也称模压塑料。酚醛塑料一般为黄褐色,俗称电木,常用作电器产品的壳体及开关等。氨基塑料一般无色透明,并可以着色,俗称电玉,多用作器具及电工器材等。

将酚醛塑料脂浸泡的布料或纸压制成板料或各种形状的制品,称为层压塑料。它比模压塑料更加坚固,并可以切削加工,许多齿轮、轴套、垫板及电器都用它制成。

② 热塑性塑料

热塑性塑料的种类很多,常用的有聚氯乙烯、聚乙烯、聚四氟乙烯和聚酰胺等。

聚氯乙烯是应用最广的塑料,分软、硬两种。硬聚氯乙烯可代替金属材料制作各种机械零件,它耐酸、耐碱,但耐热性差;软聚氯乙烯为硬聚氯乙烯加软化剂而成,多用于制作软管。

聚乙烯是由乙烯聚合而成的轻塑料。它无毒、耐酸、耐碱及油脂,且不渗水,有很好的绝缘性,但溶于汽油,常用于容器、包装和绝缘材料。

聚四氟乙烯能耐包括王水的所有化学药品腐蚀,可在 $180 \sim 250$ ℃ 之间长期使用,耐老化,绝缘,不吸水,摩擦系数很低($\mu = 0.04$),素有塑料王之称。但强度低,高温蠕变较大。主要用作耐蚀体、耐磨件、绝缘件和密封件等。

聚酰胺即尼龙,具有坚韧、耐磨、耐疲劳、耐油、有弹性、无毒等优良性能,缺点是吸水性大,尺寸稳定性差。主要用作一般机械零件、减摩耐磨件及传动件等。

利用工程塑料制造新型轻武器、改造现有轻武器,可以大大改进轻武器的人—机—环境性能,既大幅度提高战斗性能,大大减轻了武器重量(例如,北约"2000 年后步兵轻武器"的单兵自卫武器仅重 0.7 kg,单兵作战武器重量为 4.5 kg),节约金属,简化生产工艺,提高生产效率,又提高了武器的耐腐蚀性能,改善其艺术造型和表面处理质量。

工程塑料在枪械上的应用经历了三个阶段:以塑代木、以塑代金属和用工程塑料整体设计阶段。到目前为止,除枪管和自动机外几乎都可用非金属材料制备。本世纪工程塑料化枪械将是世界枪械发展的主要趋势。

枪用工程塑料件的主要优点:尺寸准确,不易变形;射击精度好;坚固耐用;承受枪击发热冲击性能好;造型美观大方,颜色可调,经久不变;容易维护保养,易贮存;耐气候性好。

如增强塑料件在 100 m 处被自动枪击中后,只击穿孔洞,不燃烧,无劈裂和折断;距手榴弹爆炸中心 600 mm 范围内被弹片击中时,只发生表面碰伤,可以继续使用。

(2)橡胶

橡胶也是一种高分子材料,有很高的弹性、优良的伸缩性能和很好的积储能量能力,故成为常用的密封、抗震、减震和传动材料。橡胶还有良好的耐磨性、隔音性和阻尼特性。

橡胶有天然橡胶和人工合成橡胶之分,按应用范围不同又可分为通用橡胶和特种橡胶。综合性能较好的天然橡胶,主要用于制造轮胎;气密性好的丁基橡胶,主要用于制造内胎;耐油性好的丁氰橡胶,主要用于制造输油管及耐油密封圈等。

(3)合成纤维

合成纤维是指以石油、天然气、煤及农副产品等作为原料,经过化学合成方法而制得的化学纤维。

按用途不同分为普通合成纤维和特种合成纤维两大类。

常见的普通合成纤维以六大纶为主,占到合成纤维总产量的 90% 以上,它们分别是锦纶(尼龙)、涤纶(的确良)、腈纶(人造毛)、纤维、氯纶和丙纶。

特种合成纤维的品种较多,而且还在不断发展,目前已经应用较多的有耐高温纤维(如芳纶 1313)、高强力纤维(如芳纶 1414)、高模量纤维(如有机碳纤维、有机石墨纤维)、耐辐射纤维(如聚酰亚胺纤维)、防火纤维、离子交换纤维、导电性纤维、导光性纤维等。

(4)粘接剂

粘接工艺简单、方便、实用,因此备受人们青睐。由于粘接技术在连接两种不同材料或者连接那些尺寸相差悬殊以及微小、复杂的零部件时,显示出铆、焊等无法比拟的优势,因而发展极为迅速。当今粘接技术已经发展成一门独立的边缘科学技术,特别是在航空工业、汽车工业等方面显示出了巨大的潜力,而粘接剂更是渗透到国民经济的各个领域,成为各行各业不可缺少的重要原材料之一。

粘接剂按固化形式可分为三类:溶剂型,是一种全溶剂蒸发型,通过挥发或吸收固化;反应型,由不可逆的化学反应引起固化;热熔型,通过加热熔融粘接,随后冷却固化。

2. 陶瓷材料

陶瓷是指用各种粉状原料做成一定形状后,在高温窑炉中烧制而成的一种无机非金属固体材料。

陶瓷泛指无机非金属材料。

传统陶瓷仅指陶器和瓷器两大类产品，后来发展到泛指整个硅酸盐材料（包括陶瓷、玻璃、水泥和耐火材料等）。

而在近代材料领域中，"陶瓷"一词是对无机非金属材料的总称，除了硅酸盐材料外，还包括由氧化物类、氮化物类、碳化物类、硼化物类、硅化物类、氟化物类等非硅酸盐材料制作的特种陶瓷材料。

常用的陶瓷有普通工业陶瓷、耐酸陶瓷、高温陶瓷及透明瓷。

普通工业陶瓷主要为瓷器及精陶。按用途它们包括建筑陶瓷、卫生陶瓷、电绝缘陶瓷、化学陶瓷和化工陶瓷等。电绝缘陶瓷主要用于制作隔电、机械支持以及连接用的绝缘器件。

3. 复合材料

复合材料是指两种或两种以上性能不同的材料组成的性能优异的多相材料。

复合材料中至少由两大相组成：

一类是基体相，起粘结、保护纤维并把外加载荷造成的应力传递到纤维上去的作用。基体相可以由金属、树脂、陶瓷等构成。

另一类为增强相，是主要承载相，并起着提高强度（或韧性）的作用。增强相的形态各异，有细粒状、短纤维、连续纤维、片状等。工程上开发应用比较多的是用纤维增强的复合材料。

常用复合材料及应用介绍如下：

（1）玻璃钢

用玻璃纤维增强工程塑料得到的复合材料，俗称玻璃钢。玻璃钢按照其基体分为热固性和热塑性两种。

热固性玻璃钢的主要优点是成型工艺简单、质轻、比强度高、耐腐蚀、介电性高、电波穿透性好，与热塑性玻璃钢相比，耐热性更高一些。主要缺点是弹性模量低（只为钢的 $1/5 \sim 1/10$），刚性差，耐热度不超过 250 ℃，容易老化、蠕变。

热塑性玻璃钢种类较多，常用的有尼龙基、聚烯烃类、聚苯乙烯类、ABS、聚碳酸酯等。它们都具有高的力学性能、介电性能、耐热性和抗老化性能，工艺性能也好。同塑料本身相比，基体相同时，其强度和抗疲劳性能可提高 2～3 倍以上，冲击韧性提高 2～4 倍，蠕变抗力提高 2～5 倍。

（2）碳纤维复合材料

碳纤维是由各种人造纤维或天然有机纤维，经过碳化或石墨化而制成。

碳纤维树脂复合材料的基体为树脂，目前应用最多的是环氧树脂、酚醛树脂和聚四氟乙烯。性能普遍优于玻璃钢，是一种新型的特种工程材料。除了具有石墨的各种优点外，此种材料强度和冲击韧性比石墨高 5～10 倍，刚度和耐磨性高，化学稳定性、尺寸稳定性好。

石墨纤维金属复合材料是石墨纤维增强铝基复合材料，基体可以是纯铝、变形铝合金和铸造铝合金。当用于结构材料时，可作飞机蒙皮、直升机旋翼桨叶以及重返大气层运载工具的防护罩和涡轮发动机的压气机叶片等。

碳纤维陶瓷复合材料是我国研制的一种碳纤维石英玻璃复合材料，同石英玻璃相比，它的抗弯强度提高了约 12 倍，冲击韧性提高了约 40 倍，热稳定性也非常好，是极有前途的新型陶瓷材料。

（3）金属纤维复合材料

作为增强纤维的金属主要是强度较高的高熔点金属钨、钼、不锈钢、钛、铍等，它们能被基体金属润湿，也能增强陶瓷。

金属纤维陶瓷复合材料的优点是抗压强度大，弹性模量高，耐氧化性能好，因此是一种很好的耐热材料。缺点是脆性大。改善脆性的重要途径之一是采用金属纤维增强，充分利用金属纤维的韧性和抗拉能力。

（4）晶须复合材料

使金属、金属的氧化物、金属的氮化物、非金属的碳化物和氮化物自由长大成纤维状的单晶体，即晶须。晶须的特性是不存在晶体缺陷，强度很高，其抗拉强度接近于理论断裂强度。由于单晶体的熔点一般都很高，所以其高温力学性能也都较好。

4.6 材料的选用

高质量的零件在于合理的设计、正确的选材和恰当的零件加工工艺。所谓合理的设计就是根据零件的工作条件进行必要的强度计算，确定其各部分尺寸，并应考虑零件的结构，使之具有优良的工艺性。正确的选材应该是在满足零件使用性能要求的前提下，具有良好的工艺性和经济性。恰当的零件加工工艺是对零件的组织、性能、尺寸精度进行分析后，选择合理的加工工艺，以保证零件加工和使用性能的需求。正确选材是完成上述过程的重要一环。

对不同使用条件下工作零件的选材方法不可能有统一的步骤和规律，但正确合理的选材应考虑以下三个基本原则：材料的使用性能、工艺性能和经济性。三者之间有联系，也有矛盾，选材的任务就是上述原则的合理统一。

4.6.1 材料的使用性能

材料的使用性能是用于满足零件工作特性和使用条件的要求。大多数零件在工作时，对材料性能的要求不是单一的，而是多方面的，因此零件选材必须经过分析，分清材料性能要求的主次，首先应满足主要性能的要求，兼顾其他性能，并通过特定的工艺技术，使零件具有完美的使用性能。

在工程中，应根据零件的工作条件，首先确定对材料使用性能的要求，这是材料选用的基本出发点。为便于分析零件的工作条件，可将其分为受力状态、载荷性质、工作场合（如温度场、电磁场等）、环境介质等几个方面。实际上要更准确地了解零件的使用性能，还必须充分地研究零件的各种失效方式并分清主次，在此基础上找出对零件失效起主导作用的性能指标或其他性能指标，而这种指标可以是一个，也可以是多个；甚至选择不同材料和使用不同的加工工艺时，使零件失效的主导指标也是变化的。

机械产品的设计和选材主要是针对材料断裂、磨损和腐蚀等三大失效原因的综合设计，实际上这三大失效原因几乎完全包含在零件的全部工作条件中。

1. 材料的强度指标

一般来说,材料的强度指标是指材料在达到允许的变形和断裂前所能承受的最大外加抗力。由于零件的使用性能要求及使用环境不同,其可供选择的强度指标有很多,如弹性极限、屈服极限、强度极限、疲劳极限、蠕变极限、断裂韧性等,因此要根据零件工作情况、受载状态和相关力学分析以及零件的典型失效分析,确定设计所需的强度指标进行零件设计和选材,并由此确定零件的加工工艺。

而现代意义上的材料强度,已经不再是传统的强度,而是指材料失效抗力的综合表征,不仅包括上述的强度指标,还包括刚性、延伸率、硬度、冲击韧性及在不同载荷下材料对零件的尺寸效应、表面状态和环境介质的敏感性等指标。因此,零件设计和选材时要综合考虑强度和韧性指标,并应注意以下几个方面的问题:

(1) 材料强度与零件强度

零件的强度除与材料自身的因素(如材料强度等)有关外,还与其结构、加工工艺及使用等因素有关。结构因素表明了零件各部分的形状尺寸、连接配合对材料强度的影响效应;加工工艺因素是指零件在所有的加工工序中导致零件表面状态、内部组织状态改变的影响作用。这些因素有各自的影响作用,同时又是相互影响的,决定了零件的瞬时承载能力和长期使用寿命。

(2) 材料强度与材料韧性

在机械工程选材时,仅仅满足强度指标是远远不够的,还必须考虑其韧性指标,即达到强韧性的有机结合。材料的强度和韧性往往是互相矛盾的,即增加材料强度常常是以牺牲其韧性为代价,使材料变脆。在选材时,要寻求强韧性优良的材料,使零件的强韧性有机地结合起来,从而保证其设计和使用的可靠性。

(3) 材料强韧性与其工艺性能

工程材料的强韧性与其工艺过程是密切相关的,设计零件和选材时,必须确定好强韧化工艺。如低碳结构钢的淬火 + 低温回火工艺;中碳结构钢的调质处理工艺;Al - Si 铸造铝合金的变质处理;金属材料的形变热处理。除此之外,细化材料组织、适当的表面改性处理也可以改善零件韧性,尤其降低环境脆性。

2. 材料的磨损与腐蚀

磨损和腐蚀是零件最常见的两种失效形式,但这两种失效都是从零件的表面开始的,是由于零件表面与对偶零件的相对运动或零件与介质间的物理化学作用或是两者的综合作用而引起零件材料的物质和性能的损失,从而导致零件失效。零件选材时仅仅满足其整体使用性能的要求是不够的,还应充分考虑其使用时表面性能的需求。

(1) 材料的耐磨性与其整体性能

零件的磨损失效主要包括磨粒磨损、粘着磨损、腐蚀磨损和疲劳磨损四种形式,不同的磨损形式对材料选择要求不同。一般来讲,表面的硬度越高,或相同硬度韧性越好时,材料的耐磨性、磨损性越好。增加材料的化学稳定性和强韧性是提高零件的腐蚀磨损性的主要途径,且增加材料的化学稳定性更为重要。

(2) 零件的耐腐蚀性和选材

零件的腐蚀不但与零件材料的成分、显微组织和加工工艺有关,同时也决定于机器中各相关零件的材料组成体系和零件的使用环境。大部分由陶瓷材料和高分子材料制作的零件在一般的条件下都具有较好的耐腐蚀性。

大部分金属零件的腐蚀都是电化学腐蚀,且腐蚀作用也是首先从零件的表面开始的,因此设计零件和选材时,应选择耐腐蚀材料或使用某些表面改性工艺获得表面防护层,通过调整工作环境改变零件的工作状态。

4.6.2 材料的工艺性能

工程零部件质量的优劣不仅决定于工件选材的使用性能,还决定于其工艺性能的好坏。因为制作任何一个合格的零件,都要经过一系列的加工过程,故所选用材料的加工工艺性将直接影响零件的质量、生产效率和成本。

材料的工艺性能主要包括冷加工性能(如冷变形加工和切削加工性能)和热加工性能(如铸造性能、焊接性能、锻造性能和热处理性能等)。不同零件对各种加工工艺性能的要求是不同的,如很好的铸造性能是制造铸造零件的先决条件;冷成型件要求材料有好的均匀塑性变形性能;工程构件的材料应具有好的焊接和冷变形性能;而大多数的机器零件对材料工艺上最突出的要求是可切削加工性和热处理工艺性(包括淬透性、变形规律、氧化和热化学稳定性等)。

当工艺性能和力学性能相矛盾时,有时要选择工艺性能更好的材料(当然材料的使用性能必须满足零件工作的最低使用性能要求)而舍弃某些力学性能更优越的材料,这对于大批量生产的零件尤为重要。因为在大量生产时,工艺周期长短和加工费用高低,常常是生产的关键。因此,工程选材时工艺性能应从以下几方面加以考虑。

1. 尽量选用工艺简单的材料

例如,冷拔硬化钢料具有良好的强韧性,加工成型后一般不需热处理,且其还有良好的切削加工性;自动加工机床选用易切钢,可以延长刀具寿命,提高生产率,改善零件的表面光洁度;用低碳钢淬火(低碳马氏体)代替中碳钢调质,热处理工艺性大大改善,不易淬火变形和开裂,不易脱碳,其他加工工艺性也可得到改善;在机械制造业中还常常考虑以铁代钢、以铸代锻,简化了工艺,同时还降低成本。

2. 选材材质与其工艺性要求

机械零件用材料的材质对其使用性能和工艺性能都有很大的影响。例如,钢中杂质硫影响材料锻造工艺性(有热脆性),但硫可改善钢的切削加工性;磷使钢产生"冷脆",影响冲压和焊接工艺性,但磷可改善钢的耐大气腐蚀能力;沸腾钢的冲压性能不如镇静钢,故形状复杂的冲压件不能选用沸腾钢;渗碳钢最好是本质细晶钢,否则需要重新加热淬火以细化晶粒、改善性能;普通结构钢的含碳量范围较宽,淬透性变化较大,不宜采用热处理;过热敏感性较大的钢,要求严格控制加热温度和保温时间,大型零件不宜采用这类钢。同样在铝、铜、镁等有色合金中杂质和特定的合金元素对其零件的各工艺性能也有很大影响。高分子材料中固化剂、填充剂的性能、数量对其成型性影响很大;陶瓷材料中的杂质对其烧结成型的影响可能是巨大的,如氧化铝瓷中的 SiO_2、MgO、NaO 等杂质(或添加剂)对其零件的烧结温度、烧结速度和材料的致密度有极大的影响作用。

3. 各工序工艺之间的相互联系和结合

零件制作过程中,各工序的工艺之间是互相联系、相辅相成的。如大多数的钢制零件加工时,其预备热处理会对后面的机械加工、最终热处理等工序产生重要影响。而若生产中要把铸件锻件用焊接的方法联成一体,成为铸-锻-焊件,或是要采用高能表面热处理方法,且将这种工序纳入零件生产自动线,或采用冷塑性变形的方法(冷轧、冷挤、冷冲压、冷滚、冷镦等)取代部分机械加工时,这些工艺方法的应用往往要求材料做相应改变,或是充分考虑前后工艺间的相容性,以适应新生产技术的要求。

4.6.3　选材的经济性

在设计和生产中,可能不止一种材料可以满足零件的使用性能和其加工工艺性能的要求,这时经济性就成为选材的重要依据。经济性涉及材料本身成本的高低,供应是否充分,零件加工工艺过程的复杂程度,加工成品率和加工效率的高低,甚至机器零件设计使用寿命的长短。因此考虑材料的经济性时,应当以综合效益来评价材料经济性的高低。

1. 材料的价格

在满足性能和工艺要求的前提下,零件材料的价格应该尽量低。材料的价格在产品的总成本中占有较大的比重,据统计约占产品价格的30%～70%,因此设计人员要十分关心材料的市场价格。

2. 加工费用

对于形状复杂的零件,可采用型钢和焊接结构,比整体锻件、机械加工件更为方便、省时、便宜。制造内腔较大的零件时,采用铸造、冲压或旋压加工比采用实心坯料经切削加工制造要便宜。对于耐腐蚀件,在满足使用要求的前提下,采用碳素钢进行表面涂层工艺代替不锈钢,成本可降低很多。

3. 成组选材,减少品种

机械设计时,在满足使用性能的情况下,同一个机器上的零件,应尽量减少材料的品种,减少采购手续,便于管理。尽量选择型材,代替锻、轧材,可减少加工程序。

练 习 题

基本题

4-1　工程材料按化学成分、结合键的特点可以分为哪几类?

4-2　金属材料主要性能有哪些? 各自包含哪些内容?

4-3　什么是金属材料的强度、塑性和硬度？它们各有哪些主要指标？

4-4　解释名词：屈服强度，抗拉强度，疲劳强度。

4-5　什么是冲击韧性？怎样衡量金属材料冲击韧性的大小？

4-6　碳钢中常存杂质有哪些？各自影响如何？

4-7　碳钢的分类方法主要有哪三种？

4-8　合金结构钢主要有哪五种？各自应采用什么热处理？

4-9　何谓结晶、晶粒？晶粒大小对金属力学性能有何影响？

4-10　何谓晶格？常见晶格有哪些？

4-11　何谓同素异构转变？说明纯铁发生同素异构转变的情况。

4-12　何谓组元？合金固态构造一般情形有哪些？

4-13　为什么合金比其纯金属强度高？机械混合物的性能取决于什么？

4-14　铁碳合金有哪些基本组织？各自性能如何？

4-15　什么叫钢的热处理？三阶段各自目的如何？常用的热处理方法有哪些？

4-16　回火与退火有何区别？回火可分为几类？它们各自的作用是什么？

4-17　何谓调质处理？退火、正火、淬火有何区别？

4-18　何谓表面淬火？常用的表面淬火方法有哪几种？

4-19　何谓化学热处理？渗碳和渗氮的工艺路线各自如何？

4-20　说明纯铝及铝合金的种类、性能及用途。

4-21　说明纯铜的牌号、性能及用途。

4-22　说明铜合金的种类、性能及用途。

4-23　何谓工程塑料？主要优点有哪些？如何分类？

4-24　橡胶有何优点？主要用途有哪些？如何分类？

4-25　何谓合成纤维？按用途不同可分为哪两大类？

4-26　粘接剂按固化形式可分为哪三类？

4-27　何谓陶瓷？陶瓷有何特点？常用陶瓷有哪些？

4-28　何谓复合材料？它至少由哪两大相组成？它有何特点？

4-29　工程塑料在枪械上的应用经历了哪几个阶段？

4-30　火炮身管材料有哪几类？

4-31　金属装甲材料有哪几种？

4-32　弹药材料的主要特点是什么？

4-33　隐身材料的使用对武器装备有何作用？

4-34　现代飞机结构材料使用的新型高性能金属材料有哪些？

提高题

4-35　一根标准拉力试棒的直径为 10 mm，长度为 50 mm。试验时测出材料在 26000 N 时屈服，45000 N 时断裂。拉断后试棒长 58 mm，断口处直径为 7.75 mm。试计算 σ_s、σ_b、δ 和 ψ。

4-36　布氏硬度和洛氏硬度各有什么优缺点？下列材料或零件通常采用哪种方法检查其硬度？

库存钢材　硬质合金刀头　锻件　台虎钳钳口

4-37　下列符号所表示的力学性能指标名称和含义是什么？

$$\sigma_b \quad \sigma_s \quad \sigma_{0.2} \quad \sigma_{-1} \quad \delta \quad a_k \quad HRC \quad HBW$$

4-38　说明下列金属材料牌号的含义：

Q235,15,45,65,Tl2A

14MnMoV,20CrMn,40Cr,60Si2Mn,GCrl5

9SiCr,Wl8Cr4V,Cr12,5CrNiMo

2Cr13,0Cr18Ni9,ZGMn13,PCrW

ZG270-500,HT150,RuT420,KTH300-06

L4,LF11,LY11,LC4,LD5,ZL101

T1,Tu1,H62,HPb60-1,B5,BMn40-1.5,QSn4-3,QAl9-4

4-39　试绘简化的铁碳合金状态图钢的部分,标出各特性点和符号,填写各区组织名称。

4-40　仓库中混存三种相同规格的20钢、45钢和T10圆钢,请提出一种最为简便的区分方法。

4-41　下列产品该选用哪些钢号？宜采用哪些热处理?

汽车板簧　台虎钳钳口　坦克履带板　自行车轴挡

第5章 常用机构

导入装备案例

图5-1为某型火炮自动开闩机构运动简图，在开闩工作面的作用下，闩体下移，实现开闩动作，以便装填炮弹。开闩机构中每个运动构件是否有确定运动？包含哪些基本机构？这些机构有哪些运动特点？这些问题将通过本章知识来解决。本章主要学习平面机构的结构分析，以及工程上、装备中常用的机构，包括平面连杆机构、凸轮机构以及间歇运动机构。

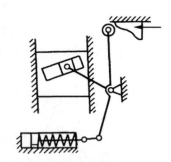

图5-1　某型火炮自动开闩机构运动简图

5.1　平面机构的结构分析

5.1.1　机构的组成

1. 构件及其分类

构件是机构中的运动单元体，按其运动性质可分为机架、原动件和从动件。机架（固定件）是用来支承活动构件的构件。在一个机构中，必须有一个或几个原动件。机构中随着原动件的运动而运动的其余构件是从动件。如图1-2中的气缸体8就是机架，活塞1是原动件，连杆2、曲轴3等都是从动件。

2. 运动副及其分类

两个构件直接接触形成的可动连接称为运动副。

组成运动副的两构件只能相对做平面运动的运动副称为平面运动副。按照接触特性，平面运动副可分为低副和高副。

两构件通过面接触组成的运动副称为低副。根据两构件间的相对运动形式不同，低副又分为移动副和转动副。

组成运动副的两构件只能沿某一直线相对移动时称为移动副，如图5-2(a)所示，其代表符号如图 5-2(b)所示。

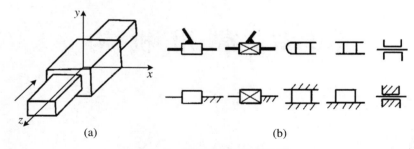

图 5-2 移动副及其代表符号

当组成运动副的两构件只能绕同一轴线做相对转动时称为转动副或铰链,如图 5-3(a)所示,其代表符号如图 5-3(b)所示。

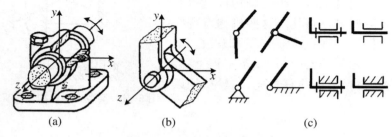

图 5-3 转动副及其代表符号

两构件通过点接触或线接触组成的运动副称为高副。图 5-4 中,凸轮副、齿轮副都是高副。

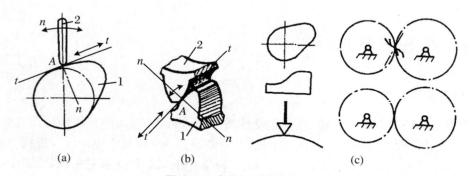

图 5-4 高副及其代表符号

5.1.2 平面机构运动简图

用规定的线条和符号表示构件和运动副,且能够表示机构中各构件间相对运动关系的简图称为机构运动简图。机构运动简图反映了机构的结构特征和运动本质,可用它来进行机构的运动和动力分析。下面用一个例子说明机构运动简图的绘制方法和一般步骤。

例 5-1 绘出图 5-5(a)所示抽水唧筒的机构运动简图。

解 (1)分析机构的运动,判别构件的类型及数目。

图示抽水唧筒由手柄1、杆件2、活塞(图中未画出)及活塞杆3和抽水筒4等构件组成，其中抽水筒4是固定件，手柄1是原动件，其余构件是从动件。

(2) 分析各构件间运动副的类型和数目。

手柄1绕固定件4上A点转动，二者在A点形成转动副。手柄1和杆件2在B点以及杆件2和活塞杆3在C点也为转动副连接。活塞杆3与抽水筒4之间则以移动副连接。

(3) 选择视图平面。

为了能清楚地表明各构件间的相对运动关系，通常选择平行于构件运动的平面作为视图平面。

(4) 确定比例尺。

比例尺应根据实际机构和图幅大小来适当选取。

(5) 用规定的构件和运动副符号绘制机构运动简图(图5-5(b))。

先画出固定4和手柄1的转动副中心A及活塞杆3的移动导路直线x轴，然后按比例画出手柄1和杆件2的转动副中心B及杆件2和活塞杆3的转动副中心C，最后用构件和运动副的符号把各点连接起来，并在原动件上用箭头标明运动方向。

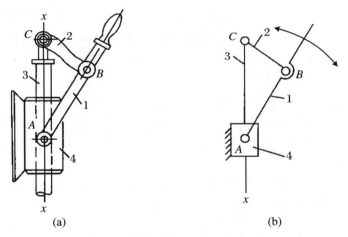

(a)　　　　　　　　　　　　　　(b)

图5-5　抽水唧筒及其机构运动简图

1-手柄；2-杆件；3-活塞杆；4-抽水筒

应当指出，在绘制机构运动简图时，选择机构的瞬时位置不同，所给出的机构运动简图位置也不同。若选择不当，则会出现构件相互重叠或交叉现象，使得简图既不易绘制，也不易辨认。因此，要想清楚地表示各构件间的相互关系，还需恰当地选择机构运动的瞬时位置。

5.1.3　平面机构自由度

为了使机构能产生确定的相对运动，有必要探讨机构的自由度和机构具有确定运动的条件。

1. 平面机构自由度

如图5-6所示为物体在平面坐标系中的运动情况，其中构件相对于定参考系所能有的独立运动数目称为构件的自由度。

图 5-6(a)中,自由构件在平面内有三个自由度,n 个构件有 $3n$ 个自由度,与其他构件连接后就受到约束。图 5-6(b)中,一个平面低副提供 2 个约束,P_L 个低副提供 $2P_L$ 个约束。图 5-6(c)中,一个平面高副提供 1 个约束,P_H 个高副提供 P_H 个约束。

机构中各构件相对于机架所能有的独立运动数目称为机构的自由度。设平面机构中运动构件数为 n,低副和高副数分别为 P_L 和 P_H,机构具有的自由度为

$$F = 3n - 2P_L - P_H \tag{5.1}$$

例如在图 5-5 所示的平面机构中,$n=3$,$P_L=4$,$P_H=0$,则

$$F = 3n - 2P_L - P_H = 3 \times 3 - 2 \times 4 - 0 = 1$$

即该机构的自由度为 1。

显然,要使机构运动,必须有 $F>0$。否则,构件系统将成为一桁架。

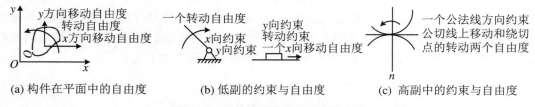

(a) 构件在平面中的自由度   (b) 低副的约束与自由度   (c) 高副中的约束与自由度

图 5-6 物体在平面坐标系中的运动

2. 机构自由度计算注意事项

根据机构运动简图计算机构自由度时,应注意下列几个问题:

(1) 复合铰链。两个以上的构件共用同一转动轴线所构成的转动副称为复合铰链。如图 5-7 所示为夹紧机构简图,C 处为复合铰链。由 m 个构件所组成的复合铰链,应含有 $(m-1)$ 个转动副。

(2) 局部自由度。机构中不影响其输出与输入运动关系的个别构件的独立运动自由度称为局部自由度。计算机构自由度时应不计入,如图 5-8 所示。

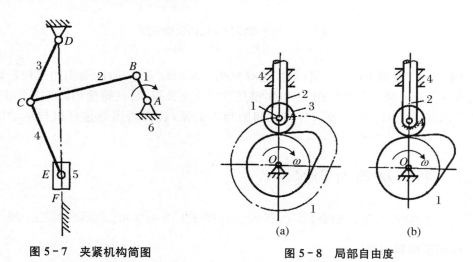

图 5-7 夹紧机构简图   **图 5-8 局部自由度**

(3) 虚约束。在机构中与其他约束重复而不起限制运动作用的约束称为虚约束。计算机构自由度时,应除去虚约束不计。虚约束常出现于下列几种情况中:

① 两构件在同一轴线上形成多个转动副,如图 5-9(a)所示。

② 两构件在同一导路或平行导路上形成多个移动副,如图 5-9(b)所示。

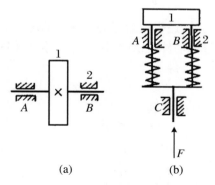

图 5-9 两构件构成多个运动副

③ 机构中对运动不起作用的对称部分引入的约束为虚约束,如图 5-10 所示的行星轮系。

④ 如果两相连接构件在连接点上的运动轨迹相重合,则该运动副引入的约束为虚约束,如图 5-11 所示的平行四边形机构。

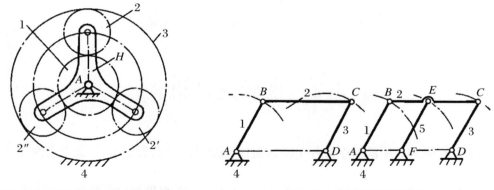

图 5-10 具有三个行星轮的行星轮系   图 5-11 平行四边形机构

例 5-2 试计算图 5-12 所示的筛料机的自由度。

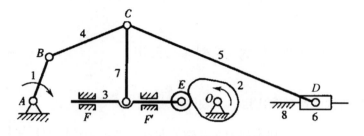

图 5-12 筛料机运动简图

解 图中 C 处为复合铰链,E 处的滚子存在局部自由度,移动副 F、F' 之一为虚约束。所以该机构中 $n=7$、$P_L=9$、$P_H=1$,其机构的自由度为

$$F = 3n - 2P_L - P_H = 3 \times 7 - 2 \times 9 - 1 = 2$$

5.1.3　机构具有确定运动的条件

为了使机构具有确定的运动,还需使给定的独立运动规律的数目等于机构的自由度数。而给定的独立运动规律是通过原动件提供的,通常每个原动件只具有一个自由度。

所以,机构具有确定运动的条件是:

(1) $F > 0$。

(2) 原动件数等于机构的自由度数。

在图 5-13 所示的机构中, $n = 4$, $P_L = 5$, $P_H = 0$,则

$$F = 3n - 2P_L - P_H = 3 \times 4 - 2 \times 5 - 0 = 2$$

为了使该机构有确定的运动,需要两个原动件。

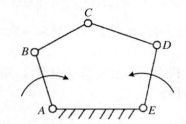

图 5-13　具有两个自由度的平面机构

5.2　平面连杆机构

平面连杆机构是用低副连接若干刚性构件(常为杆状)而成的机构,故又称为平面低副机构。

连杆机构因便于润滑、磨损少、加工简便、制造精度高而得到广泛应用。但连杆机构运动精度低,复杂运动规律设计难,因而常用于速度较低的场合。

在平面连杆机构中,应用最广泛的是由四个构件组成的平面四杆机构。本节着重讨论平面四杆机构的有关问题。

5.2.1　平面四杆机构的类型和应用

1. 铰链四杆机构的类型和应用

如图 5-14 所示,所有运动副均为转动副的四杆机构称为铰链四杆机构,它是平面四杆机构最基本的形式,其他四杆机构都可看成是在它的基础上演化而来的。

如图 5-14 所示,构件 4 为机架,构件 1 和构件 3 分别以转动副与机架相连,称为连架杆。连架杆如能绕某转动副的轴线做整周转动,则称为曲柄;如果只能做往复摆动,则称为摇杆。构件 2 以转动副分别与两连架杆 1、3 的另一端相连,故称为连杆。

在铰链四杆机构中,根据两连架杆是否为曲柄将机构分为三种基本型式:

(1) 曲柄摇杆机构

在铰链四杆机构中,若两连架杆之一为曲柄,另一为摇杆时,此机构称为曲柄摇杆机构。

曲柄摇杆机构可将曲柄的转动变为摇杆的往复摆动,如调整雷达天线俯仰角的曲柄摇杆机构(图 5 - 15)。

曲柄摇杆机构也可用来变往复摆动为整周转动,如缝纫机驱动机构(图 5 - 16)。

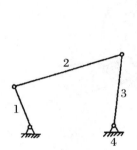

图 5 - 14　铰链四杆机构

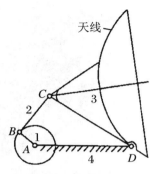

图 5 - 15　雷达天线调节机构

(2) 双曲柄机构

在铰链四杆机构中,若两连架杆均为曲柄,则该机构称为双曲柄机构。通常,主动曲柄做等速转动时,从动曲柄做变速运动。图 5 - 17 所示的振动筛中的四杆机构便是双曲柄机构,在此机构的作用下,使筛子具有所需的加速度,从而达到使颗粒物料因惯性而筛分的目的。

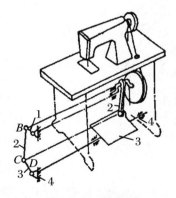

图 5 - 16　缝纫机

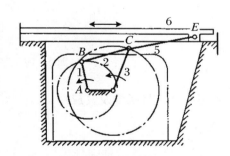

图 5 - 17　振动筛机构

在双曲柄机构中,平行四边形机构的应用最为广泛,它具有连杆做平动、两曲柄做等速回转运动的特征,如图 5 - 18 所示的某型自行加榴炮开启机中的连杆机构[1]。

(3) 双摇杆机构

在铰链四杆机构中,若两连架杆均为摇杆,则此机构称为双摇杆机构。双摇杆机构的应用也很广泛,如图 5 - 19 所示的港口用起重机的应用,当主动摇杆 1 摆动时,可使连杆 2

———————————

[1]曲柄、拉杆、杠杆以及火炮后座组成了开启机中的连杆机构,它为平行四边形机构。其工作过程为:套上开闩手柄,用力逆时针转动手柄,通过开闩杠杆、连杆、曲柄带动曲臂轴、曲臂转动,从而迫使闩体下移,实现开闩动作。

上 E 点处的吊钩沿近似水平直线运动。这样可避免重物平移时因不必要的升降而消耗能量。

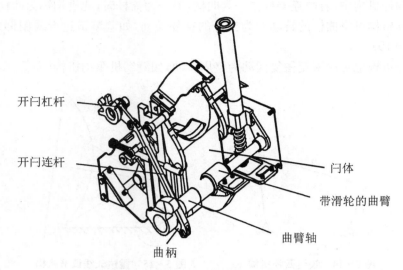

开闩杠杆

开闩连杆

闩体

带滑轮的曲臂

曲臂轴

曲柄

图 5 - 18　火炮开启机中的连杆机构

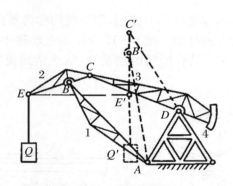

图 5 - 19　港口起重机

2. 其他形式的四杆机构及其应用

(1) 曲柄滑块机构

如图 5 - 20(a)所示的曲柄摇杆机构，铰链中心 C 的轨迹 $\overgroup{mm}$ 是以 D 为圆心、DC 为半径的圆弧。若将 D 移至无穷远(图 5 - 20(b))，C 点的轨迹变成直线，摇杆 3 演化为做直线运动的滑块，曲柄摇杆机构演化为曲柄滑块机构(图 5 - 20(c))。

若 C 点的轨迹通过曲柄的转动中心 A，则称为对心曲柄滑块机构；若 C 点轨迹与曲柄转动中心存在偏距 e，则称为偏置曲柄滑块机构(图 5 - 20(d))。

为使机构能正常工作，曲柄长度 r 应小于连杆长度 l，通常取 $r = l/3 \sim l/12$。曲柄滑块机构广泛应用于内燃机、压力机(图 5 - 21)、空气压缩机等机械中。

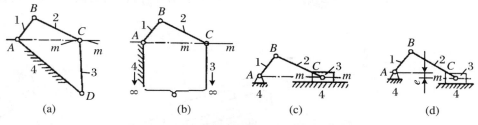

图 5 - 20　曲柄摇杆机构演化为曲柄滑块机构

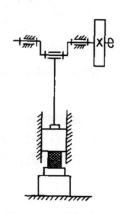

图 5 - 21　曲柄压力机

（2）导杆机构

如图 5 - 22(a)所示的曲柄滑块机构，如以 AB 为机架，根据相对运动的原理，AC 和 BC 均成为曲柄，该机构称为转动导杆机构（图 5 - 22(b)）。

当 AB 的长度大于 BC 的长度时，导杆 AC 只能在小于 360°范围内摆动，该机构称为摆动导杆机构（图 5 - 22(c)）。

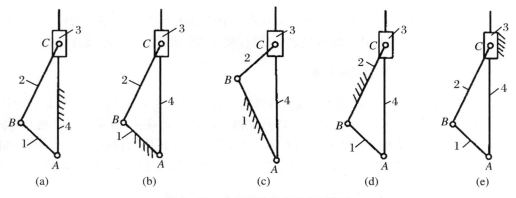

图 5 - 22　曲柄滑块机构的机架变换

如以 BC 为机架，得到曲柄摇块机构（图 5 - 22(d)）。

如以滑块为机架，则得到直动导杆机构（图 5 - 22(e)）。

图 5 - 23(a)所示的牛头刨床驱动滑枕往复移动的机构、图 5 - 23(b)所示的远程火箭炮

高低调炮机构①、图5-23(c)所示的汲水装置,分别为摆动导杆机构、曲柄摇块机构、直动导杆机构的应用实例。

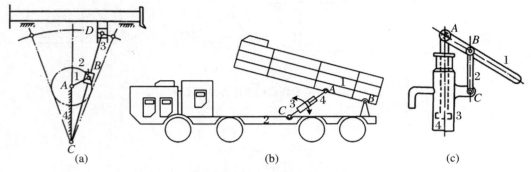

图5-23　导杆机构及摇块机构的应用

（3）偏心轮机构

在图5-24所示的曲柄摇杆机构中,AB为曲柄,如将转动副B的半径扩大至超过曲柄的长度,曲柄则演化为一个几何中心与转动中心不重合的圆盘(图5-24(b)),这种机构称为偏心轮机构。偏心轮机构的运动特性与演化前的机构相同,但曲柄由一根杆变为了一个圆盘,使其受力增大。

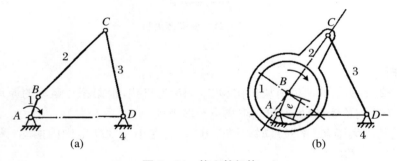

图5-24　偏心轮机构

平面四杆机构的型式很多,各种型式间具有一定的演化关系,这为研究这些机构提供了方便,可以以铰链四杆机构这一基本型式为基础,理解其他机构的工作原理及特点。

* 3. 两个移动副的平面四杆机构

图5-25是含有两个移动副的平面四杆机构。其中图5-25(a)所示的曲柄移动导杆机构,当输入曲柄1等速转动时,输出导杆3的位移为简谐运动规律,故又称正弦机构,如图5-25(d)所示的某型火炮开闩机构②。取杆1为机架则得双转块机构(图5-25(b)),如图5-26(e)所示的滑块联轴器。取杆3为机架则得双滑块机构(图5-25(c)),如图5-25(f)所示的椭圆仪。

―――――――――――

①远程火箭炮高低调炮机构为曲柄摇块机构,主要由液压缸3、活塞4、与定向器固连的起落架1以及底盘2组成,在它的作用下,通过液压控制能自动实现远程火箭炮定向器的高低调整。

②火炮开闩机构主要由闩体、曲臂、滑轮以及炮身组成。其工作过程为:曲臂1逆时针转动,使曲臂上的滑轮2在闩体3定形槽内运动,从而带动闩体产生开闩动作。

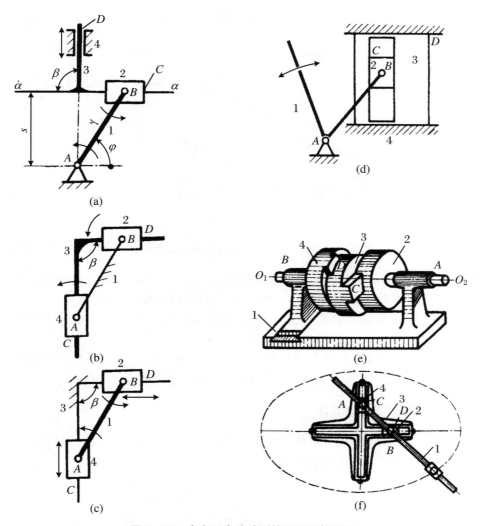

图 5 - 25 含有两个移动副的平面四杆机构

5.2.2 平面四杆机构的基本特性

1. 曲柄存在条件

铰链四杆机构的三种基本型式的区别,在于其中的连架杆是否成为曲柄,下面讨论连架杆成为曲柄的条件。

现以如图 5 - 26 所示曲柄摇杆机构为例进行分析。图中构件 1 为曲柄,构件 2 为连杆,构件 3 为摇杆,构件 4 为机架,为使构件 1 能绕 A 整周回转,则各构件的长度必须满足以下关系:

(1) 曲柄是最短构件,即 $a \leqslant b$,$a \leqslant c$,$a \leqslant d$。

(2) 最短构件与最长构件长度之和小于或等于其余两构件长度之和。

根据相对运动的原理可知,连杆 2 和机架 4 相对曲柄 1 互为整周转动,而相对摇杆 3 则互为摆动。因此,当各构件长度不变而取不同构件为机架时,可得到不同类型的铰链四杆机构。

当铰链四杆机构各构件的长度满足"最短构件与最长构件长度之和小于或等于其余两构件长度之和"的条件时：

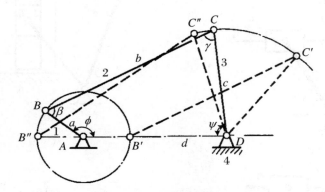

图 5-26　曲柄存在条件分析

（1）取最短构件相邻的构件为机架，最短构件 1 为曲柄，则此机构为曲柄摇杆机构。

（2）取最短构件为机架，连架杆均为曲柄，则此机构为双曲柄机构。

（3）取和最短构件相对的构件为机架，连架杆都不能整周转动，则此机构为双摇杆机构。

若铰链四杆机构中最短构件与最长构件的长度之和大于其余两构件长度之和，则该机构中不可能存在曲柄，所以无论取哪个构件为机架，都只能得到双摇杆机构。

2. 急回特性和行程速比系数

在图 5-27 所示的曲柄摇杆机构中，曲柄在两极限位置的锐夹角 θ 称为极位夹角，摇杆两极限位置间的夹角 ψ 称为摇杆的摆角。

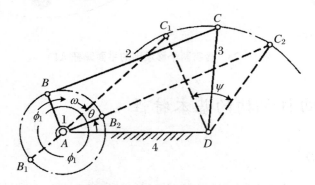

图 5-27　曲柄摇杆机构的急回特性

当曲柄等速转动时，摇杆往复摆动的快慢不同。通常，我们以摆动慢的行程为工作行程，以摆动快的行程为空回行程，这就是曲柄摇杆机构的急回特性，可用行程速比系数 K 这一指标来表征。

设工作行程摇杆上 C 点的平均速度为 $v_1 = C_1C_2/t_1$，空回行程 C 点的平均速度为 $v_2 = C_1C_2/t_2$，则

$$K = \frac{v_2}{v_1} = \frac{C_1C_2/t_2}{C_1C_2/t_1} = \frac{t_1}{t_2} = \frac{\phi_1}{\phi_2} = \frac{180° + \theta}{180° - \theta} \qquad (5-2)$$

　　上式表明：机构有极位夹角 θ 就有急回特性，θ 越大，K 值越大，机构的急回特性越明显。

　　由式(5-2)可得

$$\theta = 180° \frac{K-1}{K+1} \tag{5-3}$$

　　如图 5-28(a)所示，对心曲柄滑块机构的极位夹角 $\theta = 0°$，故无急回运动特性；而图 5-28(b)所示的偏置曲柄滑块机构的极位夹角 $\theta > 0°$，故有急回特性。如图 5-29 所示，曲柄摆动导杆机构不可能出现 $\theta = 0°$ 的情况，所以总具有急回特性。

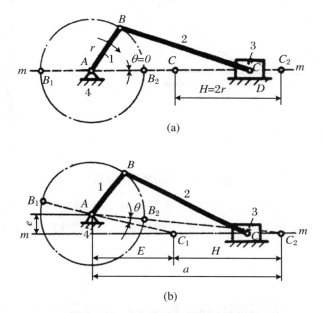

(a)

(b)

图 5-28　曲柄滑块机构的急回特性

3. 压力角和传动角

　　在图 5-30 所示的曲柄摇杆机构中，若曲柄为原动构件，曲柄通过连杆作用于从动摇杆的力 F 可分解为两个分力：分力 $F_t = F\cos\alpha$ 产生力矩使摇杆摆动，称为有效分力；分力 $F_n = F\sin\alpha$ 使运动副中的摩擦增大，称为有害分力。

　　其中 α 称为压力角，它是作用于从动件上的驱动力 F 与该力作用点的绝对速度 V_C 之间所夹的锐夹角。压力角是判断机构传力性能的指标。压力角越小，有效分力越大，而有害分力越小，机构的传力性能越好。

　　由于压力角不易度量，在工程中常用压力角的余角 γ（连杆和从动摇杆间所夹的锐角）来判断机构的传力性能，称为传动角。因为 $\gamma = 90° - \alpha$，所以传动角 γ 越大，机构的传力性能越好。

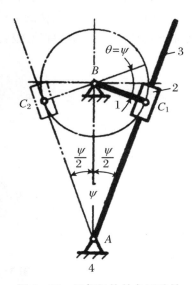

图 5-29　导杆机构的急回特性

在机构工作过程中,传动角的大小是时时变化的,为了保证机构具有良好的传力性能,工程上要求最小传动角 $\gamma_{min} > 35°$。图中虚线所示机构两位置的传动角分别为 γ' 和 γ'',其中较小的一个即是机构的最小传动角。

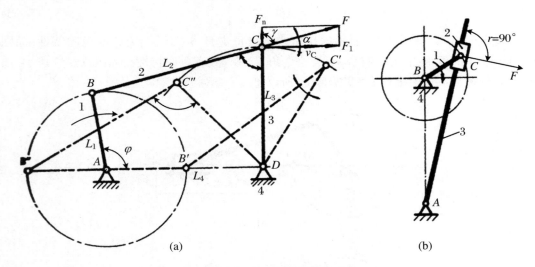

图 5-30 压力角和传动角

对于导杆机构(图 5-30(b)),当曲柄为主动件时,滑块 2 对导杆 3 的作用力方向始终垂直于导杆,即压力角 α 始终为 0°而传动角 γ 始终为 90°,所以导杆机构的传力性能最好。这是该机构的一大特点。

4. 死点位置

如图 5-27 所示的曲柄摇杆机构,如以摇杆 CD 为原动件而曲柄为从动件,当摇杆摆到极限位置 C_1D 和 C_2D 时,连杆 BC 和曲柄 AB 将重叠共线和拉直共线(如图中虚线位置)。这时,连杆作用于从动曲柄的力通过曲柄的转动中心 A,此力对 A 点不产生力矩,因此不能使曲柄转动。机构的这种位置称为死点位置,此时机构的传动角 $\gamma = 0°$。

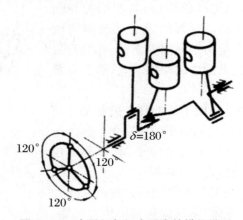

图 5-31 内燃机气缸中活塞的错位排列

机构处于死点位置时,从动件或被卡死,或转向不确定。在日常生活中碰到缝纫机有时蹬不动,便是机构处于死点位置的缘故。

对于传动机构,设计时必须考虑机构顺利通过死点的问题。例如可利用构件的惯性作用,使机构通过死点。缝纫机在正常运转时,就是借助于飞轮的惯性,使曲柄冲过死点位置。也可以采用机构的错位排列使机构死点位置相互错开,如图 5-31 所示的内燃机活塞的错位排列。

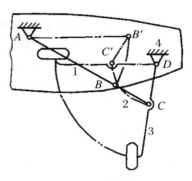

工程上有时也利用死点位置,来提高机构工作的可靠性。

例如如图 5-32 所示的飞机起落架,当着陆轮放下时,构件 BC 与 AB 成一直线,即使轮子上受到很大的力,但由于机构处于死点位置,构件 BC 作用于构件 AB 的力通过其回转中心,起落架不会折回,使飞机着陆更加可靠。

图 5-32 起落架机构

*5.2.3 平面多杆机构

四杆机构结构简单,设计制造比较方便,但其性能有着较大的局限性。例如,对于曲柄摇杆机构,当要求保证机构的最小传动角 $\gamma_{min} \geqslant 40°$ 时,其行程速度变化系数 K 最大不超过 1.34;无急回运动要求时,摇杆摆角 φ 最大也只能达到 100°。由此可见,采用四杆机构常常难以满足各方面的要求,这时就不得不借助于多杆机构。相对于四杆机构而言,使用多杆机构可以达到以下一些目的。

1. 可获得较小的运动所占空间

如当汽车车库门启闭机构采用四杆机构时,库门运动要占据较大的空间位置,且机构的传动性能不理想。若采用六杆机构(图 5-33),上述情况就会获得很大改善。

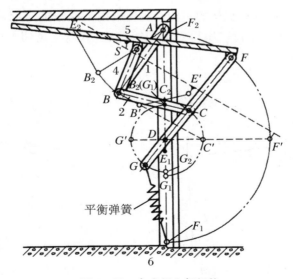

平衡弹簧

图 5-33 车库门六杆机构

2. 可取得有利的传动角

当从动件的摆角较大,或机构的外廓尺寸,或铰链布置的位置受到限制时,采用四杆机构往往不能获得有利的传动角。如图 5 – 34(a)所示的窗户启闭机构,若用曲柄滑块机构,虽能满足窗户启闭的要求,但在窗户全开位置,机构的传动角为 0°,窗户的启、闭均不方便。若改用六杆机构(图 5 – 34(b)),则问题可获得较好解决,只要扳动小手柄 a,就可使窗户顺利启闭。

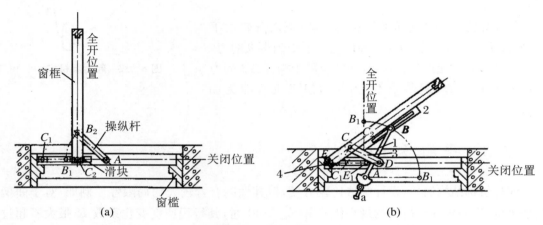

图 5 – 34 窗户启闭机构

3. 可获得较大的机械效益

图 5 – 35 所示为广泛应用于锻压设备中的六杆肘杆机构,其在接近机构下死点时,具有很大的机械效益,可满足锻压工作的需要。

4. 改变从动件的运动特性

图 5 – 36 所示的 Y52 插齿机构的主传动机构采用了六杆机构,不仅可满足插齿的急回运动要求,且可使插齿在工作行程中得到近似等速运动,以满足切削质量及刀具耐磨性的需要。

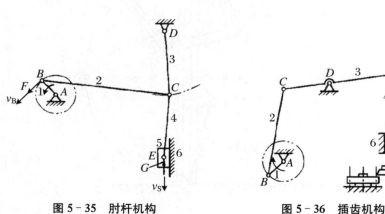

图 5 – 35 肘杆机构   图 5 – 36 插齿机构

5. 可实现机构从动件带停歇的运动

在原动件连续运转的过程中,从动件能做一段较长时间的停歇,且整个运动是连续平滑的,这可利用多杆机构来实现。

利用两个四杆机构在极位附近串接来实现近似的运动停歇。如图 5-37(a)所示,其前一级为双曲柄机构,当主动曲柄 AB 匀速转动时,从动曲柄 CD 的转速 ω_3 按图 5-37(b)所示规律变化,在 $\alpha = 210° \sim 280°$ 范围内 ω_3 较小。后一级为曲柄摇杆机构,当其处于极位附近时,从动摇杆 FG 的变化速度接近于零。若让曲柄摇杆机构在某一极位时与前一级机构在 ω_3 的低速区串接(图 5-37(a)为与下极位 F'' 串接),就可使从动摇杆 FG 获得较长时间的近似停歇(图 5-37(c))。

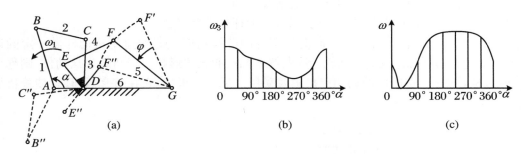

图 5-37　两四杆机构在极位串联

6. 可扩大机构从动件的行程

图 5-38 所示为一钢料推送装置的机构运动简图,采用多杆机构可使从动件 5 的行程扩大。

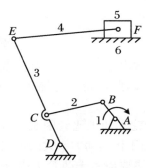

图 5-38　可扩大机构行程

5.3 凸 轮 机 构

5.3.1 凸轮机构的应用和特点

凸轮机构是一种常用的高副机构,广泛应用于各种机械传动和自动控制装置中。

图 5-39 所示为内燃机配气机构。当凸轮 1 等角速度转动时,其轮廓迫使气阀 2 往复移动,从而按预定时间打开或关闭气门,完成配气动作。

从上述实例可知,凸轮机构主要由凸轮、从动杆和机架组成。

在凸轮机构中,当凸轮转动时,借助于本身的曲线轮廓或凹槽迫使从动杆做一定的运动,即从动杆的运动规律取决于凸轮轮廓曲线或凹槽曲线的形状。若凸轮为从动件,则称为反凸轮机构,图 5-40 所示的勃朗宁机枪就采用了反凸轮机构,它在节套后座时,使枪机加速后座,以利弹壳及时推出。

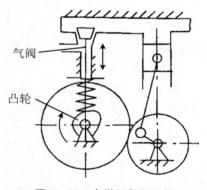

图 5-39 内燃机气阀机构

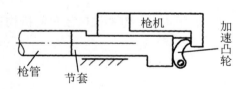

图 5-40 机枪加速机构

凸轮机构的最大优点是:只要做出适当的凸轮轮廓,就可以使从动杆得到任意预定的运动规律,并且结构比较简单、紧凑。因此,凸轮机构被广泛地应用在各种自动或半自动的机械设备中。

凸轮机构的主要缺点是:凸轮轮廓加工比较困难;凸轮轮廓与从动杆之间是点或线接触,容易磨损。所以,凸轮机构多用于传递动力不大的控制机构和调节机构中。

在选择凸轮和滚子的材料时,主要应考虑凸轮机构所受的冲击载荷和磨损等问题。通常用中碳钢制造,采取淬火处理。

5.3.2 凸轮机构的类型

凸轮机构的种类很多,可从以下几个不同的角度进行分类。

1. 按凸轮的形状分类

按照凸轮形状不同可分为盘形凸轮、移动凸轮和圆柱凸轮。

（1）盘形凸轮机构

在这种凸轮机构中，凸轮是一个绕固定轴转动且具有变化半径的盘形零件。它是凸轮中最基本的型式（图 5 - 41（a））。

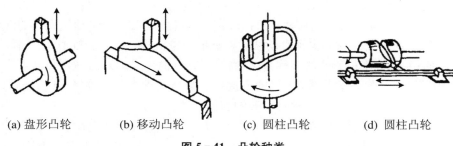

（a）盘形凸轮　　　（b）移动凸轮　　　（c）圆柱凸轮　　　（d）圆柱凸轮

图 5 - 41　凸轮种类

（2）移动凸轮机构

当盘形凸轮的回转中心趋于无穷远时，就成为移动凸轮。在移动凸轮机构中，凸轮做复直线运动（图 5 - 41（b））。

（3）圆柱凸轮机构

在这种凸轮机构中，圆柱凸轮可以看成是将移动凸轮卷在圆柱体上而得到的凸轮。圆柱凸轮机构是一个空间凸轮机构（图 5 - 41（c）、（d））。

2. 按从动杆的端部型式分类

按照从动杆不同的端部型式可分为尖顶从动杆、滚子从动杆和平底从动杆。

（1）尖顶从动杆凸轮机构

这种凸轮机构的从动杆结构简单（图 5 - 42（a）），由于以尖顶和凸轮接触，因此对于较复杂的凸轮轮廓也能准确地获得所需要的运动规律，但容易磨损。

它适用于受力不大、低速及要求传动灵敏的场合，如仪表记录仪等。

（2）滚子从动杆凸轮机构

这种凸轮机构（图 5 - 42（b））的从动杆与凸轮表面之间的摩擦阻力小，但结构复杂。

一般适用于速度不高、载荷较大的场合，如用于各种自动化生产机械等。

（3）平底从动杆凸轮机构

在这种凸轮机构（图 5 - 42（c））中，从动杆的底面与凸轮轮廓表面之间容易形成楔形油膜，能减少磨损，故适用于高速传动。

但滚子从动杆、平底从动杆都不能用于具有内凹轮廓曲线的凸轮机构中。

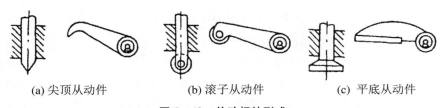

（a）尖顶从动件　　　（b）滚子从动件　　　（c）平底从动件

图 5 - 42　从动杆的形式

此外，按从动杆的运动方式分类，凸轮机构还可分为移动从动杆凸轮机构和摆动从动杆凸轮机构。

5.3.3 从动杆的常用运动规律

设计凸轮机构时,首先应根据它在机械中的作用,选择其从动件的运动规律,再据此设计相应的凸轮轮廓和有关的结构尺寸。所以确定从动件的运动规律是凸轮设计的前提。

图 5-43(a)所示为一对心尖顶直动从动件盘形凸轮机构。以凸轮轴心 O 为圆心、凸轮轮廓的最小向径 r_0 为半径所作的圆称为凸轮轮廓基圆(简称基圆),r_0 为基圆半径。

点 B 为基圆与凸轮轮廓曲线 BC 段的连接点。当从动件与凸轮在 B 点接触时,从动件处于距凸轮轴心最近的位置,为从动件上升的起始位置。

当凸轮以角速度 ω_1 逆时针转过角 δ_0 时,从动件以一定的运动规律被推到距凸轮轴心最远的位置(其尖顶与凸轮在 C 点接触)。从动件远离凸轮轴心的过程称为推程或升程,对应的凸轮转角 δ_0 称为推程运动角。

当凸轮继续转过角 δ_1 时,从动件的尖顶滑过凸轮上的以 O 为中心、OC 为半径的 CD 段圆弧,从动件在距凸轮轴心最远处停歇不动,与此对应的凸轮转角 δ_1 称为远休止角。

当凸轮又继续转过角 δ_2 时,从动件以一定运动规律由最远位置回到最近位置(其尖顶与凸轮在 E 点接触),从动件移向凸轮轴心的过程称为回程。对应的凸轮转角 δ_2 称为回程运动角。

从动件在推程或回程中的最大位移称为行程,用 h 表示。

当凸轮转过角 δ_3 时,从动件尖顶滑过凸轮上以 r_0 为半径的 EB 段圆弧,从动件在距凸轮轴心最近处停歇不动,对应的凸轮转角 δ_3 称为近休止角。

这时,$\delta_0 + \delta_1 + \delta_2 + \delta_3 = 2\pi$,凸轮刚好转过一圈。当凸轮连续转动时,从动件重复上述的"升—停—降—停"的运动循环,其位移变化规律如图 5-43(b)所示。

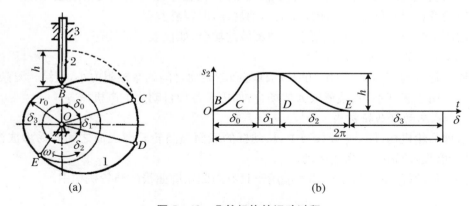

图 5-43 凸轮机构的运动过程

从动件的运动规律是指从动件在运动过程中,其位移 s、速度 v 和加速度 a 随时间 t 的变化规律。又因凸轮一般为等速转动,其转角与时间成正比,所以从动件的运动规律也可以用从动件运动参数随凸轮转角的变化规律来表示。常取直角坐标系的纵坐标分别表示位移 s_2、速度 v_2、加速度 a_2,横坐标表示凸轮转角或时间 t,所画的曲线称为从动件运动曲线。

随着生产技术的发展及电子计算机的应用,越来越多的运动规律用作凸轮机构的从动件运动规律。下面介绍两种基本运动规律。

1. 等速运动规律

当凸轮以等角速度转动时,从动件的速度为定值的运动规律称为等速运动规律。

设凸轮转过的推程运动角为 δ,从动件行程为 h,相应的推程运动时间为 t_0,则从动件在推程的位移、速度和加速度的方程为

$$\left.\begin{array}{l} v = \dfrac{h}{t_0} = 常数 \\[2mm] s = vt = \dfrac{h}{t_0}t \\[2mm] a = \dfrac{\mathrm{d}v}{\mathrm{d}t} = 0 \end{array}\right\} \qquad (5-4)$$

如图 5-44 所示为从动件做等速运动时的运动曲线(推程)。

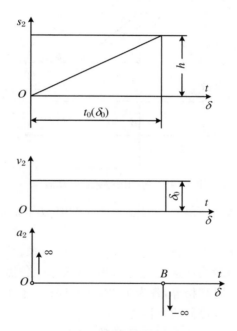

图 5-44　等速运动规律

由图可见,位移曲线为一斜直线,速度曲线为一水平直线,加速度为零。但是从动件在运动开始的瞬时,速度由零突变为常数 v,其加速度为

$$a = \lim_{\Delta t \to 0} \frac{v-0}{\Delta t} = \infty$$

在行程终止时,速度由常数 v 突变为零,其加速度亦为无穷大。

在这两个位置上,从动件的加速度及惯性力在理论上均趋于无穷大(实际上由于材料的弹性变形,其加速度和惯性力不可能达到无穷大),致使凸轮机构受到极大的冲击,这种冲击称为刚性冲击。

刚性冲击往往会引起机械的振动,加速凸轮机构的磨损,甚至损坏构件。因此,等速运动规律只适用于低速轻载和从动件质量不大的凸轮机构。

2. 等加速等减速运动规律

从动件在一行程的前一阶段为等加速运动、后一阶段为等减速运动的规律称为等加速等减速运动规律。如图 5 - 45 所示。

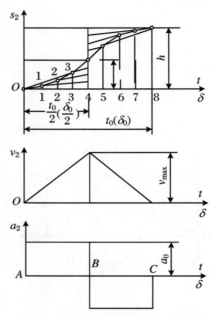

图 5 - 45　等加速等减速运动规律

这种运动规律可以使从动件以允许的最大加速度值做等加速运动，以便在尽可能短的时间内完成从动件行程。

为满足在行程终了时从动件的速度逐渐减少为零的要求，从动件在后半行程应做等减速运动。通常加速段与减速段的加速度绝对值相等（根据工作需要二者也可以不相等），其前半行程与后半行程所用的时间相等，各为 $t_0/2$，从动件相应位移量各为 $h/2$。故从动件做等加速运动时，加速度、速度及位移的方程为

$$\left.\begin{array}{l} a = 常数 \\ v = at \\ s = \dfrac{1}{2}at^2 \end{array}\right\} \tag{5-5}$$

从动件在推程的运动曲线如图 5 - 45 所示，其位移曲线为抛物线，前、后两半行程的曲率方向相反。在 A、B、C 三点从动件的加速度有突变，因而产生惯性力的突变，不过这一突变为有限值，由此而引起的冲击是有限的，这种冲击称为柔性冲击。这种运动规律也只适用于中速、轻载的场合。

为了使加速度曲线连续而避免产生冲击，现代机械中还应用了余弦加速度、正弦加速度、高次多项式等运动规律。

5.5.4　盘形凸轮轮廓曲线的作图法设计

根据工作要求和空间位置,选定了凸轮机构的型式、凸轮的转向、基圆半径以及从动件的运动规律后,就可以进行凸轮轮廓曲线的设计了。通常的设计方法有作图法和解析法。

(1) 作图法简单易行、直观,但精确度有一定限度,适用于低速或精确度要求不高的场合。

(2) 解析法精确度较高,一般用于高速凸轮或要求较高的凸轮设计。

本节只介绍作图法设计的原理和方法。

作图法绘制凸轮轮廓曲线是利用相对运动的原理完成的。图 5-46 所示为一对心直动尖顶从动件盘形凸轮机构。当凸轮以等角速度逆时针方向绕轴心 O 转动时,凸轮轮廓将推动从动件相对其导路完成预期的运动。

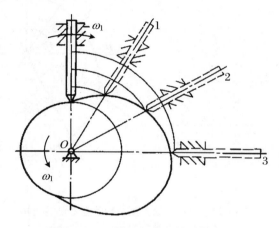

图 5-46　反转法设计凸轮轮廓曲线

现设想给整个凸轮机构附加一个公共角速度 $-\omega_1$,使其绕轴心 O 转动,这时凸轮与从动件的相对运动不变,但凸轮将静止不动,而从动件则在随其导路以角速度 $-\omega_1$ 绕轴心 O 做反转运动的同时,又相对于导路按原来的运动规律做往复移动。

由于从动件尖顶始终与凸轮轮廓接触,显然,从动件在这种复合运动中,其尖顶的运动轨迹就是凸轮轮廓曲线。

这种以凸轮作为动参考系,按相对运动原理设计凸轮轮廓的方法称为"反转法"。

下面举例说明用"反转法"设计凸轮轮廓曲线的步骤。

1. 对心直动尖顶从动件盘形凸轮

设已知该凸轮机构中的凸轮以等角速度 ω_1 逆时针转动,凸轮基圆半径为 r_0。从动件运动规律为:凸轮转过推程运动角 $\delta_0 = 150°$,从动件等速上升一个行程 h;凸轮转过远休止角 $\delta_1 = 30°$ 期间,从动件在最高位置停歇不动;凸轮继续转过回程运动角 $\delta_2 = 120°$,从动件以等加速等减速运动规律下降回到最低位置;最后,凸轮转过近休止角 $\delta_3 = 60°$ 期间,从动件在最低位置停歇不动,此时凸轮转动一圈。

设计凸轮轮廓曲线的步骤如下:

（1）选取长度比例尺 μ_s 和角度比例尺 μ_δ（实际角度/图样线性尺寸），作出从动件位移曲线，如图 5-47(a)所示。

（2）将位移曲线的推程和回程所对应的转角分为若干等份（图中推程为五等份，回程为四等份）。

（3）用同样的比例尺 μ_s，以 O 为圆心、$OC_0 = r_0/\mu_s$ 为半径作基圆（r_0 为基圆半径实际长度），从动件导路与基圆的交点 $C_0(B_0)$ 即为从动件尖顶的起始位置，如图 5-47(b)所示。

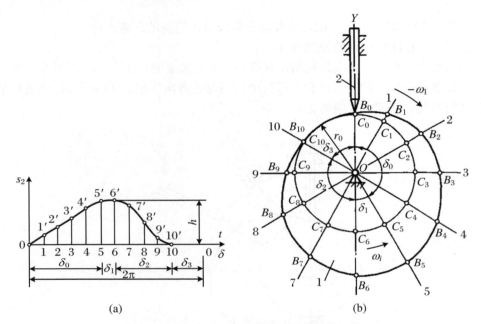

图 5-47 对心直动尖顶从动件盘形凸轮机构

（4）确定从动件在反转运动中依次占据的各个位置。自 OB_0 开始沿 $-\omega_1$ 方向量取凸轮各运动阶段的角度 δ_0、δ_1、δ_2 及 δ_3，并将 δ_0 和 δ_2 分别分成与图 5-47(a)中相应的等份，等分线 $O1,O2,O3,\cdots$，与基圆相交 $C_1,C_2,C_3,\cdots$ 等点。等分线表示从动件在反转运动中依次占据的位置线。

（5）在等分线 $O1,O2,O3,\cdots$ 上，过 $C_1,C_2,C_3,\cdots$ 分别向外按位移曲线量取对应位移，得点 $B_1,B_2,B_3,\cdots$，即 $C_1B_1 = 11'$，$C_2B_2 = 22'$，$C_3B_3 = 33'$，$\cdots$，点 $B_1,B_2,B_3,\cdots$ 就是从动件尖顶做复合运动时各点的位置，把这些点连成一光滑曲线即为所求凸轮轮廓曲线。

需要说明的是：画图时，推程运动角和回程运动角的等分数要根据运动规律复杂程度和精度要求来决定。显然，分点取得密，设计精度就高。在实际设计凸轮时，应将分点取得密些。

由于尖顶从动件磨损较快，难于保持准确的从动件运动规律，实际应用极少，故工程上通常采用滚子从动件和平底从动件。

2. 对心直动滚子从动件盘形凸轮

从图 5-48 可以看出，滚子中心的运动规律与尖顶从动件尖顶处的运动规律相同，故可把滚子中心看成从动件的尖顶，按上述方法先求得尖顶从动件的凸轮轮廓曲线 β，再以曲线 β 上各点为圆心，用滚子半径 r_k 为半径作一系列圆弧，这些圆弧的内包络线 β' 为与滚子从动件直接接触的凸轮轮廓，称为凸轮工作轮廓。

因为 β 曲线在凸轮工作时并不直接与滚子接触,故称为凸轮理论轮廓。滚子从动件凸轮的基圆半径 r_0 是指理论轮廓的最小向径。

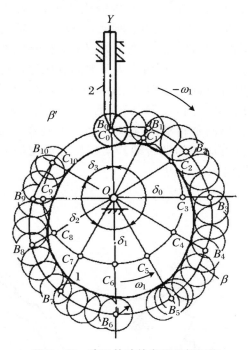

图 5 - 48 滚子从动件盘形凸轮机构

所以设计滚子从动件凸轮工作轮廓时,应先按尖顶从动件凸轮的设计方法作出其理论轮廓,再根据滚子半径作出理论轮廓的法向等距曲线,即为滚子从动件的凸轮工作轮廓线。

5.4 间歇运动机构

在机器工作时,当主动件做连续运动时,常需要从动件产生周期性的运动和停歇,实现这种运动的机构,称为间歇运动机构。最常用的间歇运动机构有棘轮机构、槽轮机构、不完全齿轮机构和凸轮式间歇机构等。

5.4.1 棘轮机构

如图 5 - 49 所示,棘轮机构由棘轮、棘爪、摇杆及机架组成。主动摇杆 1 空套在轴 4 上,棘轮 2 固联在轴 4 上,驱动棘爪 3 与主动摇杆用转动副相连,当主动摇杆逆时针摆动时,驱动棘爪插入棘轮的齿槽内,使棘轮随之转过一角度,这时止回棘爪 5 在棘轮的齿背上滑过。当主动摇杆顺时针摆动时,驱动棘爪在棘轮齿背上滑过,止回棘爪阻止棘轮顺时针转动,故棘轮静止。这样,棘轮机构将摇杆 1 的连续往复摆动转变为棘轮(从动轴)的单向间歇转动。

按照结构特点,棘轮机构一般可分为以下两大类:

1. 具有轮齿的棘轮机构

这种棘轮的轮齿可以分布在棘轮的外缘、内缘或端面上,又可分为单动式棘轮机构、双动式棘轮机构、可变向棘轮机构。如图 5-49 所示为单动式棘轮机构,其特点是摇杆往复摆动一次时,棘轮单向转动一次。如图 5-50 所示为双动式棘轮机构,其特点是摇杆往复摆动均能使棘轮单向转动一次。图 5-51(a)所示为可变向的棘轮机构,当棘爪在实线位置 AB 时,主动摇杆使棘轮沿逆时针方向间歇转动;而当棘爪转到虚线位置 AB' 时,主动摇杆将使棘轮沿顺时针方向间歇转动。图 5-51(b)为另一种可变向棘轮机构,当棘爪在图示位置时,棘轮将沿逆时针方向做间歇转动;若将棘爪提起并绕本身轴线转 180°后再插入棘轮齿中,则可实现棘轮顺时针方向的间歇转动。某型自行加榴炮行军固定器中的棘轮就是如图 5-51(b)所示的可变向棘轮机构[①]。

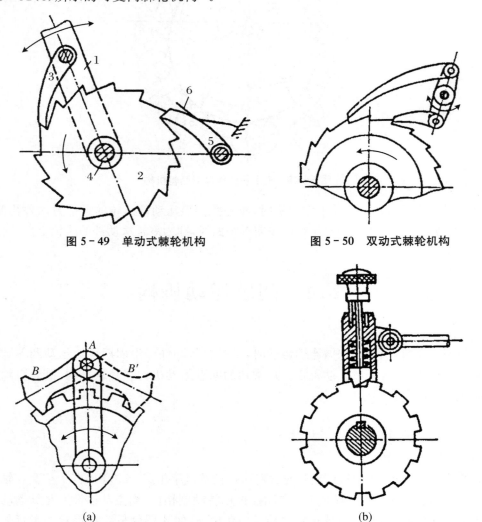

图 5-49 单动式棘轮机构　　图 5-50 双动式棘轮机构

(a)　　　　　　　　(b)

图 5-51 可变向棘轮机构

①行军固定器用于行军时固定炮塔,将手柄帽提起,按炮塔固定器标记转动手柄到开或锁的位置,板动手柄从而带动棘轮转动实现锁紧或打开。

2. 摩擦式棘轮机构

在有轮齿的棘轮机构中,棘轮转角都是相邻两齿所夹中心角的整倍数,尽管转角大小可调,但转角是有级改变的。如需要无级改变棘轮转角,就需采用无棘齿的棘轮,即摩擦式棘轮机构(图 5-52)。图 5-52 中,当外套筒 7 逆时针转动时,因摩擦力的作用使滚子 3 楔紧在内外套筒之间,从而带动内套筒 2 一起转动。当外套筒顺时针转动时,滚子松开,内套筒静止。这种棘轮机构常用于扳钳上。

棘轮机构的特点是结构简单,转角大小可以调整。但因轮齿强度不高,所以传递动力不大;传动平稳性差,棘爪滑过轮齿时有噪声。因此只适用于转速不高、转角不大的场合。例如可用于机床和自动机的进给机构,也常用于起重辘轳和绞盘中的制动装置,阻止鼓轮反转。

此外,棘轮机构还可实现超越运动。例如自行车后轮轴上的棘轮机构(飞轮),如图 5-53 所示,当脚踩脚蹬时,经链轮 1 和链条 2 带动内圈具有棘齿的链轮 3 顺时针转动,再通过棘爪 4(两个)的作用,使后轮轴 5 顺时针转动,从而驱使自行车前进。自行车行进过程中,如停止踩脚蹬或使脚蹬逆时针转动,后轮轴 5 不会停止或倒转,而是超越轮 3 而继续顺时针转动,此时棘爪 4 在棘轮背上滑过,自行车可以继续向前滑行。

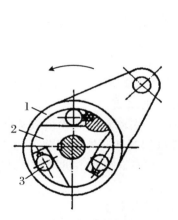
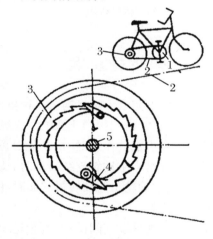

图 5-52 摩擦式棘轮机构　　　图 5-53 棘轮机构的超越运动

5.4.2 槽轮机构

槽轮机构有外啮合和内啮合两种类型。图 5-54 所示为外啮合,它由具有径向槽的槽轮 2、具有圆销 A 的拨盘 1 和机架组成。

主动拨盘 1 做等速连续转动时,驱使槽轮 2 做反向(外啮合)或同向(内啮合)间歇转动。以外啮合槽轮机构为例,当拨盘 1 上的圆销 A 尚未进入槽轮 2 的径向槽时,由于槽轮 2 的内凹锁住弧 efg 被拨盘 1 的外凸圆弧 abc 卡住,所以槽轮静止不动。

图示位置为圆销 A 开始进入槽轮径向槽时的位置,这时锁住弧被松开,圆销 A 驱使槽轮沿相反方向转动。当圆销 A 脱出槽轮径向槽时,槽轮的另一内凹锁住弧又被拨盘的外凸圆弧卡住,使槽轮又一次静止不动,直至拨盘上的圆销再次进入槽轮的另一径向槽时,机构又重复上述运动循环。

　　槽轮机构的特点是结构简单,工作可靠,机械效率高,运动平稳。但转角大小不可调整。槽轮机构常用于只要求恒定转角的分度机构中。例如自动机床转位机构、电影放映机卷片机构等。图5-55所示电影机卷片机构能间歇地移动胶片,满足人的视觉暂留。

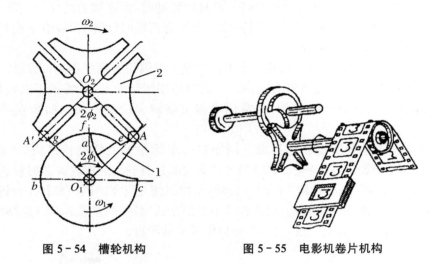

图5-54　槽轮机构　　　　　　图5-55　电影机卷片机构

5.4.3　不完全齿轮机构

　　图5-56所示为不完全齿轮机构。这种机构的主动轮1为只有一个齿或几个齿的不完全齿轮,从动轮2由正常齿和带锁止弧的厚齿彼此相间地组成。

　　当主动轮1的有齿部分作用时,从动轮2就转动;当主动轮1的无齿圆弧部分作用时,从动轮停止不动,因而,当主动轮连续转动时,从动轮获得时转时停的间歇运动。

　　不难看出,每当主动轮1连续转过一圈时,图5-56(a)、(b)所示机构的从动轮分别间歇地转过1/8圈和1/4圈。

　　为了防止从动轮在停歇期间游动,两轮轮缘上各装有锁住弧。

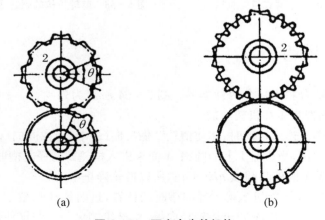

(a)　　　　　　　　　　　(b)

图5-56　不完全齿轮机构

当主动轮匀速转动时,这种机构的从动轮在运动期间也保持匀速转动,但是当从动轮由停歇而突然到达某一转速,以及由其一转速突然停止时,都会像等速运动规律的凸轮机构那样产生刚性冲击。因此,它不宜用于主动轮转速很高的场合。

练 习 题

基本题

5-1 何谓运动副? 常见运动副有哪些? 低副与高副有何区别?

5-2 何谓机构运动简图? 机构运动简图有什么作用?

5-3 低副和高副各引入几个约束? 平面机构自由度如何计算? 机构具有确定运动的条件是什么?

5-4 何谓连杆机构? 其主要特点有哪些?

5-5 何谓铰链四杆机构? 其基本形式有哪些? 曲柄与摇杆、连杆与连架杆有何区别?

5-6 何谓机构急回特性? 可用什么指标来表示?

5-7 何谓压力角和传动角? 它们的大小反映了机构的何种性能? 死点位置压力角等于何值?

5-8 何谓曲柄滑块机构? 机架变换可得到哪些机构? 偏心轮机构有何应用前提?

5-9 凸轮机构主要特点有哪些? 分类方法有哪些?

5-10 何谓凸轮基圆? 推程、回程、行程有何区别? 远休止角与近休止角有何区别?

5-11 何谓从动件运动规律? 常用的有哪几种? 有何种冲击?

5-12 作图法设计凸轮轮廓曲线利用了何种原理? 属于何种创新思维方法?

5-13 何谓棘轮机构? 如何组成? 如何分类?

5-14 槽轮机构如何组成? 其锁止弧的作用是什么?

提高题

5-15 试计算如图 5-57 所示各构件系统的机构自由度,并判断它们是否具有确定的运动。(图中画箭头的构件为主动件。)

5-16 何谓曲柄存在条件? 试判断如图 5-58 所示各铰链四杆机构的类型。

5-17 如图 5-59 所示铰链四杆机构,已知 $L_2 = 60$ mm,$L_3 = 50$ mm,$L_4 = 40$ mm,杆 4 为机架。

(1)若此机构为曲柄摇杆机构且杆 1 为曲柄,求 L_1 的最大值。

(2)若此机构为双曲柄机构,求 L_1 的最小值。

(3)若此机构为双摇杆机构,求 L_1 的数值范围。

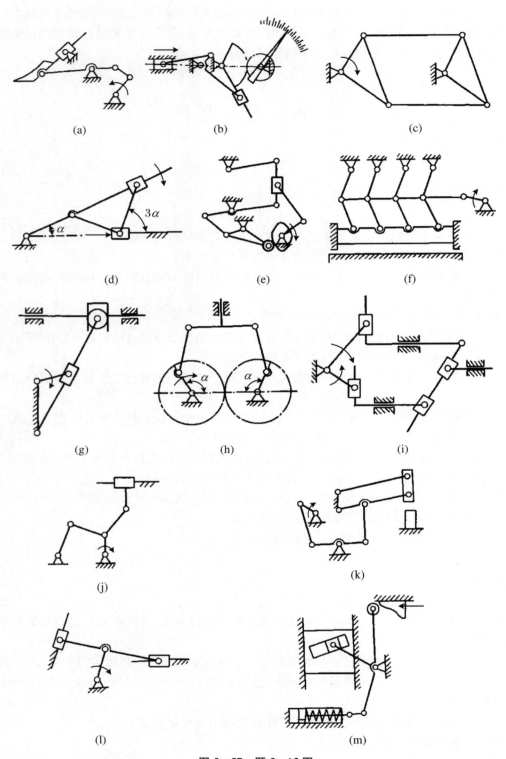

图 5 - 57　题 5 - 15 图

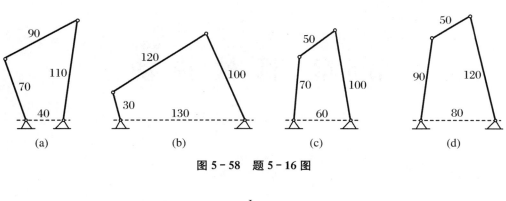

图 5 - 58 题 5 - 16 图

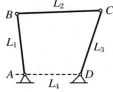

图 5 - 59 题 5 - 17 图

第6章 机械传动

导入装备案例

图6-1为某型自行加榴炮高低机结构原理图,它与瞄准装置配合进行高低瞄准,为保证工作可靠,该高低机设有手动和机动两种工作方式。高低机采用什么机械传动形式? 这种传动形式有哪些特点? 机械传动还有哪些形式? 这些问题将通过本章知识来解决。本章主要学习带传动、链传动、齿轮传动、轮系以及液气传动。

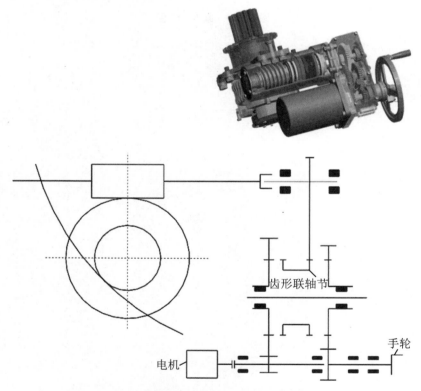

图6-1 某型自行加榴炮高低机结构原理图

6.1　带 传 动

6.1.1　带传动的组成、类型及特点

　　带传动由主动轮、从动轮和张紧在两轮上的封闭环形带组成(图6-2)，属于摩擦传动。带传动中的两轮转速与带轮直径成反比，多用于两轴中心距较大，传动比要求不严格的机械中。

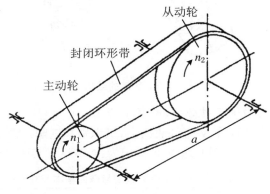

图6-2　带传动简图

　　按照横截面形状的不同，带可分为平带、V带、圆带、多楔带、同步带等多种类型，如图6-3所示。其中V带传动工作面是带的两侧面，与平带传动相比，摩擦力(承载能力)更大，结构紧凑，故应用最广。

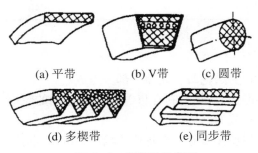

(a) 平带　　　　　(b) V带　　　　　(c) 圆带

(d) 多楔带　　　　　(e) 同步带

图6-3　带传动的类型

　　带传动的主要优点有：① 适用于两轴中心距较大的传动；② 带具有良好的弹性，可以缓冲、吸振，尤其V带没有接头，传动平稳，噪声小；③ 当机器过载时，带就会在轮上打滑，能起到对机器的保护作用；④ 结构简单，制造与维护方便，成本低。

　　带传动的主要缺点是：① 外廓尺寸较大，不紧凑；② 由于带的滑动，不能保证准确的传动比；③ 传动效率较低，带的寿命较短；④ 需要张紧装置。

6.1.2　V带及带轮的结构

1. V带的型号和规格

V带分为普通V带、窄V带、宽V带及大楔角V带等多种类型,其中普通V带应用最广。

如图6-4所示,普通V带由包布、顶胶、底胶和抗拉体四部分构成,分别起到保护、承受拉伸、压缩、承受拉力等作用。

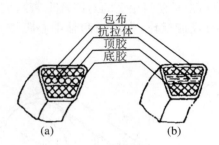

图6-4　V带的结构

普通V带按截面尺寸分为7种截型,见表6-1。

普通V带的标记通常压印在V带外表面上,供识别和选购。例如按GB 11544—89制造的基准长度为1600 mm的A型普通V带标记为:A 1600　GB 11544—89。

表6-1　普通V带的截型与截面基本尺寸

截型	Y	Z	A	B	C	D	E
节宽 b_p	5.3	8.5	11.0	14.0	19.0	27.0	32.0
顶宽 b	6.0	10.0	13.0	17.0	22.0	32.0	38.0
高度 h	4.0	6.0	8.0	11.0	14.0	19.0	25.0
楔角 a	40°						

2. V带轮的材料和结构

带轮常用铸铁制造,由轮缘、轮毂和轮辐三部分组成。

轮缘是带轮外圈的环形部分,其上制有与V带根数相同的轮槽。

轮毂是带轮内圈与轴联接的部分。

轮辐是轮毂和轮缘间的连接部分。带轮按轮辐的结构不同分为实心带轮(代号为S)、辐板带轮(代号为P)、孔板带轮(代号为H)和椭圆轮辐带轮(代号为E)。

6.1.3　带传动的工作情况分析

1. 带传动的受力分析

在带传动开始工作前,带以一定的初拉力 F_0 张紧在两带轮上(图6-5(a)),带两边的拉力相等，均为 F_0。传递载荷时，由于带与带轮间产生摩擦力，带两边的拉力将发生变化。绕上主动轮的一边，拉力由 F_0 增至 F_1，称为紧边（或主动边）；离开主动轮的一边，拉力由 F_0 降至 F_2，称为松边（或从动边）（图 6-5(b)）。

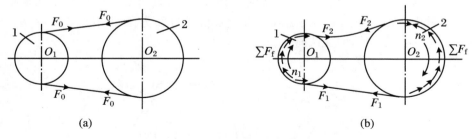

图 6-5　带传动的受力情况

两边的拉力差称为带传动的有效拉力 F，也就是带所传递的圆周力，它是带和带轮接触面上摩擦力的总和，即

$$F = F_1 - F_2 = \sum F_{\mathrm{f}} \tag{6-1}$$

圆周力 $F(\mathrm{N})$、带速 $v(\mathrm{m/s})$ 和传递功率 $P(\mathrm{kW})$ 之间的关系为

$$P = \frac{Fv}{1000} \tag{6-2}$$

设带的总长在工作中保持不变，则紧边拉力的增量等于松边拉力的减小量，即

$$F_1 - F_0 = F_0 - F_2$$

亦即

$$F_0 = \frac{1}{2}(F_1 + F_2) \tag{6-3}$$

将式(6-1)代入式(6-2)，可得

$$\left. \begin{array}{l} F_1 = F_0 + \dfrac{F}{2} \\[2mm] F_2 = F_0 - \dfrac{F}{2} \end{array} \right\} \tag{6-4}$$

2. 带传动的打滑现象

由式(6-2)可知，在带传动正常工作时，若带速 v 一定，带传递的圆周力 F 随传递功率的增大而增大，这种变化，实际上反映了带与带轮接触面间摩擦力 $\sum F_{\mathrm{f}}$ 的变化。但在一定条件下，这个摩擦力有一极限值，因此带传递的功率也有相应的极限值。当带传递的功率超过此极限时，带与带轮将发生显著的相对滑动，这种现象称为打滑。打滑时，尽管主动轮还在转动，但带和从动轮不能正常转动，甚至完全不动，使传动失效。打滑还将造成带的严重磨损。因此，在带传动中应避免打滑现象的发生。

3. 带传动中的弹性滑动

因为带是弹性体，所以受拉力作用后会产生弹性变形。设带的材料符合变形与应力成正比的规律，由于紧边拉力大于松边拉力，所以紧边的拉应变大于松边的拉应变。如图 6-6

所示,当带从 A 点绕上主动轮时,其线速度与主动轮的圆周速度 v_1 相等。在带由 A 点转到 B 点的过程中,带的拉伸变形量将逐渐成小,因而带沿带轮一面绕行,一面徐徐向后收缩,致使带的速度 v 落后于主动轮的圆周速度 v_1,带相对于主动带轮的轮缘产生了相对滑动。同理,相对滑动在从动轮上也要发生,但情况恰恰相反,带的线速度 v 将超前于从动轮的圆周速度 v_2。这种由于带的弹性变形而引起的带与带轮间的滑动,称为带的弹性滑动。这是带传动正常工作时的固有特性,无法避免。

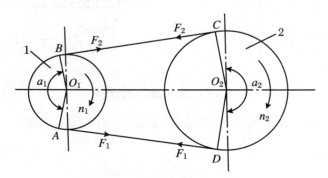

图 6-6　带传动的弹性滑动

6.1.4　带传动的张紧和维护

1. 带传动的张紧

各种材质的 V 带都不是完全的弹性体,在使用一段时间后会产生残余拉伸变形,使带的初拉力降低。为了保证带的传动能力,应设法把带重新张紧。常见的张紧方法有以下几种:

(1) 通过调整中心距的方法使带张紧。如图 6-7(a)所示,用调节螺钉 1 使装有带轮的电动机沿滑轨 2 移动;或用螺杆及调节螺母 1 使电动机绕轴 2 摆动,如图 6-7(b)所示。

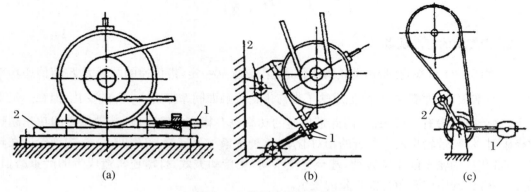

(a)　　　　　　　　　　　　(b)　　　　　　　　　　　　(c)

图 6-7　带传动的张紧装置

(2) 用张紧轮张紧。若传动中心距不能调节,可采用张紧轮装置(图 6-7(c))。它靠悬重 1 将张紧轮 2 压在带上,以保持带的张紧。通常张紧轮装在从动边外侧靠近小带轮处,以增大小带轮的包角。

2. 带传动的维护

（1）安装带传动时，两轴必须平行，两带轮的轮槽必须对准，否则会加速带的磨损。

（2）带传动一般应加防护罩，以保安全。

（3）需更换 V 带时，同一组 V 带应同时更换，不能新、旧并用，以免长短不一造成受力不均。

（4）胶带不宜与酸、碱或油接触，工作温度不宜超过 60 ℃。

6.2　链　传　动

6.2.1　链传动的类型、特点及应用

1. 链传动的速比

链传动由主、从动链轮和闭合的挠性环形链条组成（图 6-8），通过链与链轮轮齿的啮合来传递运动和动力。因此，链传动属于有中间挠性件的啮合传动。

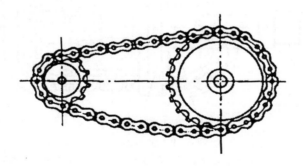

图 6-8　链传动简图

设某链传动，主动链轮的齿数为 z_1，从动链轮的齿数为 z_2。当主动链轮转过 n_1 周，即转过 $n_1 z_1$ 个齿时，从动链轮就转过 n_2 周，即转过 $n_2 z_2$ 个齿。显然，主动轮与从动轮所转过的齿数相等，即

$$n_1 z_1 = n_2 z_2$$

由此可得一对链传动的速比为

$$i_{12} = \frac{n_1}{n_2} = \frac{z_2}{z_1} \tag{6-5}$$

式（6-5）表明，链传动中的两轮转速和链轮齿数成反比。

2. 链传动的类型、特点及应用

链传动既不同于挠性带的摩擦传动，也不同于齿轮的啮合传动。与带传动相比，链传动不产生滑动，低速时可传递较大载荷；能保证准确的平均传动比；作用在轴及轴承上的载荷

较小;在油污、温度较高等恶劣环境中仍能正常工作;当工作条件相同时,传动结构比较紧凑。与齿轮传动相比,链传动的制造和安装精度较低,但用于较大中心距传动时,其结构相对简单。

链传动的主要缺点是:瞬时链速和瞬时速比不为常数,因此传动平稳性差,冲击和噪声较大;急速反向转动的性能较低;制造费用比带传动高。

链传动应用广泛,按用途不同可分为:① 传动链,用于一般机械中传递运动和动力,适用于中等速度($v \leqslant 20$ m/s);② 起重链,用于起重机械中起吊重物,速度低于 0.25 m/s;③ 曳引链,用于运输机械中移动重物,工作速度不大于 2~4 m/s。

通常,链传动的速比 $i \leqslant 7$,传动功率 $P \leqslant 100$ kW,速度 $v \leqslant 15$ m/s,广泛用于农业、矿山、机床、起重运输等机械中。

链式航炮与其他类型航炮相比,具有构件少、重量轻、动作平稳、寿命长、射速调节范围大、后坐力小、射击精度高和可靠性好等突出优点,且能满足多路、有链或无链供弹要求。链式航炮一般由炮管、炮体(箱)、传动机构(齿轮传动机构与链传动机构的组合)、进弹机构、锁膛击发机构、缓冲器、动力机构等组成。链传动机构用于传动机心组运动,主要由两条闭合的滚柱链条、四个链轮、一个机心座驱动滑块和前、后导板等组成,如图 6-9 所示。

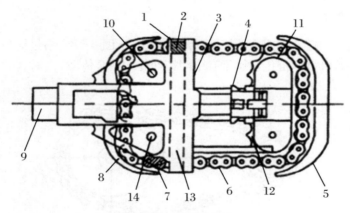

图 6-9　链传动机构
1-主链节;2-机心座驱动滑块;3-机心座;4-锁膛机;5-前引导板;
6-链条;7-保险链节;8-后引导板;9-纵向滑轨;10-主动链轮轴;
11、12-从动链轮;13-T形槽横槽;14-从动链轮轴

6.2.2　链条和链轮的结构

1. 滚子链的结构和规格

传动链按结构不同有套筒滚子链、齿形链两种类型。其中套筒滚子链使用最广,本章主要讨论套筒滚子链。

滚子链由内链板 1、外链板 2、销轴 3、套筒 4 和滚子 5 组成(图 6-10)。内链板与套筒、外链板与销轴均为过盈配合,而套筒与销轴为间隙配合,这样就形成了一个铰链。工作时滚子沿链轮的轮齿滚动,可以减轻链轮齿廓的磨损。

链条的各零件由碳素钢或合金钢制成并经热处理,以提高其强度和耐磨性。

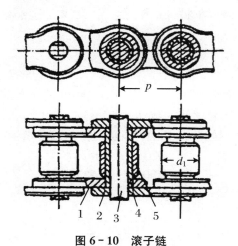

图 6 - 10 滚子链

相邻两滚子中心间的距离称为链条的节距,用 p 表示。它是链条的主要参数,节距越大,链条各零件的尺寸也越大,链条所能传递的功率越大。

当传递较大功率时,可采用双排链或多排链,p_t 为排距。为避免各排链受载不均,排数不宜过多,常用双排链或三排链。

滚子链已标准化,这里给出一个滚子链的标记示例如下:

$$08A - 1 \times 88 \quad GB1243 \cdot 1 - 83$$

此标记表示 A 系列、节距 12.70 mm、单排、88 节的滚子链。

2. 链轮

GB 1244 — 85 规定了滚子链链轮的端面标准齿槽形状(图 6 - 11)。这种齿形的链轮在工作时,啮合处接触应力较小,因而有较高的承载能力。

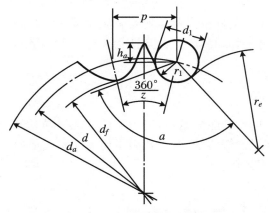

图 6 - 11 滚子链链轮端面齿形

链轮材料应能保证轮齿有足够的接触强度和耐磨性,故齿面多经热处理。小链轮的啮合次数比大链轮多,受冲击也较大,所用材料一般优于大链轮。常用链轮材料有碳素钢(Q235、Q275、45、ZG310 - 570 等)、灰铸铁(HT200)等。重要的链轮可采用合金钢(15Cr、20Gr、35SilMn、40Cr)等。

6.2.3 链传动的运动特性及链节距的选择

1. 链传动的运动特性

链条是可以曲伸的挠性元件,而每个链节却是刚性的。因此,链条进入链轮后形成折线,链传动相当于一对多边形轮之间的传动(图 6 - 12)。设 z_1、z_2 为两链轮的齿数,p 为链节距(mm),n_1、n_2 为两轮的转速(r/min),则链条速度(简称链速)为

$$v = \frac{z_1 p n_1}{60 \times 1000} = \frac{z_2 p n_2}{60 \times 1000} \ (\text{m/s}) \tag{6-6}$$

故传动比为

$$i = \frac{n_1}{n_2} = \frac{z_2}{z_1} \tag{6-7}$$

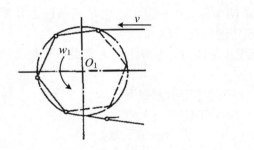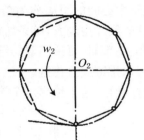

图 6 - 12 多边形传动

以上两式求得的链速和传动比都是平均值。实际上,由于多边形效应,瞬时链速和瞬时传动比都是变化的。即主动轮以等角速度 ω_1 回转时,链速 v 及从动轮的角速度 ω_2 都是周期性变化的。

链传动的这种速度不均匀性不可避免地要引起动载荷。此外,当链节以一定的速度与链轮齿啮合时也将产生冲击和动载荷。当链节距越大、链轮齿数越少时,链传动的多边形效应越严重。

2. 链节距的选择

链节距越大,链传动的承载能力越强,但传动尺寸、链速的不均匀性、附加动载荷、冲击和噪声也越大。因此,在设计链传动时,应在满足传递功率的前提下,尽量选小节距链。高速重载时可选小节距的多排链。

6.2.4 链传动的布置、张紧

1. 链传动的布置

链传动的两轴应平行,两轮应位于同一平面内,一般应采用水平或接近水平布置,两轮中心的连线与水平面的倾斜角 α 应尽量避免超过 45°,且使松边在下(图 6 - 13)。这样可以

避免由于松边的下垂使链条与链轮发生干涉或卡死。

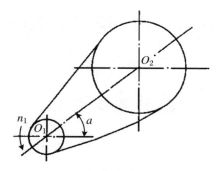

图 6-13　链传动的布置

2. 链传动的张紧

链传动张紧的目的,主要是避免链条的垂度过大造成啮合不良及链条振动,同时也为了增大链条与链轮的啮合包角。当两轮轴心连线与水平面的倾斜角大于 60°时,通常需要张紧装置。

张紧的方法有很多。当传动中心距可调整时,可通过调整中心距控制张紧程度;中心距不能调整时,可设张紧轮(图 6-14)或在链条磨损伸长后从中取掉 1~2 个链节。张紧轮可自动张紧(图 6-14(a)、(b))或定期调整(图 6-14(c))。

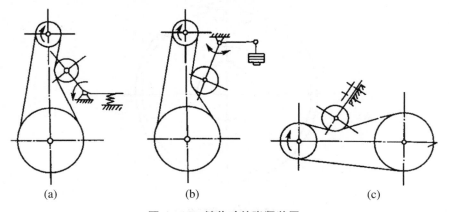

(a)　　　　　　　　　　(b)　　　　　　　　　　(c)

图 6-14　链传动的张紧装置

3. 链传动的润滑

链传动的润滑十分重要,良好的润滑可缓和冲击,减轻磨损,延长使用寿命。润滑油推荐采用 20、30 和 40 号机械油,环境温度高或载荷大时宜取黏度高者,反之黏度宜低。

6.3 齿轮传动

6.3.1 齿轮传动的原理、特点及应用

1. 齿轮传动原理和速比

齿轮传动是一种啮合传动。如图 6-15 所示,当一对齿轮相互啮合而工作时,主动齿轮 O_1 的轮齿$(1,2,3,\cdots)$通过力 F 的作用逐个地推动从动齿轮 O_2 的轮齿$(1',2',3',\cdots)$,使从动轮转动,从而将主动轴的动力和运动传递给从动轴。

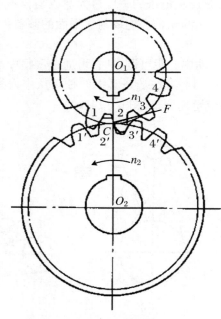

图 6-15 齿轮传动

对于图 6-15 中的一对齿轮传动,设主动齿轮的转速为 n_1,齿数为 z_1,从动齿轮的转速为 n_2,齿数为 z_2,因此主动齿轮每分钟转过的齿数为 $n_1 z_1$,从动齿轮每分钟转过的齿数为 $n_2 z_2$。两轮转过的齿数应该相等,即

$$n_1 z_1 = n_2 z_2$$

由此可得一对齿轮传动的速比为

$$i_{12} = \frac{n_1}{n_2} = \frac{z_2}{z_1} \tag{6-8}$$

式(6-8)表明,在一对齿轮传动中,两轮的转速与它们的齿数成反比。

2. 齿轮传动的特点及应用

齿轮传动是应用最广的一种传动形式,广泛用于各种机械和武器装备中。如图 6 − 16 为某型火炮方向机传动的原理图,该方向机完全采用齿轮传动。

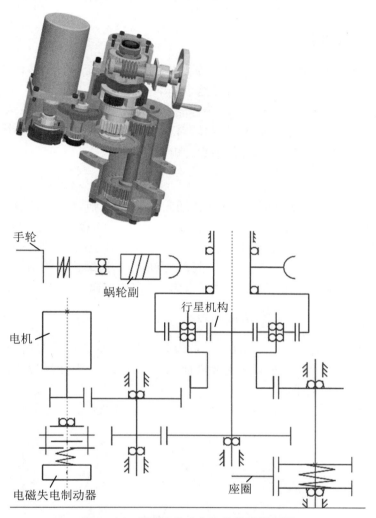

图 6 − 16　某型火炮方向机的传动原理图

齿轮传动通常既用于传递力,又用于传递运动,在仪表中则主要用来传递运动。与其他传动形式比较,它具有下列优点:

(1) 能保证传动速比恒定不变。

(2) 适用的功率和速度范围广,传递的功率可达到 10^5 kW,圆周速度可达 300 m/s。

(3) 结构紧凑。

(4) 效率高。

(5) 工作可靠且寿命长。

其主要缺点是:

(1) 需要制造齿轮的专用设备和刀具,成本较高。

（2）制造及安装精度要求较高；精度低时，传动的噪声和振动较大。

（3）不宜用于轴间距离较大的传动。

6.3.2 齿廓啮合基本定律和共轭齿廓

1. 齿廓啮合基本定律

对齿轮传动的基本要求之一是其瞬时传动比必须保持不变。齿廓啮合基本定律就是要研究当齿廓形状符合什么条件时才能满足这个基本要求。

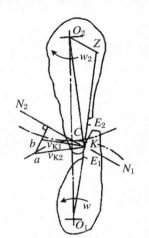

图 6-17 为齿轮 1 和齿轮 2 的一对齿廓在 K 点相啮合的情况。$N_1 N_2$ 为两齿廓的公法线，它与两轮的连心线 $O_1 O_2$ 相交于 C，C 点称为节点。由于传动比

$$i_{12} = \frac{\omega_1}{\omega_2} = \frac{O_2 C}{O_1 C}$$

因此要使两齿轮传动比恒定不变，则应使比值 $O_2 C / O_1 C$ 为常数。因两齿轮中心 O_1 和 O_2 为定点，$O_1 O_2$ 为定长，故为了满足上述要求，必须使 C 点为 O_1 和 O_2 连线上的一个固定点，即不论齿廓在任何位置接触，过接触点所作的齿廓公法线均须与两轮中心线交于一定点，这就是齿廓啮合基本定律。

2. 共轭齿廓

图 6-17 一对齿廓的啮合

一对相啮合的齿廓，在整个啮合过程中，若能按照预定规律运动，既保持相切而又不互相干涉，则称其为共轭齿廓。共轭齿廓都满足齿廓啮合基本定律。

对定传动比的圆形齿轮机构，目前常用的有渐开线、摆线和圆弧等齿廓曲线（图 6-18）。

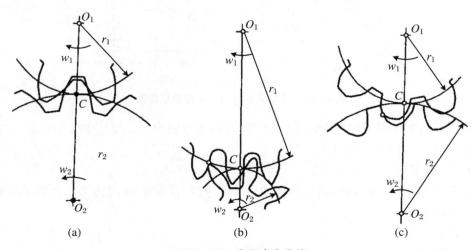

（a） （b） （c）

图 6-18 常用齿廓曲线

如图 6-18 所示，其中渐开线齿廓齿轮（图（a））容易制造，互换性好又便于安装，因而应

用最广泛;摆线齿廓齿轮(图(b))传动比大,润滑不足时磨损较小,在钟表和机械式引信中应用较多;圆弧齿廓齿轮(图(c))承载能力大,效率高,在重型机械、高速机械中应用日益广泛。本书仅介绍渐开线齿廓的齿轮机构。

6.3.3 渐开线齿轮的啮合传动

1. 渐开线齿廓曲线

(1) 渐开线的形成及特性

如图 6-19(a)所示,在一个半径为 r_b 的圆盘的圆周上面绕上一根棉线,一端固定在圆盘的外圆上,一端拴一支笔。拉紧线头逐渐展开,这时笔尖在纸上画出一条曲线,这条曲线就称为渐开线,渐开线齿轮的每个轮齿两侧都是渐开线的一段(见图 6-19(b))。我们称这个圆盘的外圆为基圆,则基圆半径为 r_b。线段在展开过程中始终与基圆相切,任选一位置 K,这时线段与基圆相切于 N 点,即 N 点为切点,所以 KN 垂直于基圆半径 ON。

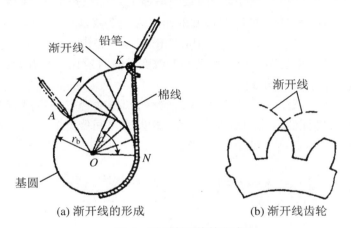

(a) 渐开线的形成   (b) 渐开线齿轮

图 6-19 渐开线的形成

从渐开线的形成可以看出,它具有如下特性:

① 弧长 AN 等于线段 KN 的长度。

② 渐开线上任意一点 K 的法线必与基圆相切。图 6-19(a)中线段 KN 是渐开线上 K 点的法线,换言之,基圆的切线必为渐开线上某点的法线。

③ 渐开线的形状取决于基圆的大小。同一基圆上的渐开线完全相同,基圆半径不同,所得的渐开线曲率不同,基圆越大,曲率越小,渐开线越平直,当基圆半径趋于无穷大时,渐开线就变成直线。故齿条可看作基圆半径为无穷大时的齿轮。

④ 渐开线是从基圆开始向外逐渐展开的,所以基圆内无渐开线。

(2) 渐开线齿廓的压力角

所谓压力角,是指渐开线齿廓上任意一点 K 的受力方向线(即 K 点的法线)与该点的运动方向线之间所夹的锐角,称为该点的压力角,用 α_K 表示。图 6-20 中

$$\alpha_K = \angle NOK$$

由图可知

$$\cos \alpha_K = \frac{ON}{OK} = \frac{r_b}{r_K}$$

或

$$\alpha_K = \cos^{-1} \frac{r_b}{r_K} \tag{6-9}$$

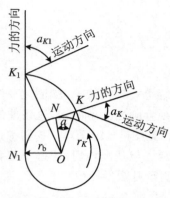

图 6-20　渐开线齿廓的压力角

由式(6-9)可知,对同一基圆的渐开线,基圆半径 r_b 是常数,渐开线上某一点 K 的压力角的大小是随该点至圆心距离 r_K 而变化的。压力角较小时,有利于推动齿轮转动。因此,通常采用基圆附近的一段渐开线作为齿廓曲线。

2. 渐开线齿轮的啮合特点

一对渐开线齿轮在啮合过程中有下列特点:

(1)保证瞬时速比恒定。两渐开线齿轮的瞬时传动的速比等于两齿轮基圆半径的反比。当一对渐开线齿轮制成后,两轮的基圆半径 r_{b1}、r_{b2} 已经确定,所以一对渐开线齿轮的瞬时传动的速比为一常数,即能保证瞬时速比恒定。

(2)中心距的可分性。由于两轮的瞬时传动比只与两轮的基圆半径有关,所以中心距的略有变动不会改变其瞬时速比。渐开线齿轮的这一特点,给齿轮制造、安装带来了很大的方便。

(3)传递压力方向不变。当一对渐开线齿轮啮合时,啮合点一定沿着两轮基圆的内公切线移动。由于两基圆同侧内公切线只有一条,故齿廓之间传递的压力一定沿着公法线的方向,即传递压力方同不变,从而使传动平稳。

6.3.4　直齿圆柱齿轮传动

1. 直齿圆柱齿轮的基本参数和几何尺寸

(1)齿轮基本尺寸的名称和符号(主要介绍外齿轮)

图 6-21 所示为标准直齿圆柱外啮合齿轮端面的一部分,其各部分的名称及符号规定如下:

① 齿顶圆为齿顶所在的圆,其直径和半径分别用 d_a 和 r_a 表示。

② 齿根圆为齿槽底面所在的圆,其直径和半径分别用 d_f 和 r_f 表示。

③ 分度圆为具有标准模数和标准压力角的圆。它介于齿顶圆和齿根圆之间,是计算齿轮几何尺寸的基准圆,其直径和半径分别用 d 和 r 表示。

④ 基圆为生成渐开线的圆,其直径和半径分别用 d_b 和 r_b 表示。

⑤ 齿顶高为齿顶圆与分度圆之间的径向距离,用 h_a 表示。

⑥ 齿根高为齿根圆与分度圆之间的径向距离,用 h_f 表示。

⑦ (全)齿高为齿顶圆与齿根圆之间的径向距离,用 h 表示。

⑧ 齿厚为一个齿的两侧齿廓之间的分度圆弧长,用 s 表示。

⑨ 齿槽宽为一个齿槽的两侧齿廓之间的分度圆弧长,用 e 表示。

⑩ 齿距为相邻两齿的同侧齿廓之间的分度圆弧长,用 p 表示。基圆上的齿距称为基节,用 p_b 表示。

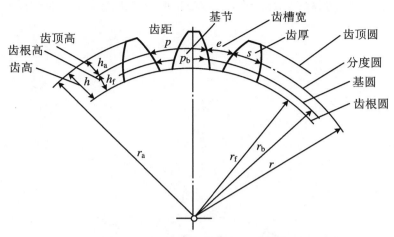

图 6 - 21　直齿轮各部分的名称和符号

(2) 直齿圆柱齿轮的基本参数

① 齿数 z

为齿轮圆周表面上的轮齿总数。

② 模数 m

当给定齿轮的齿数 z 及齿距 p 时,分度圆直径即可由 $d = zp/\pi$ 求出。但 π 为无理数,它将给设计、制造等带来不便。为了便于设计、制造及互换使用,将 p/π 规定为标准值,此值称为模数 m,单位为 mm。模数已标准化,见表 6 - 2。

表 6 - 2　渐开线圆柱齿轮模数 m

1,　1.25,　1.5,　2,　2.5,　3,　4,　5,　6,　8,　10,　12,　16,　20,　25,　32,　40,　50

注:1. 本标准适用于渐开线圆柱齿轮,对于斜齿轮是指法向模数 m_a。
　　2. 本表中未列入小于 1 的标准模数值。
　　3. 表中只列入应优先采用的第一系列模数值。

③ 压力角

我国规定分度圆上的压力角 α 为标准值,其值为 20°。

④ 齿顶高系数 h_a^* 和顶隙系数 c^*

齿顶高与齿根高的值分别表示为 $h_a = h_a^* m$ 和 $h_f = (h_a^* + c^*)m$,式中 h_a^* 和 c^* 分别称为齿顶高系数和顶隙系数。标准规定对于正常齿 $h_a^* = 1, c^* = 0.25$;短齿 $h_a^* = 0.8, c^* = 0.3$。

(3) 标准齿轮

齿顶高与齿根高为标准值,分度圆上的齿厚等于齿槽宽的直齿圆柱齿轮称为标准齿轮。

根据上述 5 个基本参数(m, z, α, h_a^*, c^*),就可以按照表 6 - 3 所列的公式计算出标准直齿圆柱齿轮各部分的几何尺寸。

2. 渐开线标准直齿圆柱齿轮的啮合传动

(1) 正确啮合条件

齿轮传动时,它的每对轮齿仅啮合一段时间而后由后一对轮齿接替啮合。如图 6 - 22

所示,当前一对齿在 K 点接触时,后一对齿在 K' 点接触,这样才能保证前一对齿分离时,后一对齿不中断地接替传动。又因 K 点和 K' 点都在啮合线 N_1N_2 上,$\overline{KK'}$ 为两相邻的同侧齿廓间的法向距离,由前面分析知 $\overline{KK'} = p_b$。要保证两对轮齿能同时在啮合线上接触,必须满足以下条件:

$$p_{b1} = p_{b2}$$

即 $\pi m_1 \cos \alpha_1 = \pi m_2 \cos \alpha_2$。

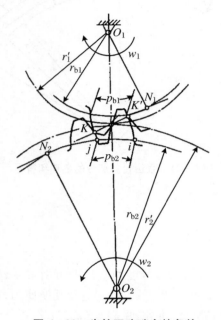

图 6-22   齿轮正确啮合的条件

表 6-3   标准直齿圆柱齿轮各部分的几何尺寸

名 称	符号	计算公式
分度圆直径	d	$d_i = mz_i$
基圆直径	d_b	$d_{bi} = mz_i \cos \alpha$
齿顶圆直径	d_a	$d_a = m(z_i + 2h_a^*)$
齿顶高	h_a	$h_a = h_a^* m$
齿高	h	$h = h_a + h_f = m(2h_a^* + c^*)$
齿厚	s	$s = \pi m/2$
齿槽宽	e	$e = \pi m/2$
法节和基节	p_b	$p_b = p\cos \alpha$
标准中心距	a	$a = m(z_1 + z_2)/2$

注:表中的 m、a、h_a^*、c^* 均为标准参数,$i = 1, 2$。

由于齿轮的模数和压力角均已标准化,所以必须使

$$\left. \begin{array}{l} m_1 = m_2 = m \\ \alpha_1 = \alpha_2 = \alpha \end{array} \right\} \qquad (6-10)$$

上式表明,渐开线齿轮正确啮合的条件是两轮的模数和压力角必须分别相等。

这样,一对齿轮传动的传动比可表示为

$$i_{12} = \frac{\omega_1}{\omega_2} = \frac{d'_2}{d'_1} = \frac{d_{b2}}{d_{b1}} = \frac{d_2}{d_1} = \frac{z_2}{z_1} \qquad (6-11)$$

（2）标准中心距

一对齿轮啮合传动时,一个齿轮节圆上的齿槽宽与另一齿轮节圆齿厚之差称为齿侧间隙。在机械设计中,正确安装的齿轮都是按照无齿侧间隙的理想情况计算其名义尺寸的。标准齿轮在分度圆上的齿厚和齿槽宽相等,若分度圆和节圆重合,则齿侧间隙为零。一对标准齿轮分度圆相切时的中心距称为标准中心距,用 a 表示,即

$$a = r'_1 + r'_2 = r_1 + r_2 = \frac{m}{2}(z_1 + z_2) \qquad (6-12)$$

因两轮分度圆相切,故顶隙为

$$c = h_f - h_a = c^* m \qquad (6-13)$$

应当注意,对于单一齿轮而言,只有分度圆而无节圆,一对齿轮啮合时才有节圆。节圆与分度圆可能重合,也可能不重合。

（3）连续传动的条件

图 6-23 表示一对齿廓啮合的全过程。要保证齿轮能连续传动,则要求前一对轮齿的啮合点 K 到达终止啮合点 B_1 时,后一对轮齿的啮合点 K' 已提前到达或同时到达起始啮合点 B_2。也就是说,当前一对齿要"下班"时,后一对齿已经提前或者准时来"接班"。由前述可知,两对齿廓的啮合点 K 和 K' 间的距离等于基圆齿距 p_b,可见齿轮连续传动的条件为

$$B_1 B_2 \geqslant p_b$$

它们的比值

$$\varepsilon = \frac{B_1 B_2}{p_b} = \frac{B_1 B_2}{\pi m \cos \alpha} \qquad (6-14)$$

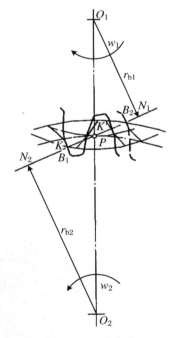

图 6-23 重合度

称为渐开线齿轮传动的重合度。从理论上讲,$\varepsilon = 1$ 就能保证连续传动,但因齿轮有制造和安装误差,所以要求重合度必须大于1,以确保连续传动。若 $\varepsilon = 1.3$,表示齿轮在转过一个基圆齿距 p_b 的时间内,双齿对啮合的时间为30%,单齿对啮合的时间为70%。故重合度越大,表示同时啮合的轮齿对数越多或者多齿对同时参与啮合的时间越长,则传动的平稳性越好,每对轮齿承受的载荷越小。一对标准直齿圆柱齿轮啮合传动的 $\varepsilon_{max} = 1.981$。

3. 渐开线齿轮的切齿原理

渐开线齿轮轮齿的加工方法很多,如铸造法、冲压法、热轧法、切削法等。其中最常用的为切削法。切削法的工艺是多种多样的,但就其原理来讲可分为仿形法和范成法两种。

（1）仿形法

仿形法是最简单的切齿方法,轮齿是用轴向剖面形状与齿槽形状相同的圆盘铣刀或指状铣刀(图6-24(a)、(b))在普通铣床上铣出的。切齿时,铣刀转动,轮坯沿自身轴线方向移动。待铣完一个齿槽后,将轮坯退回原处并将其转过 $360°/z$,再铣第二个齿槽。这种方法多用于修配和小批生产中。

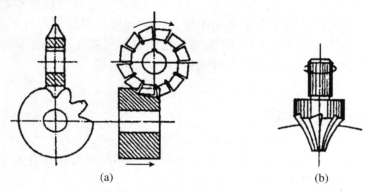

(a) (b)

图6-24　仿形法切齿原理

（2）范成法

范成法是利用一对齿轮互相啮合传动时其两轮齿廓互为包络线的原理来加工齿轮的。范成法切齿常用刀具有齿轮插刀、齿条插刀及滚刀,后两种又统称为齿条形刀具。

用齿轮插刀加工齿轮的情形如图6-25所示。刀具与轮坯间的相对运动主要有范成运动,即齿轮插刀与轮坯以恒定传动比 $i = n_刀/n_坯 = z_坯/z_刀$ 做缓慢回转运动,如同一对齿轮啮合传动;还有切削运动、进给运动、让刀运动。

用齿条插刀加工齿轮,其原理与用齿轮插刀加工齿轮相同。只是刀具与轮坯间的范成运动相当于齿条与齿轮的啮合传动,插刀的移动速度 $v_刀 = \dfrac{1}{2} m z_坯 \omega_坯$。

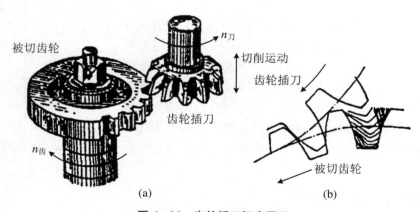

被切齿轮　　　　　$n_刀$　　切削运动

齿轮插刀

齿轮插刀

$n_齿$　　　　　被切齿轮

(a) (b)

图6-25　齿轮插刀切齿原理

用滚刀加工齿轮的情形如图6-26所示。滚刀是具有刀刃的螺杆(图6-26(b)),其轴面齿形为齿条。切齿时滚刀转动相当于齿条在移动,所以滚刀切齿的原理与齿条插刀的切齿原理基本相同,但它能实现连续切削,从而生产效率高。

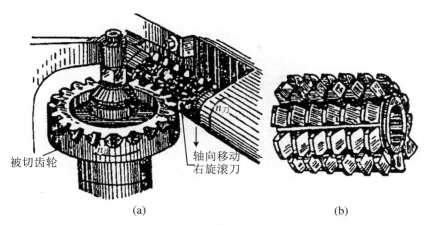

被切齿轮

$n_刀$

轴向移动
右旋滚刀

(a) (b)

图 6-26 齿轮滚刀切齿原理

例 6-1 某传动装置中有一对渐开线标准直齿圆柱齿轮（正常齿）。大齿轮已损坏，小齿轮的齿数 $z_1 = 24$，齿顶圆直径 $d_{a1} = 78$ mm，传动中心距 $a = 135$ mm，试计算大齿轮的主要几何尺寸及这对齿轮的传动比。

解 （1）模数 $m = \dfrac{d_{a1}}{z_1 + 2h_a^*} = \dfrac{78}{24 + 2 \times 1} = 3$（mm）。

（2）大齿轮齿数 $z_2 = \dfrac{2a}{m} - z_1 = \dfrac{2 \times 135}{3} - 24 = 66$。

（3）分度圆直径 $d_2 = mz_2 = 3 \times 66 = 198$（mm）。

（4）齿顶圆直径 $d_{a2} = m(z_2 + 2h_a^*) = 3 \times (66 + 2 \times 1) = 204$（mm）。

（5）齿根圆直径 $d_{f2} = m(z_2 - 2h_a^* - 2c^*) = 3 \times (66 - 2 \times 1.25) = 190.5$（mm）。

（6）齿顶高 $h_a = h_a^* m = 1 \times 3 = 3$（mm）。

（7）齿根高 $h_f = (h_a^* + c^*)m = (1 + 0.25) \times 3 = 3.75$（mm）。

（8）全齿高 $h = h_a + h_f = 3 + 3.75 = 6.75$（mm）。

（9）齿距 $p = \pi m = 3.14 \times 3 = 9.42$（mm）。

（10）齿厚和齿槽宽 $s = e = \dfrac{1}{2}p = \dfrac{9.42}{2} = 4.71$（mm）。

（11）传动比 $i = \dfrac{\omega_1}{\omega_2} = \dfrac{z_2}{z_1} = \dfrac{66}{24} = 2.75$。

6.3.5 斜齿圆柱齿轮传动

1. 斜齿圆柱齿轮的形成及特点

（1）斜齿圆柱齿轮的形成

斜齿圆柱齿轮齿廓曲面的形成原理与直齿圆柱齿轮相似。如图 6-27 所示，当发生面绕基圆柱纯滚动时，发生面上与基圆柱母线夹一 β_b 角的直线 KK 在空间形成的渐开线螺旋面即为斜齿轮的齿廓曲面。从斜齿圆柱齿轮的形成过程可知，斜齿轮的端面（垂直于齿轮轴线的剖面）齿廓仍为渐开线。一对斜齿轮传动，在端面内相当于一对直齿轮传动。

（2）斜齿圆柱齿轮传动的特点

与直齿圆柱齿轮传动相比，斜齿圆柱齿轮传动有以下特点：

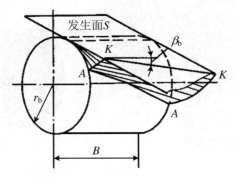

图 6 - 27　斜齿圆柱齿轮的齿廓曲面

1）传动平稳

一对斜齿圆柱齿轮啮合时，由于轮齿与齿轮轴线不平行，两啮合齿面的接触线虽然也沿啮合平面移动，但与两轮轴线不平行，而与轴线夹 β_b 角。轮齿从开始啮合到终止啮合，在从动轮齿面上形成如图 6 - 28(b)所示的接触线痕迹，即从动轮轮齿由齿顶进入啮合，齿面上的接触线由短变长（由 1 到 3），然后又由长变短（由 3 到 5），直到脱离啮合。这就说明两轮是逐渐进入啮合，而又逐渐脱离啮合的，因而减少了传动中的冲击、振动和噪声，提高了传动的平稳性。

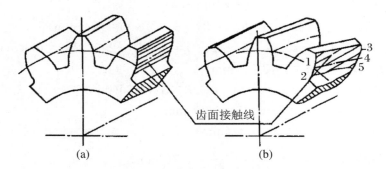

图 6 - 28　齿廓接触线的比较

2）承载能力高

在斜齿轮传动中，由于轮齿的倾斜，当轮齿的一端进入啮合时，另一端尚未进入啮合，当轮齿的一端脱离啮合时，另一端仍在继续啮合。斜齿的啮合过程长于直齿的啮合过程，因此斜齿轮传动的重合度比直齿轮的重合度大，这样既可以使传动平稳，又可以提高齿轮的承载能力。

3）工作中产生轴向力

由于轮齿的倾斜，在斜齿轮传动中，轮齿受力 F 将产生轴向分力 F_a（图 6 - 29(a)），需要安装推力轴承，从而使轴系结构复杂化。而且齿轮的螺旋角越大，轴向力 F_a 也越大。为了消除轴向力的影响，可采用人字齿轮（图 6 - 29(b)）。人字齿轮可看作螺旋角相等、旋向相反的两个斜齿轮合并而成，因左右对称使轴向力互相抵消。

由于斜齿轮传动的平稳性和承载能力都高于直齿轮，因此它适用于高速和重载传动。

尤其是人字齿轮宜用于大功率传动。常用于轧钢机、矿山机械等大型设备中。

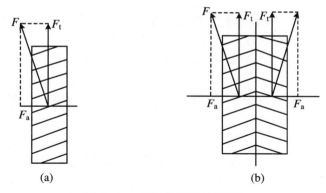

(a)　　　　　　　　　　(b)

图 6-29　斜齿上的轴向作用力

2. 斜齿圆柱齿轮的主要参数及几何尺寸计算

（1）斜齿圆柱齿轮的主要参数

1）螺旋角

螺旋角是表示斜齿轮轮齿倾斜程度的参数。假设将斜齿轮的分度圆柱面展开，便成为一个矩形（图 6-30(a)），矩形的长是分度圆的周长 πd，其宽度就是斜齿轮的轮宽 B。这时分度圆柱面与轮齿齿廓曲面的交线（螺旋线）便展开为一条斜直线，这条斜直线与齿轮轴线的夹角 β 称为斜齿轮分度圆柱面上的螺旋角，简称为斜齿轮的螺旋角。

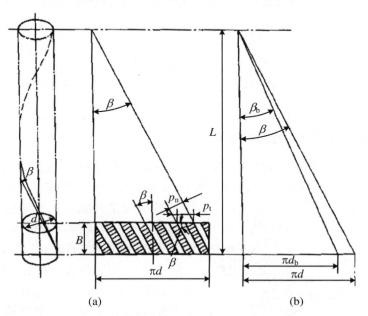

(a)　　　　　　　　　　(b)

图 6-30　斜齿轮的主要参数

由图 6-30(b)可知，基圆柱上的螺旋角 β_b 小于分度圆柱上的螺旋角 β。

2）齿距和模数

由于斜齿轮的轮齿是倾斜的，所以在垂直于轮齿螺旋线方向的法面上，其齿形和端面齿形不同,因此斜齿轮的参数相应地有法向参数和端面参数之分。法向模数和端面模数分别用 m_n 和 m_t 表示。

加工斜齿轮时,由于刀具沿螺旋线方向进给,刀具齿形与轮齿的法面齿形相同,因此国家标准规定斜齿轮的法向参数(α_n、m_n、h_{an}^*、c_n^*)为标准值。

p_n 和 p_t 分别为法向齿距和端面齿距,由图中的几何关系可得

$$p_n = p_t \cos \beta \tag{6-15}$$

根据齿距和模数的关系($p = \pi m$),可得出法向模数 m_n 和端面模数 m_t 间的关系:

$$m_n = m_t \cos \beta \tag{6-16}$$

3)压力角

与模数的关系类似,法向压力角 α_n 和端面压力角 α_t 间的关系为

$$\tan \alpha_n = \tan \alpha_t \cos \beta$$

3. 斜齿圆柱齿轮正确啮合条件

一对斜齿圆柱齿轮的正确啮合,除要求两轮的模数及压力角应分别相等外,它们的螺旋角也必须匹配,即相互啮合的两齿廓螺旋面应相切。因此,一对斜齿圆柱齿轮的正确啮合条件为

(1)两齿轮的螺旋角应大小相等,旋向相反(外啮合)或相同(内啮合),即

$$\beta_1 = \mp \beta_2 \quad (\text{"}-\text{"} 表示外合,\text{"}+\text{"} 表示内合)$$

(2)相互啮合的两斜齿轮的端面模数 m_t 及压力角 α_t 应分别相等,即

$$m_{t1} = m_{t2}, \quad \alpha_{t1} = \alpha_{t2}$$

又由于相互啮合的两斜齿轮的螺旋角大小相等,故其法向模数 m_n 及压力角 α_n 也分别相等,即

$$m_{n1} = m_{n2}, \quad \alpha_{n1} = \alpha_{n2}$$

6.3.6　直齿圆锥齿轮传动

1. 直齿圆锥齿轮传动的特点和应用

圆锥齿轮用于相交两轴间的传动(图6-31),轴间夹角 Σ 可以是任意的,但常用 $\Sigma = 90°$ 的传动。圆锥齿轮的轮齿分布在一个截锥体上,轮齿从大端到小端逐渐收缩。为了计算和测量方便,通常取圆锥齿轮大端的参数为标准值。和圆柱齿轮各有关的"圆柱"相应,圆锥齿轮有分度圆锥、基圆锥、齿顶圆锥和齿根圆锥。和圆柱齿轮一样,一对圆锥齿轮的啮合传动相当于一对节圆锥的纯滚动。圆锥齿轮有直齿、斜齿和曲齿等多种形式。由于直齿圆锥齿轮的设计、制造和安装均较简便,故应用最广。曲齿圆锥齿轮传动平稳,承载能力高,故常用于高速重载传动,如汽车、拖拉机的差速器中。本节仅讨论轴间夹角 $\Sigma = 90°$ 的标准直齿圆锥齿轮传动。

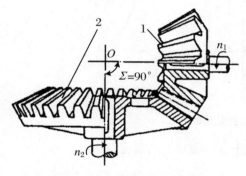

图 6-31　圆锥齿轮传动

2. 标准直齿圆锥齿轮的主要参数

前面已经指出,圆锥齿轮的几何尺寸计算以大端为标准,在大端的分度圆上,模数按国家标准规定的模数系列取值,压力角 $\alpha = 20°$,齿顶高系数 $h_a^* = 1$,顶隙系数 $c^* = 0.2$。与圆柱齿轮相似,一对圆锥齿轮正确啮合的条件为:两轮大端模数和大端压力角分别相等。

6.3.7 齿轮传动的失效形式及维护

1. 齿轮传动的失效形式

机械零件由于某种原因不能正常工作时称为失效。齿轮在传动过程中,既传递运动,又传递动力,在载荷的作用下,也会发生各种不同形式的失效。通常,齿轮传动的失效形式主要是轮齿的失效。齿轮的其他部分,如齿圈、轮辐、轮毂等,极少失效。轮齿的失效形式主要有以下几种:

(1) 轮齿折断

当轮齿在多次重复受载后,齿根处将产生疲劳裂纹,随着裂纹的不断扩展,将导致轮齿折断,这种折断称为疲劳折断。轮齿因受到意外的严重过载而引起轮齿的突然折断,称为过载折断。用铸铁、淬火钢等脆性材料制成的齿轮,易发生过载折断。

(2) 齿面点蚀

在齿轮啮合过程中,接触应力呈周期性变化。若齿面接触应力超过材料的接触疲劳极限时,在载荷多次重复作用下,齿面表层就会产生细微的疲劳裂纹,随着裂纹的逐渐扩展,使表层金属产生麻点状的剥落,轮齿工作面上出现细小的凹坑,这种在齿面表层产生的疲劳破坏称为疲劳点蚀,简称齿面点蚀。点蚀使轮齿有效承载面积减少,齿廓表面被破坏,引起冲击和噪声,进而导致齿轮传动的失效。实践证明,疲劳点蚀首先出现在靠近节线的齿根表面。

(3) 齿面磨损

齿面磨损通常是磨粒磨损。在齿轮传动中,由于灰尘、铁屑等磨料性物质落入轮齿工作面间而引起的齿面磨损即是磨粒磨损。齿面磨损是开式齿轮传动的主要失效形式。齿面过度磨损后,齿廓形状被破坏,导致严重的噪声和振动,最终使传动失效。改用闭式传动是避免齿面磨损最有效的方法。

(4) 齿面胶合

在高速重载传动中,由于啮合齿面间压力大、温度高而使润滑失效,当瞬时温升过高时,相啮合两齿面将发生粘连现象,同时两齿面又做相对滑动,较软的齿面沿滑动方向被撕下而形成沟纹,这种现象称为胶合。在低速重载传动中,由于齿面间不易形成油膜,也会产生胶合失效。此时,齿面的瞬时温度并无明显升高,故称之为冷胶合。

(5) 塑性变形

材料较软的齿轮,当载荷较大时,轮齿在啮合过程中,齿面间的摩擦力也较大,在摩擦力的作用下,将导致齿面局部的塑性变形。当轮齿受到过大冲击载荷作用时,还会使整个轮齿产生塑性变形。

2. 齿轮传动的设计准则

目前，对齿面磨损、塑性变形等还没有建立起行之有效的计算方法及设计数据，因此，目前设计通常只按保证齿根弯曲疲劳强度及保证齿面接触疲劳强度两准则进行计算。

由实践可知，在闭式齿轮传动中，以保证齿根弯曲疲劳强度为主。对于开式齿轮传动，仅以保证齿根弯曲疲劳强度作为设计准则。齿轮的轮毂、轮辐、轮圈等部位的尺寸，通常根据经验公式做结构设计，不进行强度计算。

3. 齿轮传动的使用与维护

齿轮传动在各种兵器及车辆的动力传动、运动转换中有着重要作用。汽车、飞机、舰船、坦克、自行火炮的主传动都是通过齿轮传动来实现的。齿轮传动失效将导致重大故障和损失，必须充分注意对齿轮传动装置的润滑及使用维护，其要点是加载平稳，经常监视，定期检查，注意润滑。

（1）齿轮传动的润滑

齿轮的啮合表面均以一定的速度相互滑动和滚动，且承受较大的载荷，齿轮的润滑对防止和延缓轮齿失效，保证齿轮正常工作具有重要作用。

（2）齿轮传动使用与维护注意事项

① 使用齿轮传动时，在加载、卸载及换挡（变换啮合齿轮副）的过程中应平稳，避免产生冲击载荷，以防引起断齿等故障；尤其在启动过程中，齿轮表面尚未形成润滑油膜或压力喷油系统尚未正常工作，还有可能引起严重的磨损和胶合。

② 注意监视齿轮传动的工作状况，如有无齿轮异响或齿轮箱过热等。齿轮异响主要由齿面失效、齿体或齿轮轴变形、齿轮精度低、齿轮箱轴孔形位公差大等原因引起，这将使齿侧间隙发生变化，齿轮不能正确啮合，轮齿间发生撞击或挤压，从而导致传动系统产生振动和异常响声。齿轮箱过热的原因，可能是由于齿侧间隙过小、油质不好引起摩擦损失过大，润滑油不足，散热不良等。出现这方面问题应及时检查，必要时应进行修理，以免酿成大的事故。

③ 按照使用要求定期检查齿轮的完好状况。对有齿面缺陷的齿轮，如单向传动的齿轮，在可能条件下也可换向使用；对个别断齿的齿轮可采用堆焊或镶齿法进行修复，必要时应更换新品，锥齿轮应成对更换。在对修复或检修过的齿轮进行装配时应特别注意齿轮是否能正确啮合，这主要应使齿侧间隙和接触面积在规定的范围之内。

④ 锥齿轮对其轴线偏移特别敏感，误差大时，通常小齿轮会过早失效。当锥齿轮箱结构一定时，可通过改变垫片厚度等方法来调整其轴线偏移。

⑤ 润滑不当和装配不合要求是齿轮失效的主要原因。通常声响监测和定期检查是发现齿轮损伤的主要方法，据有关资料统计，前者约占发现齿轮损伤的42%，后者约占24%。

6.4 蜗杆传动

6.4.1 蜗杆传动的原理、类型及特点

1. 蜗杆传动原理及其速比计算

蜗杆传动用于传递两交错轴之间的运动和动力,两轴的交错角通常为 90°。蜗杆传动由蜗杆和蜗轮组成,如图 6-32 所示。常用的普通蜗杆是一个具有梯形螺纹的螺杆,其螺纹有左旋、右旋和单头、多头之分。常用蜗轮是在一个齿宽方向具有弧形轮缘的斜齿轮。蜗杆和螺纹一样,也有左、右旋之分,无特殊要求不用左旋,旋向的判断同螺纹。一对相啮合的蜗杆传动,其蜗杆、蜗轮轮齿的旋向相同,且螺旋角之和为 90°,即 $\beta_1 + \beta_2 = 90°$(β_1 为蜗杆螺旋角,β_2 为蜗轮螺旋角)。

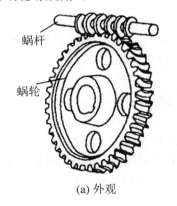
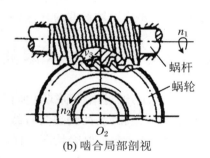

(a) 外观　　　　　　　　　(b) 啮合局部剖视

图 6-32　蜗杆传动

蜗轮的转动方向决定于蜗杆的轮齿旋向和蜗杆转向,通常用右(左)手定则的方法来判断。具体方法是:对于右(左)旋蜗杆用右(左)手定则,用四指弯曲方向表示蜗杆的转动方向,大拇指伸直代表蜗杆轴线,则蜗轮啮合点的线速度方向与大拇指所指示的方向相反,根据啮合点的线速度方向即可确定蜗轮转向。

2. 蜗杆传动的类型

根据蜗杆的形状不同,蜗杆传动可分为圆柱蜗杆传动、环面蜗杆传动和圆锥蜗杆传动,圆柱蜗杆传动制造简单,应用最广。

3. 蜗杆传动的主要特点

(1) 可实现大传动比传动。在动力传动中,单级传动比 $i = 7 \sim 80$;在分度机构或手动机构中,传动比可达 300;若只传递运动,传动比可达 1000。由于用较少的零件可实现大传动比传动,所以与圆柱齿轮、圆锥齿轮相比,蜗杆传动紧凑。如图 6-33 所示某型火炮协调器

中的蜗杆传动,其作用是通过蜗杆传动对协调器电机转速实现极大减速。

(2) 工作平稳。蜗杆轮齿是连续不断的螺旋,它和蜗轮齿的啮合传动相当于螺旋传动,同时啮合的齿对又较多,故传动平稳、振动小、噪声低。

(3) 当蜗杆的导程角 $\gamma \leqslant 3.5° \sim 6°$ 时,蜗杆传动便具有自锁性,容易得到自锁机构。如图 6 - 34 所示某型火炮方向机中的蜗杆传动,其工作原理为转动手轮,蜗杆带动蜗轮使方向机主齿轮一起转动,采用蜗轮蜗杆,结构紧凑,并能起自锁作用。

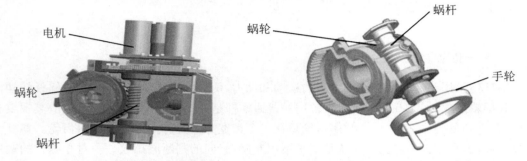

图 6 - 33　某型火炮协调器中的蜗杆传动　　　　图 6 - 34　某型火炮方向机中的蜗杆传动

(4) 效率低。在蜗杆传动中,啮合齿面间滑动速度大,所以摩擦损失大,机械效率低,一般 $\eta = 0.7 \sim 0.9$,具有自锁性能的蜗杆传动效率仅为 0.4。

(5) 为了减少啮合齿面间的摩擦和磨损,要求蜗轮副的配对材料应有较好的减摩性和耐磨性,为此,通常要选用较贵重的有色金属制造蜗轮,使成本提高。

6.4.2　蜗杆传动的基本参数和几何尺寸

如图 6 - 35 所示,通过蜗杆轴线且垂直于蜗轮轴线的平面称为中间平面。在中间平面上,蜗杆的齿廓与齿条相同,两侧边为直线。于是,在中间平面内,蜗杆和蜗轮的啮合情况,如同直齿条和渐开线齿轮的啮合情况一样。因而,在讨论蜗杆传动的参数和尺寸计算时,以中间平面为准。

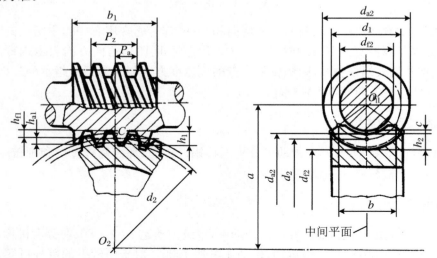

图 6 - 35　阿基米德蜗杆传动

1. 主要参数

（1）模数 m 和压力角 α

在中间平面上，蜗杆的轴向齿距 p_a 等于蜗轮的端面齿距 p_t，因而蜗杆的轴向模数 m_{a1} 等于蜗轮的端面模数 m_{t2}，蜗杆模数 m 系指蜗杆的轴向模数，即

$$m_{a1} = m_{t2} = m$$

蜗杆模数 m 的标准系列见表 6 - 4。

同理，蜗杆的轴向压力角 α_{a1} 等于蜗轮的端面压力角 α_{t2}，均为标准压力角 $\alpha = 20°$，即

$$\alpha_{a1} = \alpha_{t2} = \alpha$$

表 6 - 4　蜗杆模数 m 值（摘自 GB 10088 — 88）

第一系列	0.1	0.12	0.16	0.2	0.25	0.3	0.4	0.5	0.6
	0.8	1	1.25	1.6	2	2.5	3.15	4	5
	6.3	8	10	12.5	16	20	25	31.5	40
第二系列	0.7	0.9	1.5	3	3.5	4.5	5.5	6	7	12	14

注：优先采用第一系列，动力传动一般选 $m > 1$。

（2）蜗杆分度圆直径 d_1 与蜗杆直径系数 q

当用滚刀切制蜗轮时，为了减少蜗轮滚刀的规格数目，规定蜗杆分度圆直径 d_1 为标准值，且与模数 m 有一定的搭配关系，如表 6-5 所示。d_1 与 m 的比值称为蜗杆直径系数，记作 q，即

$$q = d_1/m \quad 或 \quad d_1 = mq$$

（3）蜗杆导程角 γ

蜗杆螺旋线有右旋和左旋，常取右旋。其螺旋线数称为蜗杆头数，记作 z_1。设蜗杆螺旋的导程为 P_z，则由图 6 - 36 可知

$$P_z = z_1 \cdot p_a$$

式中，p_a 为蜗杆的轴向齿距。

蜗杆分度圆柱上的导程角 γ（简称导程角）为

$$\tan\gamma = \frac{P_z}{\pi d_1} = \frac{z_1 p_a}{\pi d_1} = \frac{z_1 \pi m}{\pi mq} = \frac{z_1}{q} \tag{6-17}$$

蜗杆传动效率与导程角有关。如同对螺旋传动的分析一样，导程角大，效率高。但导程角大，可能导致自锁。

蜗杆蜗轮啮合时，啮合点的齿线方向应一致。对于标准蜗杆传动，由此可得出蜗轮螺旋角 β_2 和蜗杆导程角 γ 相等，且螺旋线方向相同，即

$$\beta_2 = \gamma \tag{6-18}$$

表 6 - 5　动力圆柱蜗杆传动的 m 与 d_1 搭配值（摘自 GB 10085 — 88）

m	1	1.25		1.6		2				2.5			
d_1	18	20	22.4*	20	28*	(18)	22.4	(28)	35.5*	(22.4)	28	(35.5)	45*
m	3.15				4				5				
d_1	(28)	35.5	(45)	56*	(31.5)	40	(50)	71*	(40)	50	(63)	90*	

续表

m	6.3				8				10			
d_1	(50)	63	(80)	112*	(63)	80	(100)	140*	(71)	90	(112)	160
m	12.5				16				20			
d_1	(90)	112	(140)	200	(112)	140	(180)	250	(140)	160	(224)	315

注:① 括号内数字尽可能不用。② 带 * 号者为自锁,是指 $z_1 = 1$,$\gamma < 3.5$ 时。

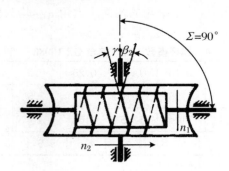

图 6-36 蜗杆导程角与齿距的关系

(4) 蜗杆头数 z_1、蜗轮齿数 z_2 和传动比 i_{12}

蜗杆头数 z_1 一般可取 $1 \sim 6$,推荐 $z_1 = 1,2,4,6$。当要求传动比大时,z_1 取小值;要求自锁时,z_1 取 1;要求传动效率高时,z_1 取大值。

蜗轮齿数 z_2,对于动力传动,一般推荐取 $29 \sim 80$。z_2 过小时,同时啮合的齿数少,会影响传动的平稳性,并且可能发生根切;z_2 太大时,由于蜗轮直径太大,会使蜗杆太长易于变形。对于传递运动的蜗杆传动,因模数可取小值,故 z_2 可达 $200 \sim 300$,甚至可达 1000。

z_1、z_2 数值可参考表 6-6 的推荐值选取。

表 6-6 蜗杆头数 z_1 与蜗轮齿数 z_2 的荐用值

传动比 $i = z_1 / z_2$	$7 \sim 13$	$14 \sim 27$	$28 \sim 40$	>40
蜗杆头数 z_1	4	2	2,1	1
蜗轮齿数 z_2	$28 \sim 52$	$28 \sim 54$	$28 \sim 80$	>40

蜗杆传动的传动比 i_{12} 为蜗杆(或蜗轮)的角速度 ω_1 与蜗轮(或蜗杆)的角速度 ω_2 之比值,通常蜗杆为主动件,故

$$i_{12} = \frac{\omega_1}{\omega_2} = \frac{n_1}{n_2} = \frac{z_2}{z_1} \qquad (6-19)$$

但该传动比 i_{12} 不等于蜗轮与蜗杆两分度圆直径之比。

蜗杆和蜗轮的转动方向,可根据蜗杆传动具有螺旋传动的特点,用左、右手定则来确定。如图 6-37 所示,当蜗杆为右旋时,应用右手定则,见图 6-37(a),四指弯曲所指为蜗杆转向,即转速 n_1 的转向,拇指所指的反方向为啮合点处蜗轮转向,即转速 n_2 的转向;蜗杆为左旋时,用左手定则判定,如图 6-37(b)所示。另外,蜗轮的转向也和蜗杆、蜗轮的相对安装位置有关,比较图 6-37(a)和图 6-37(c)可以看出,它们同是右旋蜗杆传动,n_1 的转向也相同,但两者的 n_2 的转向却相反。

2. 蜗杆传动的正确啮合条件

综上所述,阿基米德圆柱蜗杆传动在中间平面相当于直齿条和渐开线齿轮相啮合,因而在轴交角 $\Sigma = 90°$ 时,其正确啮合条件为

$$\left. \begin{array}{l} m_{a1} = m_{t2} = m \\ \alpha_{a1} = \alpha_{t2} = \alpha \\ \beta_2 = \gamma \end{array} \right\} \tag{6-20}$$

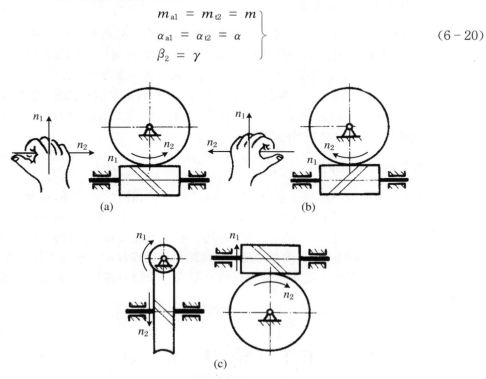

图 6-37　确定蜗杆传动的转向

3. 蜗杆传动的几何尺寸计算

当选择和确定了蜗杆传动的主要参数后,可按表 6-7 进行蜗杆传动的几何尺寸计算。

表 6-7　标准阿基米德蜗杆传动的部分主要几何尺寸计算

名　　称	计算公式	
	蜗　杆	蜗　轮
分度圆直径	d_1(选取)	$d_2 = mz_2$
蜗杆直径系数	$q = d_1/m$	
齿 顶 高	$h_{a1} = m$	$h_{n1} = m$
齿 根 高	$h_{f1} = 1.2m$	$h_{f2} = 1.2m$
齿顶圆直径	$d_{a1} = d_1 + 2m$	$d_{a1} = m(z_2 + 2)$
齿根圆直径	$d_{f1} = d_1 - 2.4m$	$d_{f2} = m(z_2 - 2.4)$
蜗杆导程角	$\gamma = \arctan(z_1 m/d_1)$	
蜗轮螺旋角	$\beta_2 = \gamma$	
顶　　隙	$c = 0.2\,m$	
中 心 距	$a = \dfrac{1}{2}(d_1 + d_2) = \dfrac{1}{2}(d_1 + mz_2)$	

6.4.3   蜗杆传动的使用与维护

1. 蜗杆传动的润滑与散热

蜗杆传动的滑动速度大、效率低、工作时发热量大，为了提高其传动效率，减少齿面的胶合和磨损，润滑对于蜗杆传动具有特别重要的作用。开式传动可采用黏度较高的润滑油或润滑脂，闭式传动可根据滑动速度和载荷条件选择润滑油黏度和润滑方式。

一般蜗杆传动的工作油温应保持在 70 ℃ 以下，否则应采取散热措施，这些措施通常有：① 箱体上加散热片；② 蜗杆轴上安装风扇；③ 箱体油池内安装蛇形水管，用循环水冷却；④ 使润滑油外循环，通过冷却器冷却。

2. 蜗杆传动的使用维护

蜗杆传动的使用维护除应注意与齿轮传动使用维护相同的要求外，还要考虑蜗杆本身的特点以及常用作自锁环节的用途。蜗杆传动在使用过程中，可能会由于蜗轮齿的磨损而使齿侧间隙过大，从而导致蜗杆传动的空回过大，甚至不能自锁；也可能会由于胶合而使蜗杆传动转动困难，这时均应认真检查修理。如果蜗轮齿的厚度由于磨损而超过允许范围，则应更换蜗轮齿圈。如果磨损尚未超过允许的极限尺寸而仍可使用，可通过调整套长度等方法来修理。

6.5   轮 系 传 动

6.5.1   轮系的分类及功用

前面研究的齿轮传动装置，仅由一对齿轮组成，是齿轮传动的最简单形式。通常在主动轴和从动轴之间采用一系列相互啮合的齿轮（包括蜗杆、蜗轮）系统来传递运动和动力。这种由一系列齿轮所组成的齿轮传动系统称为轮系。轮系是机械传动系统中典型的传动形式，应用十分广泛。

1. 轮系的功用

轮系的主要功用如下：

（1）获得大传动比。一对齿轮的速比不宜过大，但采用轮系可以获得很大的速比。

（2）实现远距离传动。两轴中心距较大时，用一对齿轮传动，势必需要将齿轮做得很大，不仅浪费材料，而且传动机构庞大。若用一系列齿轮啮合传动，就可避免上述缺点。

（3）得到多种传动比。如汽车变速箱里的滑移齿轮变速系统。

（4）改变从动轴转向。如车床上的三星齿轮换向机构。

（5）将两个独立的转动合成为一个转动，或将一个转动分解为两个独立的转动。

2. 轮系的分类

轮系的结构形式是多种多样的。按照轮系中各齿轮轴线在空间的相对位置是否固定，轮系可分为两大类：

（1）定轴轮系。在传动时，若轮系中各齿轮的几何轴线均是固定的，这种轮系称为定轴轮系（或普通轮系）。

（2）周转轮系。在传动时，若轮系中至少有一个齿轮的几何轴线绕另一个定轴齿轮的轴线回转，这种轮系称为周转轮系。

6.5.2 定轴轮系速比的计算

所谓轮系的速比，是指该轮系的主动轮（首轮）与从动轮（末轮）的转速之比。轮系速比的计算，一般来说，除了要计算速比的大小以外，还要确定从动轮的转动方向。

最简单的定轴轮系是由一对齿轮所组成的，其传动速比为

$$i_{12} = \frac{n_1}{n_2} = \pm \frac{z_2}{z_1}$$

式中，n_1，n_2 分别表示主动轮（或主动轴）和从动轮（或从动轴）的转速；z_1，z_2 分别表示主动轮和从动轮的齿数。

当传动是一对外啮合齿轮时，二轮转向相反，上式取"－"号；当传动是一对内啮合齿轮时，二轮转向相同，上式取"＋"号。

现在来研究如图 6－38 所示轮系（按规定的简化图形符号画出）速比的计算。

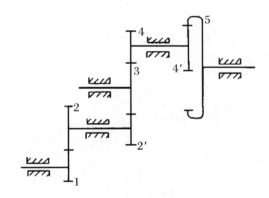

图 6－38　定轴轮系

若图中各齿轮的齿数为已知，则可求得各对齿轮的速比：

$$i_{12} = \frac{n_1}{n_2} = -\frac{z_2}{z_1}$$

$$i_{2'3} = \frac{n_{2'}}{n_3} = -\frac{z_3}{z_{2'}}$$

$$i_{34} = \frac{n_3}{n_4} = -\frac{z_4}{z_3}$$

$$i_{4'5} = \frac{n_{4'}}{n_5} = \frac{z_5}{z_{4'}}$$

若将上列各式中的各段连乘起来,则得

$$i_{12}i_{2'3}i_{34}i_{4'5} = \frac{n_1}{n_2} \times \frac{n_{2'}}{n_3} \times \frac{n_3}{n_4} \times \frac{n_{4'}}{n_5} = \left(-\frac{z_2}{z_1}\right)\left(-\frac{z_3}{z_{2'}}\right)\left(-\frac{z_4}{z_3}\right)\left(\frac{z_5}{z_{4'}}\right)$$

因为 $n_2 = n_{2'}$,$n_4 = n_{4'}$,故

$$i_{15} = i_{12}i_{2'3}i_{34}i_{4'5} = \frac{n_1}{n_2} = (-1)^3 \frac{z_2 z_3 z_4 z_5}{z_1 z_{2'} z_3 z_{4'}} \qquad (6-21)$$

由上式可知,定轴轮系传动比的大小等于组成该轮系的各对啮合齿轮速比的连乘积。或者说,定轴轮系速比的大小等于该轮系中所有从动轮齿数连乘积与所有主动轮齿数连乘积的比值。写成普遍公式则为

$$i = \frac{n_{主}}{n} = (-1)^n \frac{各从动轮齿数的乘积}{各主动轮齿数的乘积} \qquad (6-22)$$

指数 n 表示定轴轮系中外啮合齿轮的对数。因为在传动过程中每遇到一对外啮合齿轮,速比的符号将改变一次。若轮系中有 n 对外啮合,则速比的符号将改变 n 次,故以 $(-1)^n$ 来表示。

在图6-38所示的轮系中,轮3同时与轮2′及轮4互相啮合。对于轮2′来说,轮3是从动轮;对于轮4来说,轮3又是主动轮。轮3的齿数 z_3 同时在式(6-22)的分子和分母中出现,因此它的齿数多少并不影响轮系速比的大小,而仅起传递运动和改变转向的作用。轮系中的这种齿轮称为惰轮或介轮。

对于有锥齿轮(或交错轴斜齿轮及蜗杆蜗轮)的定轴轮系,其传动速比的大小仍可用式(6-22)来计算,但其转向不能用 $(-1)^n$ 来求得,一般采用画箭头的方法来确定。

画箭头的方法是依据下述原理进行的:一对外啮合圆柱齿轮的转向总是相反的,表示它们转向的箭头方向也就相反(相背或相向);一对内啮合圆柱齿轮的转向总是相同的,表示它们转向的箭头方向也就一致。

例6-2　如图6-39所示的轮系,已知 $z_1 = 24$,$z_2 = 46$,$z_{2'} = 23$,$z_3 = 48$,$z_4 = 35$,$z_{4'} = 20$,$z_5 = 48$,O_1 为主动轴,试计算轮系的速比。

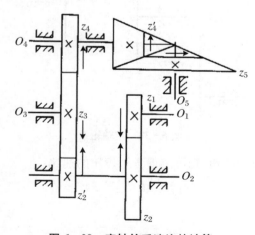

图6-39　定轴轮系速比的计算

解　由图6-39可见,该轮系为有锥齿轮的定轴轮系,故需分两步来计算轮系的速比。先根据式(6-22)计算速比的大小(不必加入正负号),然后再用画箭头的方法确定从动轮的转向。

（1）计算速比的大小：

$$i_{15} = \frac{n_1}{n_5} = \frac{z_2 z_3 z_4 z_5}{z_1 z_{2'} z_3' z_{4'}} = \frac{46 \times 48 \times 35 \times 48}{24 \times 23 \times 48 \times 20} = 7$$

（2）用画箭头的方法确定从动轮的转向。

O_1 轴为主动轴，转向如箭头所示，依据各相互啮合的齿轮种类，由 O_1 轴起——画出各轮的转向箭头，最后得到轮系从动轴的转向如图 6-39 所示。

例 6-3 如图 6-40 所示为某火炮高低机的齿轮系，当转动手轮带动齿轮 1 时，末轮 6 带动火炮身管上下俯仰。已知 $z_1 = 16$，$z_2 = 16$，$z_3 = 1$（左），$z_4 = 29$，$z_5 = 13$，$z_6 = 144$。求该轮系的传动比。若需末轮 6 转过 15°，试问轮 1 应转过多少转？

解 该轮系为空间定轴齿轮系，各轮转向如图中箭头所示。

$$i_{16} = \frac{n_1}{n_6} = \frac{z_2 z_4 z_6}{z_1 z_3 z_5} = \frac{16 \times 29 \times 144}{16 \times 1 \times 13} = 321.33$$

由于在同一时间中轮 1 和轮 6 转过的角度比等于其传动比，设轮 1 转过的角度为 α_1、轮 6 转过的角度为 α_6，则有

$$N_1 = i_{16} \times \frac{\alpha_6}{360°} = 321.33 \times \frac{15°}{360°} = 13.38$$

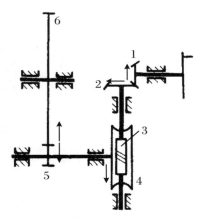

图 6-40 空间定轴齿轮系

*6.5.3 周转轮系的计算

如前所述，定轴轮系中各齿轮的运动，都是做简单的绕定轴回转。而周转轮系至少有一个齿轮的轴线是不固定的，绕着另一固定轴线回转，这个齿轮既做自转又做公转，故周转轮系各齿轮间的运动关系就和定轴轮系不同，速比的计算方法也不一样。为了计算周转轮系的速比，首先应弄清周转轮系的组成和运动特点。

1. 周转轮系的组成

在如图 6-41 所示的周转轮系中，轮 1 和轮 3 都绕固定轴线 OO 回转，这种绕固定轴回转的齿轮称为太阳轮。构件 H 带着齿轮 2 的轴线绕太阳轮的轴线回转，这种具有运动几何轴线的齿轮称为行星轮，而构件 H 称为系杆或转臂。

在周转轮系中，太阳轮和系杆的回转轴线都是固定的，称它们为周转轮系的基本构件。应当注意，基本构件的轴线必须是共线的，否则整个轮系将不能运动。

周转轮系又有行星轮系与差动轮系之分。太阳轮都能转动的周转轮系称为差动轮系（图 6-41(a)），有一个太阳轮固定不动的周转轮系称为行星轮系（图 6-41(b)）。

2. 周转轮系速比的计算

以如图 6-42(a) 所示的周转轮系为例。

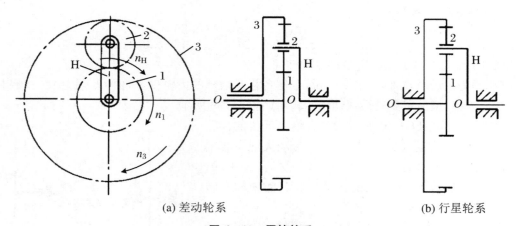

(a) 差动轮系　　　　　　　　　　　　　(b) 行星轮系

图 6-41　周转轮系

1、3—太阳轮；2—行星轮；H—系杆

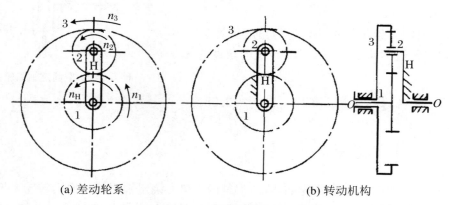

(a) 差动轮系　　　　　　　　　　　　(b) 转动机构

图 6-42　周转轮系的转化

　　设太阳轮、行星轮和系杆的转速分别为 n_1，n_3，n_2 和 n_H，转向均为逆时针方向。假定转动方向沿逆时针方向为正，顺时针方向为负。周转轮系中的行星齿轮做复杂运动是由系杆的回转运动造成的，如果系杆的转速 $n_H=0$，此时轮系即为定轴轮系。根据相对运动原理，假想给整个周转轮系加一个顺时针方向的转速，即加一个"$-n_H$"，则各构件之间的相对运动关系不变，而这时系杆"静止不动"（$n_H-n_H=0$），于是周转轮系便转化成为定轴轮系。这种经过一定条件的转化所得到的假想的定轴轮系，称为原周转轮系的转化机构，如图 6-42(b) 所示。

　　当整个周转轮系附加上一个"$-n_H$"转速以后，各构件的转速变化如表 6-8 所示。

表 6-8　周转轮系各构件转化前后的转速变化表

构件代号	原来转速	附加"n_H"后的转速	构件代号	原来转速	附加"n_H"后的转速
1	n_1	$n_1^H=n_1-n_H$	3	n_3	$n_3^H=n_3-n_H$
2	n_2	$n_2^H=n_2-n_H$	H	n_H	$n_H^H=n_H-n_H$

　　注：表中 n_1^H,n_2^H,n_3^H,n_H^H 表示转化机构中各构件的转速，可以看出，这里的 n_1^H,n_2^H,n_3^H 即为各构件相对于系杆 H 的转速。

由于转化机构是一个定轴轮系,所以可用定轴轮系速比的计算方法,求得转化机构的速比:

$$i_{13}^{H} = \frac{n_1^{H}}{n_3^{H}} = \frac{n_1 - n_H}{n_3 - n_H} = -\frac{z_2 z_3}{z_1 z_2} = -\frac{z_3}{z_1}$$

式中"−"号表示转化机构 1 与齿轮 3 的转向相反,因为转化机构中外啮合齿轮的对数为奇数($n = 1$)。

上列式子虽表示转化机构的传动速比,但式中包含了周转轮系各基本构件的转速和各齿轮齿数之间的关系。不难理解,在各齿轮齿数已知的条件下,只要给出 n_1、n_3 和 n_H 中的任意两个,则另一个即可根据上式求出,于是原周转轮系的速比 i_{13}(或 i_{1H},i_{3H})也就可随之求出。

根据上述原理,不难得到周转轮系速比的一般计算公式。设以 1 和 K 代表周转轮系中的两个太阳轮,以 H 代表系杆,其中轮 1 为主动轮,则其转化机构的速比 i_{1K}^{H} 为

$$i_{1K}^{H} = \frac{n_1 - n_H}{n_K - n_H} = (-1)^n \frac{z_2 \cdots z_K}{z_1 \cdots z_{K-1}} \tag{6-23}$$

式(6-23)即为用来计算周转轮系速比的基本公式。式中 i_{1K}^{H} 是转化机构中轮 1 和 K 的速比,对于已知的周转轮系来说,总是可以求出的。n_1、n_K 及 n_H 为周转轮系中各基本构件的转速。对于差动轮系来说,由于两个太阳轮及系杆都是运动的,故三个转速 n_1、n_K 和 n_H 中必须有两个是已知的,才能求出第三个。对于行星轮系,由于一个太阳轮固定,其转速为零(即 n_1 或 n_K 为零),所以只要已知一个基本构件的转速就可求得另一构件的转速。

例 6-4 在如图 6-43 所示的周转轮系中,已知 $z_1 = 99$,$z_2 = 100$,$z_2' = 101$,$z_3 = 100$,齿轮 1 固定不动,试求系杆 H 与齿轮 3 之间的传动速比 i_{3H}。

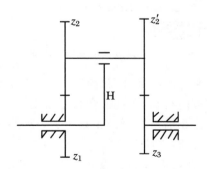

图 6-43 大速比行星轮系

解 根据式(6-23)可得

$$i_{1K}^{H} = \frac{n_1 - n_H}{n_3 - n_H} = (-1)^2 \frac{z_2 z_3}{z_1 z_2'} = \frac{100 \times 100}{99 \times 101} = \frac{10000}{9999}$$

而 $n_1 = 0$,故得

$$i_{H3} = \frac{n_H}{n_3} = 10000$$

这就是说,当系杆 H 转 10000 转时,齿轮 3 才转 1 转。此例说明周转轮系的结构虽然很简单,但可获得很大的传动速比。

6.6 液气传动

6.6.1 液压传动系统简介

1. 液压传动的工作原理

图 6-44 为液压千斤顶的原理示意图，我们可以用它说明液压传动的工作原理。

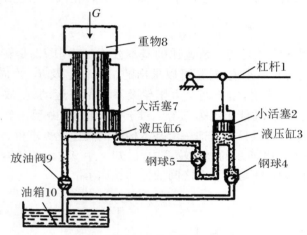

图 6-44 液压千斤顶的工作原理

图中大、小两个液压缸 6 和 3 的内部分别装有活塞 7 和 2，活塞和缸体之间保持一种良好的配合关系，不仅活塞能在缸内滑动，而且配合面之间能实现可靠的密封。

当用手向上提起杠杆 1 时，小活塞 2 就被带动上升，于是小缸 3 的下腔密封容积增大，腔内压力下降，形成部分真空，这时钢球 5 将所在的通路关闭，油箱 10 中的油液就在大气压力的作用下推开钢球 4 沿吸油孔道进入小缸的下腔，完成一次吸油动作。接着压下杠杆 1，小活塞下移，小缸下腔的密封容积减小，腔内压力升高，这时钢球 4 自动关闭油液流回油池的通路，小缸下腔的压力油就推开钢球 5 挤入大缸 6 的下腔，推动大活塞将重物 8（重力为 G）向上顶起一段距离。

如此反复地提压杠杆 1，就可以使重物不断升起，达到起重的目的。若将放油阀 9 旋转 90°，则在物体 8 的自重作用下，大缸中的油液流回油箱，活塞下降到原位。

从此例可以看出，液压千斤顶是一个简单的液压传动装置。分析液压千斤顶的工作过程可知，液压传动是依靠液体在密封容积变化中的压力能实现运动和动力的传递的。液压传动装置本质上是一种能量转换装置，它先将机械能转换为便于输送的液压能，后又将液压能转换为机械能做功。

2. 液压传动系统的组成及特点

（1）液压传动系统的组成

图 6-45 为一台简化了的机床工作台液压传动系统。我们可以通过它进一步了解一般液压传动系统应具备的基本性能和组成情况。

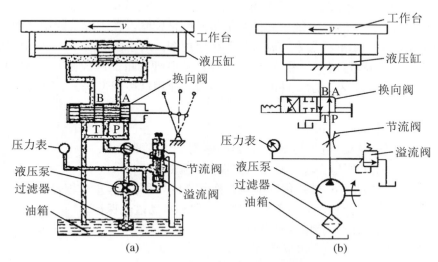

图 6-45　机床工作台液压传动系统

在图 6-45(a) 中，液压泵 3 由电动机（图中未示出）带动旋转，从油箱 1 中吸油。油液经过滤器 2 过滤后流往液压泵，经泵向系统输送。来自液压泵的压力油流经节流阀 8 的开口，并经换向阀 7 的 P-A 通道（如图所示换向阀 7 的阀心移到左边位置）进入液压缸 6 的右腔，推动活塞连同工作台 5 向左移动。这时，液压缸左腔的油通过换向阀 7 的 B-T 通道经回油管排回油箱。如果将换向阀手柄扳到右边位置，使阀心处于右边位置，则压力油经换向阀 P-B 通道进入液压缸的左腔，推动活塞连同工作台向右移动，液压缸右腔的油亦经换向阀 A-T 通道流回油箱。

工作台的移动速度是通过节流阀 8 来调节的。当节流阀开口较大时，进入液压缸的流量较大，工作台的移动速度也较快；反之，当节流阀开口较小时，工作台移动速度则较慢。

工作台移动时必须克服阻力，例如克服切削力和相对运动表面的摩擦力等。为适应克服不同大小阻力的需要，泵输出油液的压力应当能够调整。另外，当工作台低速移动时，节流阀开口较小，泵出口多余的压力油亦需排回油箱。这些功能是由溢流阀 9 来实现的。调节溢流阀弹簧的预压力就能调整泵出口的油液压力，并让多余的油在相应压力下打开溢流阀，经回油管流回油箱。

从上述例子可以看出，液压传动系统由以下五个部分组成：

（1）动力元件。动力元件即液压泵，它将原动机输入的机械能转换为流体介质的压力能，其作用是为液压系统提供压力油，是系统的动力源。

（2）执行元件。执行元件是指液压缸或液压马达，它是将液压能转换为机械能的装置，其作用是在压力油的推动下输出力和速度（或力矩和转速），以驱动工作部件。

（3）控制元件。包括各种阀类，如上例中的溢流阀、节流阀、换向阀等。这类元件的作用是用以控制液压系统中油液的压力、流量和流动方向,以保证执行元件完成预期的工作。

（4）辅助元件。包括油箱、油管、滤油器以及各种指示器和控制仪表等。它们的作用是提供必要的条件,使系统得以正常工作和便于监测控制。

（5）工作介质。工作介质即传动液体,通常称液压油(常用油有 32 号、64 号液压油)。液压系统就是通过工作介质实现运动和动力的传递的。

在图 6-45(a)中,组成液压系统的各个元件是用半结构式图形画出来的,这种图形直观性强,较易理解,但难于绘制,系统中元件数量多时更是如此。在工程实际中,除某些特殊情况外,一般都用简单的图形符号来绘制液压系统原理图。对于图 6-45(a)所示的液压系统,若用国家标准规定的液压图形符号绘制,则上述系统原理图可简画成图 6-45(b)。图中的符号只表示元件的功能,不表示元件的结构和参数。使用这些图形符号,可使液压系统图简单明了,便于绘制。

（2）液压传动系统的特点

液压传动与机械传动、电气传动方式相比较,有如下主要优点：

（1）液压传动能方便地在较大范围内实现无级调速。

（2）在相同功率情况下,液压传动能量转换元件的体积较小,重量较轻。

（3）工作平稳,换向冲击小,便于实现频繁换向和自动过载保护。

（4）机件在油中工作,润滑好,寿命长。

（5）操纵简单,便于采用电液联合控制以实现自动化。

（6）液压元件易于实现系列化、标准化和通用化。

液压传动的主要缺点是：

（1）由于泄漏不可避免,并且油有一定的可压缩性,因而无法保证严格的传动速比。

（2）液压传动有较多的能量损失(泄漏损失、摩擦损失等),故传动效率不高,不宜用作远距离传动。

（3）液压系统对油温的变化比较敏感,不宜在很高和很低的温度下工作。

（4）液压系统出现故障时,不易找出原因。

总的说来,液压传动的优点是十分突出的,所以在各个领域得到了广泛的应用。在军事中,PLZ07B 式 122 毫米自行榴弹炮底盘系统中的分动箱安装在动力舱的右后方,与变速箱、水上传动箱之间靠传动轴传递动力,由主传动和辅助传动两部分组成。如图 6-46 所示为分动箱离合器控制液压回路,油液经过滤器输入到主泵,再进行精滤,通过离合器控制阀,来控制离合器。

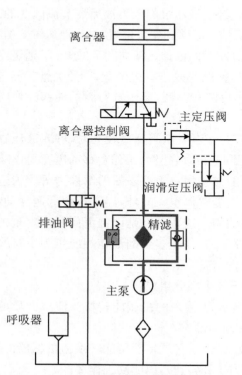

图 6-46　分动箱离合器控制液压回路

6.6.2 气压传动系统简介

气压传动是以压缩空气作为工作介质进行能量传递的一种传动方式。气压传动及其控制技术(简称气动技术)目前在国内外工业生产中应用较多、发展较快。

气压传动也像液压传动一样,利用流体作为工作介质而传动,在工作原理、系统组成、元件结构及图形符号等方面,二者之间存在着不少相似之处。

1. 气压传动系统的组成

图6-47所示为用于气动剪切机的气压传动系统实例。气压传动与液压传动都是利用流体作为工作介质,具有许多共同点,气压传动系统也由以下五个部分组成:

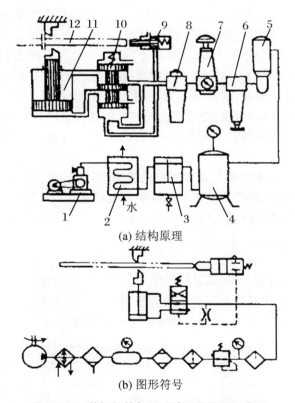

(a) 结构原理

(b) 图形符号

图6-47 剪切机的气压系统工作原理示意图

1-空气压缩机;2-冷却器;3-分水排水器;4-气罐;5-空气干燥器;
6-空气过滤器;7-减压阀;8-油雾器;9-机动阀;10-气控换向阀;
11-气缸;12-工料

(1) 动力元件(气源装置)。其主体部分是空气压缩机(图中元件1)。它将原动机(如电动机)供给的机械能转变为气体的压力能,为各类气动设备提供动力。用气量较大的厂矿都专门建立有压缩空气站,以管理向各用气点输送压缩空气。

(2) 执行元件。包括各种气缸(图中元件11)和气马达。它的功用是将气体的压力能转变为机械能,输给工作部件。

（3）控制元件。包括各种阀类。如各种压力阀（图中元件 7）、方向阀（图中元件 9、10）、流量阀、逻辑元件等，用以控制压缩空气的压力、流量和流动方向以及执行元件的工作程序，以便使执行元件完成预定的运动规律。

（4）辅助元件。是使压缩空气净化、润滑、消声以及用于元件间连接等所需的装置。如各种冷却器、分水排水器、气罐、干燥器、过滤器、油雾器（图中元件 2、3、4、5、6、8）及消声器等，它们对保持气动系统可靠、稳定和持久地工作起着十分重要的作用。

（5）工作介质。工作介质即传动气体，为压缩空气。气压系统就是通过压缩空气实现运动和动力的传递的。

图 6-47 所示气动剪切机的工作过程如下（图示位置为工料被剪前的情况）：

当工料 12 由上料装置（图中未画出）送入剪切机并到达规定位置时，机动阀 9 的顶杆受压而使阀内通路打开，气控换向阀 10 的控制腔便与大气相通，阀心受弹簧力作用而下移。由空气压缩机 1 产生并经过初次净化处理后储藏在气罐 4 中的压缩空气，经空气干燥器 5、空气过滤器 6、减压阀 7 和油雾器 8 及气控换向阀 10，进入气缸 11 的下腔；气缸上腔的压缩空气通过阀 10 排入大气。此时，气缸活塞向上运动，带动剪刀将工料 12 切断。工料剪下后，即与机动阀脱开，机动阀 9 复位，所在的排气通道被封死，气控换向阀 10 的控制腔气压升高，迫使阀心上移，气路换向，气缸活塞带动剪刀复位，准备第二次下料。由此可以看出，剪切机构克服阻力切断工料的机械能是由压缩空气的压力能转换后得到的；同时，由于换向阀的控制作用使压缩空气的通路不断改变，气缸活塞方可带动剪切机构频繁地实现剪切与复位的动作循环。

如图 6-47(a) 所示为剪切机气动系统的结构原理，如图 6-37(b) 所示为该系统的图形符号。可以看出，气动图形符号和液压图形符号有很明显的一致性和相似性，但也存在不少重大区别之处，例如，气动元件向大气排气，就不同于液压元件回油接大油箱的表示方法。

2. 气压传动的特点

气压传动的工作介质是空气，其具有压缩性大、黏性小、清洁度和安全性高等特点，与液压油差别较大，因此气压传动与液压传动在性能、使用方法、使用范围和结构上也存在较大的差别。气压传动与液压、电气、机械传动方式的比较见表 6-9。

表 6-9 气压传动与其他传动方式的比较

	气动	液压	电气	机械
输出力大小	中等	大	中等	较大
动作速度	较快	较慢	快	较慢
装置构成	简单	复杂	一般	普通
受负载影响	较大	一般	小	无
传输距离	中	短	远	短
速度调节	较难	容易	容易	难
维护	一般	较难	较难	容易
造价	较低	较高	较高	一般

通过比较可知，气压传动具有如下特点。

优点：

(1) 气动动作迅速、反应快,调节控制方便,维护简单,不存在介质变质及补充等问题。

(2) 气体流动阻力小,能量损失小,易于实现集中供气和远距离输送。

(3) 以空气为工作介质,不仅易于取得,而且用后可直接排入大气,处理方便,也不污染环境。

(4) 工作环境适应性好,无论在易燃、易爆、多尘埃、强磁、辐射、振动等恶劣环境中,还是在食品加工、轻工、纺织、印刷、精密检测等高净化、无污染场合,都具有良好的适应性,且工作安全可靠,过载时能自动保护。

(5) 气动元件结构简单,成本低,寿命长,易于标准化、系列化和通用化。

缺点：

(1) 由于空气具有较大的可压缩性,因而工作速度受外加负载影响大,运动平稳性较差。

(2) 因工作压力低(一般 $0.3\sim1.0$ MPa),不易获得较大的输出力或转矩。

(3) 有较大的排气噪声。

气压传动在相当长的时间内仅被用来执行简单的机械动作,但近年来气动技术在自动化技术的应用和发展中起到了极其重要的作用,并得到了广泛的应用。

练 习 题

基本题

6-1 带传动如何组成? 带可分为哪些类型? 为什么 V 带传动承载能力比平带大得多?

6-2 在带传动中,什么是有效拉力? 它和传动效率有什么关系?

6-3 带传动打滑在什么情况下发生? 刚开始打滑时,紧边拉力与松边拉力有什么关系?

6-4 什么是弹性滑动? 为什么说弹性滑动是带传动中的固有现象?

6-5 普通 V 带传动传递的功率 $P=10$ kW,带速 $v=12.5$ m/s,紧边拉力 F_1 是松边拉力 F_2 的两倍。求紧边拉力 F_1 及有效拉力 F。

6-6 链传动的主要特点是什么? 链传动适用于什么场合?

6-7 为什么带传动的紧边在下,而链传动的紧边在上?

6-8 与其他传动相比较,齿轮传动有哪些优缺点?

6-9 齿轮的齿廓曲线为什么必须具有适当的形状? 渐开线齿轮有什么优点? 渐开线是怎样形成的? 其性质有哪些?

6-10 齿轮的齿距和模数各表示什么意思?

6-11 什么是齿轮的分度圆? 分度圆上的压力角和模数是否一定为标准值?

6-12 一对标准直齿圆柱齿轮的正确啮合条件是什么? 齿轮连续传动的条件是什么?

6-13 现有两个渐开线直齿圆柱齿轮,其参数分别为 $m_1 = 2\ \text{mm}, z_1 = 40, \alpha = 20°$;$m_2 = 2\ \text{mm}, z_2 = 40, \alpha = 15°$。试问,两齿轮的齿廓渐开线形状是否相同?为什么?

6-14 一对正确安装的外啮合标准直齿圆柱齿轮传动,其参数为:$z_1 = 20, z_2 = 80$,$m = 2\ \text{mm}, \alpha = 20°, h_a^* = 1, c^* = 0.25$。试计算传动比 i 以及两轮的主要几何尺寸。

6-15 斜齿圆柱齿轮的当量齿数的含义是什么?当量齿数有何用途?

6-16 齿轮轮齿有哪几种主要失效形式?开式传动和闭式传动的失效形式是否相同?设计时各应用什么设计准则?

6-17 试说明蜗杆传动的特点及应用范围(与齿轮比较)。

6-18 指出定轴轮系与周转轮系的区别。传动比的符号表示什么意义?如何确定轮系的转向关系?何谓惰轮?它在轮系中有何作用?

6-19 行星轮系和差动轮系有何区别?为什么要引入转化轮系?

6-20 如图 6-48 所示的时钟齿轮传动机构由 4 个齿轮组成,已知 $z_1 = 8, z_2 = 60$,$z_4 = 64$,其中 z_1 齿轮固定在分针轴上,齿轮 z_4 固定在时针轴上,求 z_3。

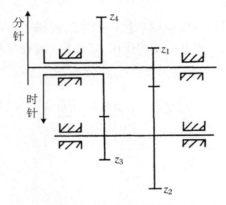

图 6-48 题 6-20 图

6-21 在如图 6-49 所示的轮系中,已知 $z_1 = 20, z_2 = 40, z_2' = 20, z_3 = 30, z_3' = 20$,$z_4 = 40$,求轮系的传动比 i_{14},并确定轴 O_1 和轴 O_4 的转向是相同还是相反。

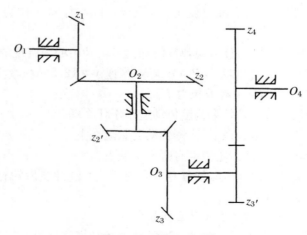

图 6-49 题 6-21 图

6-22 在如图 6-50 所示的轮系中，$z_1 = 16$，$z_2 = 32$，$z_3 = 20$，$z_4 = 40$，$z_5 = 2$（右旋蜗杆），$z_6 = 40$，若 $n_1 = 800$ r/min，求蜗轮的转速 n_6 并确定各轮的转向。

6-23 何谓液压传动？液压传动的基本工作原理是怎样的？

6-24 液压传动系统有哪些组成部分？各部分的作用是什么？

6-25 和其他传动方式相比较，液压传动有哪些主要优缺点？

6-26 试述气压传动的组成及特点。并比较液压和气压传动系统，它们的组成有何不同？

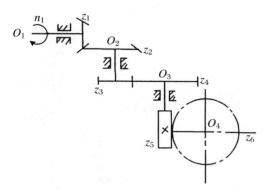

图 6-50 题 6-22 图

提高题

6-27 当分度圆压力角 $\alpha = 20°$，齿顶高系数 $h_a^* = 1$，$c^* = 0.25$ 时，若渐开线标准直齿圆柱齿轮的齿根圆和基圆重合，齿轮的齿数应是多少？如果齿数大于或小于这个数值，那么基圆和齿根圆哪个大些？

6-28 舵机是无人机飞行控制系统的执行部件，它接收飞控机输出的控制信号，带动无人机的舵面和发动机控制机构，实现对无人机的飞行控制。其中小模数减速器主要用来实现电机与负载的功率匹配、电机与执行机构速度的匹配。已知减速器中的一对减速齿轮：小齿轮齿数 18，大齿轮齿数 45，模数选用 0.5，压力角为 20°，试计算这对齿轮的主要尺寸。

6-29 已知一标准单头蜗杆蜗轮传动的中心距 $a = 75$ mm，传动比 $i_{12} = 40$，模数 $m = 3$ mm，齿顶高系数 $h_a^* = 1$，顶隙系数 $c^* = 0.2$。试计算蜗杆的特性系数 q，蜗杆导程角 γ 以及蜗杆和蜗轮的分度圆直径 d_1、d_2，齿顶圆直径 d_{a1}、d_{a2}，齿根圆直径 d_{f1}、d_{f2}。

6-30 如图 6-51 所示为某高炮炮弹钟表引信的齿轮传动机构，$z_1 = 25$，$z_1' = 8$，$z_2 = 68$，z_2'、$z_3' = 10$，$z_3 = 50$，$z_4 = 40$，主动轮 z_1 每转过一齿需 0.0077 秒，如需中心轮 z_4 转过 330°击发引信，试问击发一次，z_1 应转动多长时间？

6-31 如图 6-52 所示为某高炮高低机的手动传动机构。已知各轮齿数 $z_1 = 35$，$z_2 = 17$，$z_2' = 35$，$z_3 = 17$，$z_3' = 1$（右旋），$z_4 = 27$，$z_4' = 20$，$z_5 = 224$（将高低机齿弧补齐成圆柱齿轮时的齿数）。设锥齿轮 1 按图示方向转动，试求：

（1）传动比 i_{15}；

（2）当锥齿轮 1 转过一圈时，高低齿弧的转角为多少度？

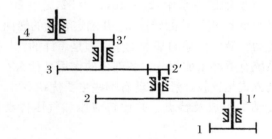

图 6-51 题 6-30 图

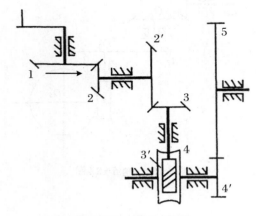

图 6-52 题 6-31 图

6-32 如图 6-53 所示为组合机床滑台的周转轮系,已知 $z_1 = 20$, $z_2 = z'_2 = 24$, $z_3 = z'_3 = 20$, $z_4 = 24$,蜗轮转速 $n_H = 16.5$ r/min。试问:

(1) 若 z_1 齿轮固定不动,z_4 齿轮的转速为多少?

(2) 若 z_1 齿轮的转速 $n_1 = 940$ r/min,当它与蜗轮同向转动或反向转动时,z_4 齿轮的转速各为多少?

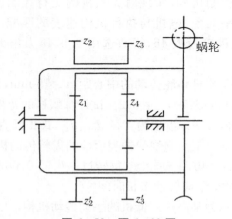

图 6-53 题 6-32 图

6-33 如图 6-54 所示齿轮系,已知 $z_1 = 22$, $z_3 = 88$, $z'_3 = z_5$,试求传动比 i_{15}。

6-34 如图 6-55 所示为汽车式起重机主卷筒的齿轮传动系统,已知各齿轮齿数 $z_1 = 20$, $z_2 = 30$, $z_6 = 33$, $z_7 = 57$, $z_3 = z_4 = z_5 = 28$,蜗杆 8 的头数 $z_8 = 2$,蜗轮 9 的齿数 $z_9 = 30$。

试计算 i_{19},并说明双向离合器的作用。

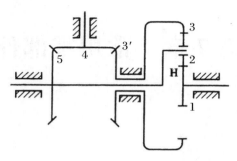

图 6－54 题 6－33 图

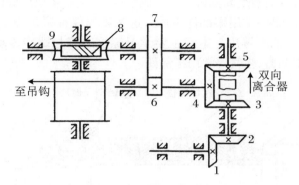

图 6－55 题 6－34 图

6－35 如图 6－56 所示为某型火炮高低机轮系,已知各轮齿数分别为 $z_1 = 24$, $z_2 = 42$, $z_3 = 21$, $z_4 = 45$, $z_5 = 1$(右旋), $z_6 = 40$, $z_7 = 26$, $z_8 = 139$, $z'_1 = 19$, $z'_2 = 47$,分两组求机动传动与手动传动时的传动比。

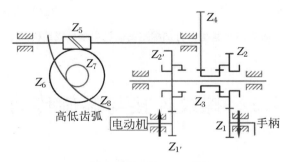

图 6－56 题 6－35 图

第7章 常用零部件

导入装备案例

图7-1为某型自行加榴炮高低机主轴总成结构图,主要实现高低机蜗杆动力的传递[①]。高低机主轴总成结构由哪些常用零部件组成? 这些零部件有哪些特点? 如何使用与维护? 这些问题将通过本章知识来解决。本章主要学习螺纹连接与螺旋传动,轴和轴毂连接,轴承、联轴器、离合器、制动器、弹簧等常用零部件。

主轴　支撑圈　定向套　套筒　碟形弹簧　　支撑环　螺母　套筒

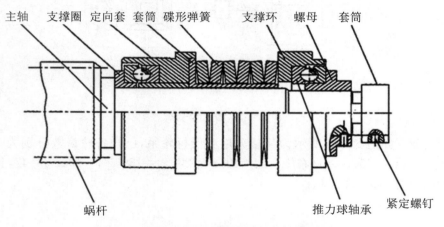

蜗杆　　　　　　　　　　　　　　　　　　　推力球轴承　紧定螺钉

图7-1　某型自行加榴炮高低机主轴总成结构图

7.1　螺纹连接与螺旋传动

7.1.1　螺纹的形成及其主要参数

如图7-2所示,将一直角三角形 ABC 绕到一圆柱体上,并使其底边与圆柱体底面周边重合,则斜边在圆柱体表面上就形成一条螺旋线。

---

①套筒与变速箱部分的输出轴相连,从而带动蜗杆转动,蜗杆带动蜗轮,从而驱动主轴转动。射击时蜗杆承受蜗轮传给的作用力,通过支撑圈、定向套筒装配、套筒传给碟形弹簧,此时碟形弹簧被压缩,对蜗杆起保护作用。

螺旋线是圆柱或圆锥(图 7 - 2(b))表面运动的点的轨迹,该点的轴向位移 a 和相应的角位移 θ 成正比。

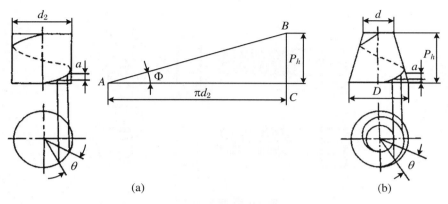

图 7 - 2 螺纹的形成

在圆柱(或圆锥)表面上,沿着螺旋线的具有规定牙型的连续凸起(又称牙)称为螺纹。

在圆柱或圆锥外表面上形成的螺纹称为外螺纹,在圆柱或圆锥内表面上形成的螺纹称为内螺纹。

内、外螺纹相互旋合形成的连接称为螺纹副,本章仅介绍圆柱表面上的螺纹。

在通过螺纹轴线的剖面上,螺纹的轮廓形状称为螺纹牙型。螺纹牙型有三角形、矩形、梯形、锯齿形和圆形等,如图 7 - 3 所示。三角形多用于连接,矩形、梯形、锯齿形多用于传动。

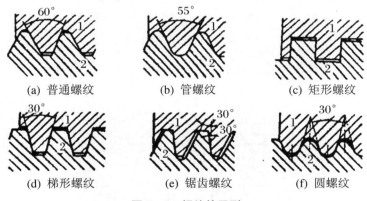

图 7 - 3 螺纹的牙型

根据螺旋线的绕行方向,螺纹分为右旋和左旋,顺时针旋转时旋入的螺纹称右旋螺纹,反之称左旋螺纹,如图 7 - 4 所示。也可这样判定:使螺纹轴线垂直水平面,螺旋线自下而上向右倾斜为右旋,向左倾斜为左旋。

常用右旋螺纹,必要时才用左旋螺纹,如汽车左车轮轮毂上固定车轮的螺栓螺纹、炮口制退器与炮身的连接螺纹(当火炮身管膛线为右旋时)等。左旋螺纹的标准紧固件通常制有左旋标志。

根据螺旋线的数目,螺纹又可分为单线和多线螺纹。沿一条螺旋线所形成的螺纹称为单线螺纹;沿两条或两条以上在轴向等距分布的螺旋线所形成的螺纹称为多线螺纹,如图

7-5所示。单线螺纹升角小(一般小于5°),易于自锁,多线螺纹升角大,效率较高,多用于传动。螺纹的线数可直接由端部判别。为了制造方便,螺纹一般不超过四线,单线螺纹最常用。

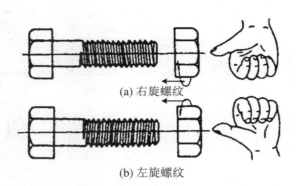

(a) 右旋螺纹

(b) 左旋螺纹

图 7-4　螺纹的旋向

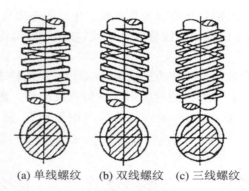

(a) 单线螺纹　　(b) 双线螺纹　　(c) 三线螺纹

图 7-5　不同线数的螺纹

现以广泛应用的圆柱形普通螺纹连接的示意图(图 7-6)来说明螺纹的主要参数。

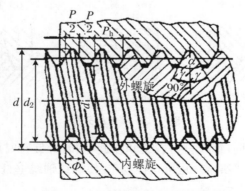

图 7-6　圆柱螺纹的主要参数

(1) 大径 d:与外螺纹牙顶或内螺纹牙底相切的假想圆柱的直径。通常都以大径为螺纹的公称直径(圆锥表面上的螺纹除外)。

(2) 小径 d_1:与外螺纹牙底或内螺纹牙顶相切的假想圆柱的直径。

(3) 中径 d_2:一个假想圆柱的直径,该圆柱的母线通过牙型上的沟槽和凸起宽度相等的地方。其值约等于螺纹的平均直径。

（4）螺距 P：相邻两牙在中径线上对应两点间的轴向距离。

（5）导程 P_h：同一条螺旋线上的相邻两牙在中径线上对应两点间的轴向距离。导程 P_h、螺距 P 和螺旋线数 n 的关系为

$$P_h = nP$$

（6）牙型角 α：螺纹牙型上两相邻牙侧间的夹角。

（7）螺纹升角（导程角）$\varPhi$：中径圆柱上螺旋线的切线与垂直于螺纹轴线的平面的夹角，其值为

$$\varPhi = \arctan \frac{P_h}{\pi d_2} = \arctan \frac{nP}{\pi d_2} \tag{7-1}$$

7.1.2　螺纹连接的基本类型和应用

如图 7-7 所示，螺纹连接的基本类型有螺栓连接（图 7-7(a)、(b)）、螺钉连接（图 7-7(c)）、双头螺柱连接（图 7-7(d)）、紧定螺钉连接（图 7-7(e)）。其中螺栓连接用于两被连接件都不太厚的情形，图(a)为普通螺栓连接，其螺栓与孔之间有间隙；图(b)为铰制孔用螺栓连接，其螺栓与孔之间采用过渡或过盈配合。螺钉连接和双头螺柱连接都用于被连接件之一较厚的情形，但螺钉连接不适于经常装拆。

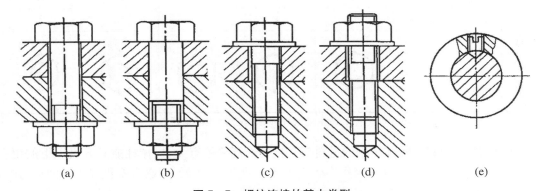

图 7-7　螺纹连接的基本类型

螺纹连接中，常用的紧固件：螺栓、螺柱、螺钉、螺母、垫圈及防松零件等的品种及类型很多，如图 7-1 所示的某型自行加榴炮高低机主轴总成结构中的螺母、紧定螺钉等，均为标准件。在设计和维修使用中，应按标准选用。

螺栓、螺钉、螺柱的机械性能分为十级，如表 7-1 所示。机械性能的标记代号由隔离符"."及其前后两部分数字组成，如机械性能 4.8 级的公称抗拉强度为 400 N/mm^2，屈强比为 8，故其公称屈服强度为 320 N/mm^2。

螺母的机械性能等级用螺栓机械性能等级标记的第一部分数字标记，1 型粗牙螺母分为五级，2 型细牙螺母分为三级，如表 7-1 表示。

表 7-1　螺栓、螺母的机械性能等级及推荐组合

螺栓性能等级		3.6	4.6	4.8	5.6	5.8	6.8	8.8	9.8	10.9	12.9
螺母性能等级	1 型	4(或 5)			5		6	8	—	8	—
	2 型	—							9	10	12

当螺栓和螺母配套成组合件时,两者的机械性能应符合表 7-1 的推荐组合,即为同等级,此时设计已保证螺母比螺栓的破坏强度高 10% 以上,这种组合件的失效形式是螺栓断裂而不是螺纹脱扣,以便于及时发现螺纹组合件失效。

为了识别螺纹紧固件的性能等级,在螺纹直径≥5 mm 的紧固件头部制有相应的标志,如图 7-8 所示。螺母标志方法有代号标志和时钟面法标志两种,如表 7-2 所示。

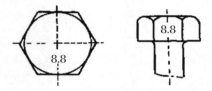

图 7-8　六角头螺栓和螺钉标志示例

表 7-2　公称高度≥0.8D 螺母的性能等级标记方法

性能等级		4 和 5	6	8	9	10	12
供选择的标志	代号	无标志	6	8	9	10	12
	时针面法符号	无标志					

注:代号标志用凹字标志在螺母支承面或侧面上,时钟面法的符号为螺母表面凹痕。

螺栓、螺钉和双头螺柱所用的材料与其机械性能等级有关,机械性能 6.8 级以下的用中碳钢或低碳钢;8.8 级至 10.9 级用中碳钢淬火并回火,或用低、中碳合金钢淬火并回火;10.9 级和 12.9 级可用合金钢。

7.1.3　螺纹连接的预紧和防松

按螺纹连接装配时是否预紧,可分为松连接和紧连接。在实际应用中,大多为紧螺栓连接。预紧的目的在于:增加连接刚度、紧密性和提高防松能力。

对一般的紧螺栓连接,其拧紧力矩可不严格控制,而是凭工人的经验,常使用如图 7-9 所示的扳手。重要的螺栓连接(如内燃机气缸盖的双头螺柱连接)都应控制拧紧力矩,其大小可用测力矩扳手(图 7-10(a))或定力矩扳手(图 7-10(b))等控制,前者可读出拧紧力矩值,后者当达到所要求拧紧力矩时,弹簧受压,扳手打滑。

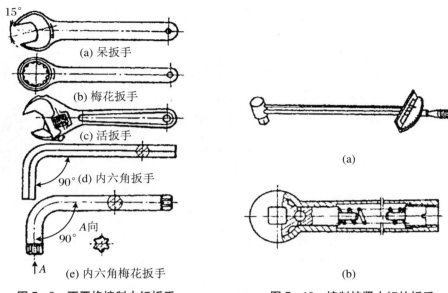

图 7-9　不严格控制力矩扳手　　　　　图 7-10　控制拧紧力矩的扳手

连接用的普通螺纹通常满足自锁条件,但在冲击、振动或变载或高温情况下,连接会出现松动以至松脱,导致重大事故,因此必须重视螺纹连接防松。螺纹连接防松的实质就是防止螺纹副的相对转动。防松方法很多,按其工作原理可分为摩擦防松、机械防松和永久防松。常用的几种防松装置和防松方法见表 7-3。

表 7-3　螺纹连接常用的防松方法

	弹簧垫圈	双　螺　母	尼龙圈锁紧螺母
利用摩擦力防松	弹簧垫圈的材料为弹簧钢,装配后被压平,其反弹力使螺纹间保持压紧力和摩擦力,同时切口尖角也有阻止螺母反转的作用。 结构简单,尺寸小,工作可靠,应用广泛。	利用两螺母的对顶作用,把该段螺纹拉紧,保持螺纹间的压力。由于多用一个螺母,外廓尺寸大,且不十分可靠,目前已很少使用。	利用螺母末端的尼龙圈箍紧螺栓,横向压紧螺纹。

续表

槽形螺母的开口销	圆螺母和止退垫圈	串联金属丝
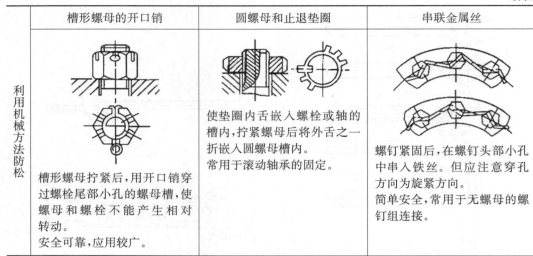		
槽形螺母拧紧后，用开口销穿过螺栓尾部小孔的螺母槽，使螺母和螺栓不能产生相对转动。 安全可靠，应用较广。	使垫圈内舌嵌入螺栓或轴的槽内，拧紧螺母后将外舌之一折嵌入圆螺母槽内。 常用于滚动轴承的固定。	螺钉紧固后，在螺钉头部小孔中串入铁丝。但应注意穿孔方向为旋紧方向。 简单安全，常用于无螺母的螺钉组连接。

（利用机械方法防松）

*7.1.4　螺栓连接的强度计算

螺栓连接的受载形式很多，它所传递的载荷主要有两类：一类为外载荷沿着螺栓轴线方向，称轴向载荷；一类为外载荷垂直于螺栓轴线方向，称横向载荷。对螺栓来讲，当传递轴向载荷时，螺栓受的是轴向拉力，故称受拉螺栓，可分为不预紧的松连接和有预紧的紧连接。当传递横向载荷时，一种是采用普通螺栓，靠螺栓连接的预紧力使被连接件接合面间产生摩擦力来传递横向载荷，此时螺栓所受的是预紧力，仍为轴向拉力。另一种是采用铰制孔用螺栓，螺杆与铰制孔间是过渡配合，工作时靠螺杆受剪，杆壁与孔相互挤压来传递横向载荷，此时螺杆受剪切力作用，故称受剪螺栓。

螺栓连接的强度计算主要是根据连接的类型、连接的装配情况（预紧或不预紧）、载荷状态等条件来确定螺栓的受力，然后按相应的强度条件计算螺栓危险剖面的直径（螺纹的内径）或校核其强度。螺栓的其他部分（螺纹牙、螺栓头、光杆）和螺母、垫圈的结构尺寸，是根据等强度条件及使用经验规定的，通常都不需要进行强度计算，可按螺栓螺纹的公称直径由标准中选定。

1. 普通螺栓连接的强度计算

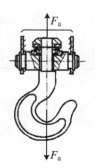

图 7-11　起重吊钩的松螺栓连接

普通螺栓的主要失效形式为螺栓杆拉断。其强度计算分为松螺栓连接和紧螺栓连接两种。螺栓连接的强度计算方法对双头螺柱和螺钉连接也同样适用。

（1）松螺栓连接的强度计算

起重吊钩的松螺栓连接在装配时不拧紧螺母，如图7-11所示。设当吊钩起吊重物时，螺栓工作时受到的最大轴向载荷为 F_a，则螺栓正常工作的强度条件为

$$\sigma = \frac{4F_a}{\pi d_1^2} \leqslant [\sigma] \qquad (7-2)$$

式中，σ 为螺栓工作时受到的最大轴向应力，单位为 MPa；$[\sigma]$ 为松螺栓连接的许用应力，单位为 MPa，见表 7-4；d_1 为螺纹小径，单位为 mm。

常用螺栓连接许用应力 $[\sigma]$ 及安全系数如表 7-4、表 7-5 所示。

表 7-4　螺栓连接的许用应力 $[\sigma]$

连接情况	受载情况	许用应力 $[\sigma]$ 和安全系数 S
松连接	轴向静载荷	$[\sigma] = \sigma_s/S$； $S = 1.2 \sim 1.7$ 未淬火钢取小值
紧连接	轴向静载荷 横向静载荷	$[\sigma] = \sigma_s/S$； 控制预紧力时 $S = 1.2 \sim 1.5$；不能严格控制预紧力时，安全系数 S 查表 7-5
铰制孔用 螺栓连接	横向静载荷	$[\tau] = \sigma_s/2.5$； 被连接件为钢时，$[\sigma_p] = \sigma_s/1.25$； 被连接件为铸铁时，$[\sigma_p] = \sigma_s/2 \sim 2.5$
	横向动载荷	$[\tau] = \sigma_s/3.5 \sim 5$，$[\sigma_p]$ 按静载荷的 $[\sigma_p]$ 值降低 $20\% \sim 30\%$ 计算

表 7-5　紧螺栓连接的安全系数 S

材料	静载荷			变载荷	
	$M_6 \sim M_{16}$	$M_{16} \sim M_{30}$	$M_{30} \sim M_{60}$	$M_6 \sim M_{16}$	$M_{16} \sim M_{30}$
碳素钢	$4 \sim 3$	$3 \sim 2$	$2 \sim 1.3$	$10 \sim 6.5$	6.5
合金钢	$5 \sim 4$	$4 \sim 2.5$	2.5	$7.5 \sim 5$	5

由式(7-2)可得设计公式：

$$d_1 \geqslant \sqrt{\frac{4F_a}{\pi[\sigma]}} \tag{7-3}$$

计算出 d_1 值，再查有关手册可得公称直径 d。

例 7-1　如图 7-11 所示的起重吊钩，已知其材料为 35 钢，许用拉应力 $[\sigma] = 60$ MPa，受到的载荷为 25 kN，试求吊钩尾部螺纹的小径。

解　由式(7-3)得螺纹的小径：

$$d_1 \geqslant \sqrt{\frac{4F_a}{\pi[\sigma]}} = \sqrt{\frac{4 \times 25 \times 10^3}{\pi \times 60}} = 23.033 \text{（mm）}$$

由 d_1 值，查有关手册可得，公称直径 $d = 27$ mm 的螺纹 $d_1 = 23.752$ mm>23.033 mm，合格，故吊钩尾部螺纹可采用 M27。

(2) 紧螺栓连接的强度计算

紧螺栓连接在装配时必须拧紧螺母，使螺栓受到预紧力的作用。有的紧螺栓连接只受预紧力的作用，有的则受预紧力的作用和横向或轴向载荷的作用。

① 只受预紧力的紧螺栓连接的强度计算

这种连接在拧紧螺母时，螺栓受到预紧力作用的同时，还受到拧紧螺母时的摩擦力矩的作用。因此，在紧连接中的螺栓，受到的是拉伸和扭转的组合作用，螺栓所承受的应力是拉伸和扭转切应力的组合应力。根据第四强度理论，同时为了计算简便，对于 $M_{10} \sim M_{68}$ 普通螺纹的钢制螺栓，考虑扭转对螺栓强度的影响，把螺栓所受的拉力加大 30%，即计算载荷为

$1.3F_0$，因此，螺栓螺纹部分的强度条件为

$$\sigma = \frac{1.3 \times 4F_0}{\pi d_1^2} \leqslant [\sigma] \qquad (7-4)$$

由式(7-4)可得设计公式：

$$d_1 \geqslant \sqrt{\frac{5.2F_0}{\pi[\sigma]}} \qquad (7-5)$$

式中，σ 为螺栓工作时受到的最大轴向应力，单位为 MPa；$[\sigma]$ 为紧螺栓连接的许用拉应力，单位为 MPa（查表7-4）；d_1 为螺纹小径，单位为 mm；F_0 为螺栓承受的预紧力，单位为 N。

② 受横向载荷的紧螺栓连接的强度计算

如图7-12(a)、(b)所示，这种连接的螺栓与孔之间有间隙，拧紧螺母后，被连接件由预紧力 F_0 压紧，使被连接件之间产生足够大的摩擦力，以阻止被连接件之间的相对移动。预紧力的大小可根据受横向载荷作用时接合面不发生相对移动的条件确定，也就是接合面间产生的最大摩擦力必须大于或等于横向载荷，即

$$zfF_0 m \geqslant CF \qquad (7-6)$$

$$F_0 \geqslant \frac{CF}{zfm} \qquad (7-7)$$

式中，C 为可靠系数，一般取 1.1～1.5；F 为横向外载荷，单位为 N；z 为螺栓数目；f 为接合面摩擦系数，可查表7-6；m 为接合面的数目。

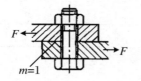 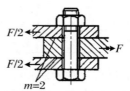

(a) 两个连接件受横向载荷的紧螺栓连接　　(b) 三个连接件受横向载荷的紧螺栓连接

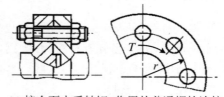

(c) 接合面内受转矩T作用的普通螺栓连接

图7-12　受横向载荷的紧螺栓连接

表7-6　接合面摩擦系数 f

被连接件	表面状态	接合面摩擦系数 f
钢或铸铁零件	干燥的加工表面	0.10～0.16
	有油的加工表面	0.06～0.10
钢结构	喷砂处理	0.45～0.55
	涂富锌漆	0.35～0.40
	轧制表面、用钢丝刷清理浮锈	0.30～0.35
铸铁对榆杨木(或混凝土)	干燥表面	0.40～0.50

由式(7-7)可知,若取 $f = 0.15$, $C = 1.2$, $m = 1$, $z = 1$,则预紧力 $F_0 \geqslant \dfrac{CF}{zfm} = 8F$,可见,这种靠摩擦力传递横向载荷的普通螺栓连接,其尺寸是较大的。为了避免上述缺陷,常用减载装置来承担横向工作载荷,而螺栓仅起连接作用。

如图 7-12(c)所示为接合面内受转矩 T 作用的普通螺栓连接,工作转矩 T 是靠摩擦力来传递的。若各螺栓的中心线到螺栓组形心距离相等,均为 r,则由理论力学可知,预紧力应为

$$F_0 \geqslant \frac{CF}{zfr} \tag{7-8}$$

式中,C 为可靠系数,一般取 $1.1 \sim 1.5$;z 为螺栓数目;f 为接合面摩擦系数,可查表 7-6。

③ 受轴向载荷的紧螺栓连接的强度计算

图 7-13 所示为压力容器的螺栓连接,由于工作前已拧紧螺母,故螺栓受到预紧力的作用,工作中还要受到被连接件传来的工作载荷 F_E 的作用。螺栓实际承受的总拉伸载荷 F_a 与预紧力 F_0、轴向工作载荷 F_E 及螺栓的刚度、被连接件的刚度有关,可用静力平衡与变形来分析。

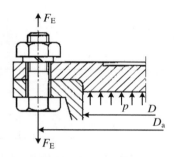

图 7-13　压力容器的螺栓连接

设图示容器的内径为 D,流体的单位压力(压强)为 p,连接的螺栓数目为 z,则单个螺栓承受轴向工作载荷 $F_E = \dfrac{\pi D^2 p}{4z}$。螺栓和被连接件在预紧力 F_0 和轴向工作载荷 F_E 作用前后的受力和变形情况如图 7-14 所示。

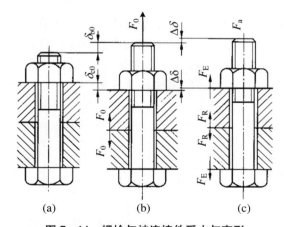

图 7-14　螺栓与被连接件受力与变形

(a) 螺母与被连接件彼此刚好贴合时的情况;

(b) 螺母拧紧但未承受工作载荷时的情况;

(c) 连接在预紧后,受到轴向工作载荷 F_E 作用的情况

图 7-14(a)所示为螺母与被连接件彼此刚好贴合时的情况,此时因螺母未拧紧,故螺栓、被连接件均未受力也无变形。

图 7-14(b)所示为螺母拧紧后,但未承受工作载荷时的情况,这时螺栓在预紧力 F_0 的

作用下,拉长了 δ_{b0};被连接件在预紧力 F_0 的作用下,缩短了 δ_{c0}。

图 7-14(c)所示为连接在预紧后,受到轴向工作载荷 F_E 作用的情况。这时螺栓所受到的轴向拉力由 F_0 增加到 F_a,螺杆的伸长量增加 $\Delta\delta$,而成为 $\delta_{b0}+\Delta\delta$,与此同时,被连接件由于螺杆的伸长获得一定的弹性恢复,压缩量减少 $\Delta\delta$,而成为 $\delta_{c0}-\Delta\delta$。与此对应的压力就是残余预紧力 F_R。

此时螺栓的总拉伸载荷 F_a 等于工作载荷 F_E 与残余预紧力 F_R 之和,即

$$F_a = F_E + F_R \tag{7-9}$$

紧螺栓连接应保证被连接件的接合面不产生缝隙,因此,残余预紧力 F_R 应大于零。残余预紧力 F_R 可按下式计算:

$$F_R = KF_E$$

总拉伸载荷为

$$F_a = F_E + KF_E \tag{7-10}$$

式中 K 为残余预紧系数,其值可查表 7-7。

表 7-7 残余预紧系数 K

连接情况	紧固		紧密
	静载荷	变载荷	
残余预紧系数 K	0.2~0.6	0.6~1	1.5~1.8

在一般计算中,可先根据连接的工作要求规定残余预紧力 F_R,其次由式(7-10)求出螺栓的总拉伸载荷 F_a,然后按式(7-5)计算螺栓强度。

2. 铰制孔螺栓连接的强度计算

图 7-15 所示为铰制孔螺栓连接,这种连接螺杆配合部分与通孔采用过渡配合,无间隙,横向载荷直接由螺杆配合部分承受,工作时,螺杆在接合面处承受剪切,螺杆与被连接件孔壁相接触处受挤压,其强度条件为

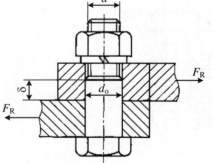

图 7-15 铰制孔螺栓连接

$$\tau = \frac{4F}{\pi m d_0^2} \leqslant [\tau] \tag{7-11}$$

$$\sigma_p = \frac{F}{d_0 \delta} \leqslant [\sigma_p] \tag{7-12}$$

式中,d_0 为螺杆受剪切处的直径,单位为 mm;δ 为螺杆和被连接件孔壁相接触面受挤压的最小轴向长度,单位为 mm;m 为螺杆受剪切面的数目;$[\tau]$ 为螺栓的许用剪切应力,单位为 MPa;$[\sigma_p]$ 为螺栓或孔壁的许用挤压应力,单位为 MPa。

7.1.5　螺旋机构

1. 螺旋机构的应用和特点

螺旋机构可以用来把回转运动变为直线移动,在各种机械设备和仪器中得到广泛的应用。如图 7−16 所示的某型远程火箭炮千斤顶机构是应用螺旋机构的一个实例。

螺旋机构的主要优点是结构简单,制造方便,能将较小的回转力矩转变成较大的轴向力,能达到较高的传动精度,并且工作平稳,易于自锁。

螺旋机构的主要缺点是摩擦损失大,传动效率低,因此一般不用来传递大的功率。

螺旋机构中的螺杆常用中碳钢制成,而螺母则需用耐磨性较好的材料(如青铜、耐磨铸铁等)来制造。

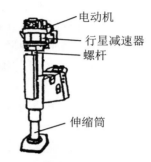

图 7−16　某型远程火箭炮千斤顶机构

2. 螺旋机构的类型

螺旋传动是利用螺杆和螺母组成的螺旋副来实现传动要求的,根据螺杆和螺母的相对运动关系,将螺旋机构的运动形式分为以下四种类型:

(1) 螺母不动,螺杆转动并做直线运动。

如图 7−17 所示的台式虎钳,螺杆上装有活动钳口,螺母与固定钳口连接,并固定在工作台上。当转动螺杆时,可带动活动钳口左右移动,使之与固定钳口分离或合拢。此种机构通常还应用于千斤顶、千分尺和螺旋压力机等。

(2) 螺杆不动,螺母转动并做直线运动。

如图 7−18 所示的螺旋千斤顶,螺杆被安置在底座上静止不动,转动手柄使螺母旋转,螺母就会上升或下降,托盘上的重物就被举起或放下。此种机构还应用在插齿机刀架传动上。

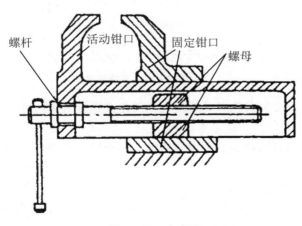

图 7−17　台虎钳

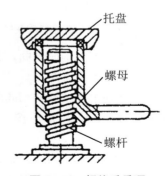

图 7−18　螺旋千斤顶

（3）螺杆原位转动，螺母做直线运动。

如图 7-16 所示的某型远程火箭炮千斤顶机构，电动机接通时，电机旋转，通过行星减速器将电动机转动的扭矩以必要的转速传到螺杆上，螺杆转动带动螺母移动，从而使与螺母固连在一起的内伸缩筒伸出，使千斤顶底板与地面接触，用来产生火箭筒平衡所必须的轴向力。此外，摇臂钻床中摇臂的升降机构、牛头刨床工作台的升降机构等均属这种形式的单螺旋机构。

（4）螺母原位转动，螺杆直线运动。

如图 7-19 所示应力试验机上的观察镜螺旋调整装置，由机架、螺母、螺杆和观察镜组成，当转动螺母时便可使螺杆向上或向下移动，以满足观察镜的上下调整要求。游标卡尺中的微量调节装置也属于这种形式的单螺旋机构。

在单螺旋机构中，螺杆与螺母间相对移动的距离可按下式计算：

$$L = nPz \tag{7-13}$$

式中，L 为移动距离，单位为 mm；n 为螺旋线数；P 为螺纹的螺距，单位为 mm；z 为转过的圈数。

螺旋传动按其螺旋副的数目不同可分为单螺旋传动和双螺旋传动。其中双螺旋机构如图 7-20 所示，螺杆 3 上有两段导程分别为 P_{h1} 和 P_{h2} 的螺纹，分别与螺母 1、2 组成两个螺旋副。其中螺母 2 兼作机架，当螺杆 3 转动时，能转动的螺母 1 相对螺杆 3 移动，同时又使不能转动的螺母 1 相对螺杆 3 移动。

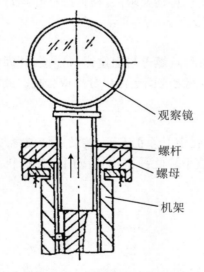

图 7-19 应力实验机观察镜螺旋调整装置

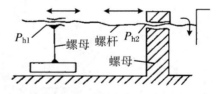

图 7-20 双螺旋机构

按两螺旋副的旋向不同，双螺旋机构又可分为差动螺旋机构和复式螺旋机构两种。

（1）差动螺旋机构

两螺旋副中螺纹旋向相同的双螺旋机构，称为差动螺旋机构。差动螺旋机构可动螺母 1 相对机架移动的距离 L 可按下式计算：

$$L = (P_{h1} - P_{h2})z \tag{7-14}$$

式中，L 为可动螺母 1 相对机架移动的距离，单位为 mm；P_{h1} 为螺母 1 的导程，单位为 mm；P_{h2} 为螺母 2 的导程，单位为 mm；z 为螺杆转过的圈数。

当 P_{h1} 和 P_{h2} 相差很小时，则移动量可以很小。利用这一特性，差动螺旋常应用于测微器、计算机、分度机以及许多精密切削机床、仪器和工具中。

（2）复式螺旋机构

两螺旋副中螺纹旋向相反时，该双螺旋机构称为复式螺旋机构。复式螺旋机构可动螺母 1 相对机架移动的距离 L 可按下式计算：

$$L = (P_{h1} + P_{h2})z \tag{7-15}$$

因为复式螺旋机构的移动距离 L 与两螺母导程的和 $(P_{h1} + P_{h2})$ 成正比，所以多用于需要快速调整或移动两构件相对位置的场合。

在实际应用中，若要求两构件同步移动，则只需使 $P_{h1} = P_{h2}$ 即可。图 7-21 所示的电线杆钢索拉紧装置用的松紧螺套，就是复式螺旋机构的应用实例。

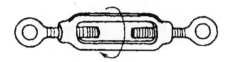

图 7-21　松紧螺套

螺旋传动按其螺旋副的摩擦性质不同可分为滑动螺旋、滚动螺旋和静压螺旋。滑动螺旋结构简单，便于制造，易于自锁，但其摩擦阻力大，传动效率低，磨损大，传动精度低。滚动螺旋和静压螺旋的摩擦阻力小，传动效率高，但结构复杂，只在高精度、高效率的重要传动中采用。如图 7-22 所示为滚珠螺旋机构，主要由螺母、丝杠、滚珠和滚珠循环装置组成。在丝杠和螺母的螺纹滚道之间装入许多滚珠，以减小滚道间的摩擦。当丝杠与螺母之间产生相对转动时，滚珠沿螺纹滚道滚动，并沿滚珠循环装置的通道返回，构成封闭循环。滚珠螺旋机构由于以滚动摩擦代替了滑动摩擦，故摩擦阻力小，传动效率高，运动稳定，动作灵敏。但其结构复杂，尺寸大，制造技术要求高。目前主要用于数控机床和精密机床的进给机构、重型机械的升降机构、精密测量仪器以及各种自动控制装置中。

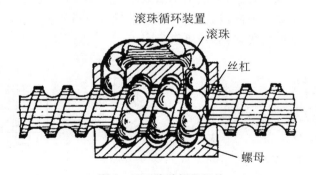

图 7-22　滚珠螺旋机构

7.1.6　螺纹零件的使用与维护

选用螺纹紧固件时，应注意：① 当应用于承受交变载荷时，应注意选用弹性螺栓、刚性大的垫片，如图 7-23 所示。② 螺纹牙受力不匀时，可选用如图 7-24 所示的环槽螺母、悬置螺母等。③ 对于承受交变载荷或振动大或高温情况下工作的螺栓连接，应采用机械元件防松。④ 有防锈蚀特殊要求的螺栓，可选用不锈钢螺栓。⑤ 换用螺栓或螺母时，应和被换用的螺栓、螺母的类型及其机械性能相同。

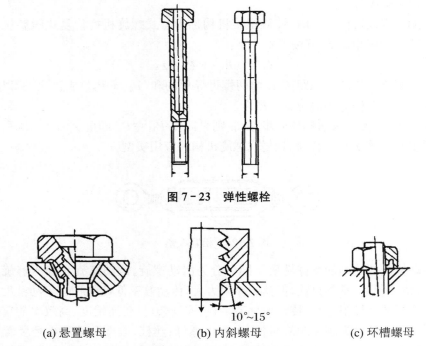

图 7 - 23　弹性螺栓

（a) 悬置螺母　　　　　(b) 内斜螺母　　　　　(c) 环槽螺母

图 7 - 24　悬置螺母、内斜螺母和环槽螺母

　　螺纹紧固件在安装和拆卸时,应注意:① 螺栓的支承表面应平整,以避免附加应力。如图 7 - 25 所示,常采用凸台((a)图)、凹坑((b)图)或球面垫圈((c)图)、斜垫圈((d)图)等。② 正确选用扳手。控制预紧力的螺纹连接,必须用控制力矩扳手;不严格控制预紧力的螺纹连接,应采用呆扳手等固定扳手,尽量不用活扳手。③ 按顺序拧紧。当螺钉数目较多时,为使载荷分布均匀,应按箭头方向或数字顺序依次拧紧,如图 7 - 26 所示。④ 垫片更换。当机器重新装配时,为保证密封可靠,必须更换全部垫片。

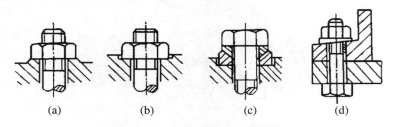

　　(a)　　　　　(b)　　　　　(c)　　　　　(d)

图 7 - 25　避免附加应力的结构

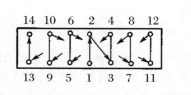

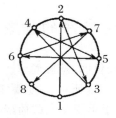

图 7 - 26　螺钉分布及拧紧次序

7.2　轴和轴毂连接

轴是机械中的重要零件,其功用是支承转动零件(如齿轮、带轮、凸轮等),并传递运动和动力。

7.2.1　轴的分类及材料

1. 轴的分类

按轴的承载情况,可分为心轴、传动轴和转轴三类。心轴只承受弯矩作用,既可转动如火车的车辆轴(图 7-27),也可不转动如滑轮轴(图 7-28)等;传动轴主要用来承受转矩而不承受弯矩(或很小),如汽车传动轴(图 7-29)等;转轴既受弯矩又受转矩作用,如减速器中的轴(图 7-30)等。

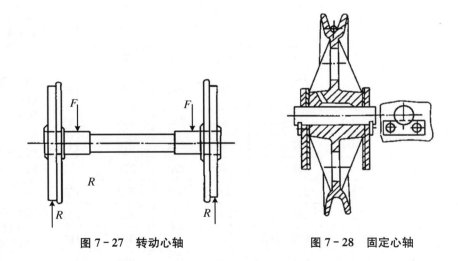

图 7-27　转动心轴　　　　　　图 7-28　固定心轴

按轴线形状分类,可分为直轴和曲轴。直轴又分光轴和阶梯轴。光轴的各处直径相同,阶梯轴的各段直径不同(图 7-30)。阶梯轴可使各轴段的强度相近,并便于零件的装拆、定位和紧固,应用广泛,如图 7-1 中某型自行加榴炮高低机中的主轴。

2. 轴的材料及其选择

轴常用的材料主要是 35、40、45 号等优质中碳钢,其中以 45 号钢最为常用。对于不太重要或受力较小的轴,可采用 Q235、Q275 等普通碳钢。对于要求强度高、尺寸小、重量轻的轴或重要的轴可采用合金钢,常用 20Cr、40Cr、35SiMn 和 35CrMo 等。对于外形复杂的轴,如曲轴和凸轮轴等,可用球墨铸铁制造。轴的常用材料及其力学性能列于表 7-8 中,供选用时参考。

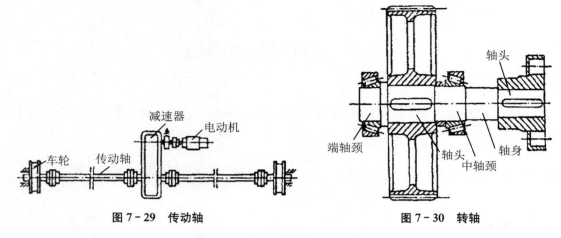

图7－29　传动轴　　　　　　　　　图7－30　转轴

表7－8　轴的常用材料及其力学性能

材料	热处理	毛坯直径（mm）	硬度 HBS	抗拉强度 σ_b	屈服点 σ_s	抗弯曲疲劳极限 σ_{-1}	抗剪切疲劳极限 τ_{-1}	应用场合
				（MPa）				
Q235				440	235	200	105	用于不重要或载荷不大的轴
35	正火	≤100	143～187	520	270	250	125	有好的塑性和适当的强度，可做一般曲轴、转轴等
	正火回火	＞100～300		500	260	240	120	
	调质	≤100	163～207	560	300	265	135	
45	正火回火	≤100	170～217	600	300	275	140	用于较重要的轴，应用最为广泛
		＞100～300	162～217	580	290	270	135	
	调质	≤200	217～255	650	360	300	155	
40Cr	调质	≤100	241～286	750	550	350	200	用于载荷较大而无很大冲击的重要轴
		＞100～300	241～266	700		340	195	
40MnB	调质	≤200	241～286	750	500	335	195	性能接近40Cr，可作为其代用品
35SiMn 42SiMn	调质	≤100	229～286	800	520	400	205	
		＞100～300	217～269	750	450	350	185	
35CrMo	调质	≤100	207～269	750	550	390	200	用于重载荷的轴。
20Cr	渗碳＋淬火＋回火	≤60	表面50～60HRC	650	400	280	160	用于强度、韧度及耐磨性较高的轴
QT450－10			160～210	450	310	160	140	多用于铸造形状复杂的曲轴、凸轮轴等
QT600－3			190～270	600	370	215	185	

7.2.2　轴的结构设计

进行轴的结构设计时，首先要拟定轴上零件的装配方案。不同的装配方案，轴有不同的结构形式，所以设计时要拟定不同装配方案，对比分析后择优确定，然后进行轴的具体结构设计。

1. 零件在轴上的轴向固定

零件在轴上的轴向固定是为了保证零件有确定的工作位置，防止零件沿轴向移动并承受轴向力。轴向固定方式很多，常见的有轴肩（图 7-31）、轴环（图 7-31）、螺母（图 7-32）、套筒（图 7-32）等。

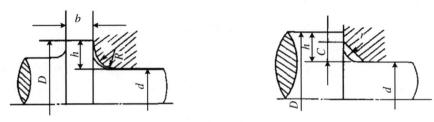

图 7-31　轴肩和轴环固定

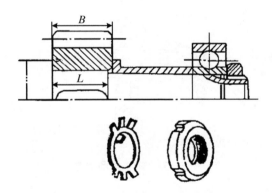

图 7-32　定位套筒与圆螺母固定

（1）轴肩和轴环

这种固定方法简单可靠，可承受较大的轴向力，应用较多。为了使零件端面与轴肩、轴环能很好地贴合，轴上的圆角半径 r 应比轴上零件孔端的圆角半径 R 或倒角高度 C 稍微小些。r、R 和 C 按表 7-9 所列的数值选用。同时还需保证轴肩和轴环的高度 $h > R$ 或 C。通常可取 $d = (0.07 \sim 0.1)h$，或 $h = (2 \sim 3)C$。轴环的宽度 $b \geqslant 1.4h$。与滚动轴承配合处的 h、r 值，应参照滚动轴承标准，但必须使轴肩高度低于轴承内圈厚度，以保证轴承的顺利拆卸。对于非定位轴肩的高度和圆角半径无严格规定，两段轴的直径稍有变化即可。

表 7-9　轴肩定位用倒角和圆角半径

单位:mm

轴径 d	10~18	>18~30	>30~50	>50~80
r	1	1.5	2	2.5
R 或 C	1.5	2	2.5	3

（2）定位套筒与圆螺母

如图 7-32 所示。当轴上两个零件相隔距离不大时,常采用套筒做轴向固定。这种固定能承受较大的轴向力,且定位可靠,结构简单,装拆方便,可减少轴的阶梯数量和应力集中。使用套筒定位时,应注意 $L<B$,才能使套筒顶住轴上零件。

当轴段允许车制螺纹时,可采用圆螺母和止动垫圈做轴向定位。此处螺纹一般用细牙螺纹,以免过多削弱轴的强度。轴上还必须切制纵向槽,供垫圈锁紧圆螺母用。采用这种固定方法,圆螺母可承受较大的轴向力,止动垫圈能可靠地防松,多用于滚动轴承的轴向固定。

（3）轴端挡圈与圆锥面

两者均适用于轴伸端零件的轴向固定。如图 7-33 所示,轴端挡圈和轴肩,或轴端挡圈和圆锥面,均可对零件实现轴向的双向固定。这种定位方式装拆方便,并可兼作周向固定,适用于高速、轻载的场合。圆锥面更适用于零件与轴的同心度要求较高的场合。

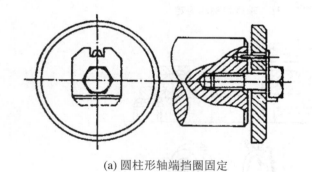

(a) 圆柱形轴端挡圈固定　　　　　　　(b) 圆锥面轴端挡圈固定

图 7-33　轴端挡圈固定

（4）弹性挡圈与紧定螺钉

用于轴向力较小,或仅仅为了防止零件偶然沿轴向移动的场合。

弹性挡圈常与轴肩联合使用,可对轴上零件实现双向固定,常用于滚动轴承的轴向固定（图 7-34）。

紧定螺钉多用于光轴上零件的轴向固定,还可兼作周向固定（图 7-35）。这种固定方法结构简单,且零件的位置可比较方便地调整,但不宜用于较高转速的轴。

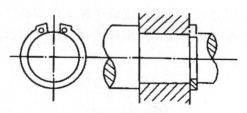
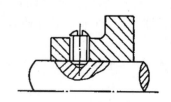

图 7-34　弹性挡圈固定　　　　　　　图 7-35　紧定螺钉固定

2. 零件在轴上的周向固定

零件在轴上的周向固定是为了传递转矩,防止零件与轴产生相对转动。常用的周向固定方法有键或花键连接、销连接、过盈配合等。键、花键、销的周向固定方法在本节后面的轴毂连接中讨论。

过盈配合就是轴比孔稍大,一般可将轴压入零件的孔内而获得牢固的连接。用过盈配合做轴上零件的周向固定,同时也有轴向固定的作用。这种固定方法结构简单,固定可靠,对中性好,承载能力和抗冲击性也较高,但不易拆卸。为了装配方便,零件装入端常加工出引导锥面。

对于对中性要求高,承受较大振动和冲击载荷的周向固定,还可用键和过盈配合组合使用的固定方法,以传递较大的转矩。这样可使轴上零件的周向固定更加牢靠。

3. 轴的结构工艺性

在进行轴的结构设计时,应尽量使轴的形状简单,并具有良好的加工和装配工艺性能,以减少劳动量,提高劳动生产率。

(1) 为保证轴上零件装拆顺利,轴的各段直径应从轴端起逐渐加大,一般将轴设计成两端细、中间粗的阶梯状。轴的台阶数要尽可能少,轴肩高度尽可能小,以减少加工,降低成本。

(2) 轴端、轴头、轴颈的端部都应有倒角,以便装配和保证安全。

(3) 需要磨削或切制螺纹的轴段应留有砂轮越程槽和螺纹退刀槽。

(4) 为了减少加工时使用车刀的规格和换刀次数,最好将一根轴上的所有圆角半径和退刀槽宽度取成同样大小。

(5) 如果沿轴的长度方向需要铣制几个键槽时,最好将这些键槽开在同一根母线上。

(6) 为了便于轴加工过程中各工序的定位,轴的两端面上应制作出中心孔。中心孔的结构尺寸可参阅有关设计手册。

*7.2.3 轴的强度计算与刚度计算

1. 轴的强度计算

轴的强度计算有三种方法:按扭矩计算,按当量弯矩计算和按安全系数校核。

(1) 按扭矩计算

对于只传递扭矩,不承受弯矩或弯矩较小的轴,可按扭矩计算轴的直径,其强度条件为

$$\tau = \frac{T}{W_{\mathrm{T}}} = \frac{9.55 \times 10^6 \dfrac{P}{n}}{0.2 d^3} \leqslant [\tau] \tag{7-16}$$

最小直径计算公式:

$$d \geqslant \sqrt[3]{\frac{9.55 \times 10^6 \dfrac{P}{n}}{0.2 [\tau]}} = C \sqrt[3]{\frac{P}{n}} \tag{7-17}$$

式中,τ 为轴的扭切应力,单位为 MPa;T 为轴传动的扭矩,单位为 N·mm;W_T 为轴的抗扭截面系数,单位为 mm³;P 为轴传递的功率,单位为 kW;n 为轴的转速,单位为 r/min;d 为轴的直径,单位为 mm;$[\tau]$ 为轴材料的许用扭切应力,单位为 MPa,如表 7-10 所示;C 为与轴材料有关的系数,如表 7-10 所示。

表 7-10　轴常用材料的 $[\tau]$ 值和 C 值

轴的材料	Q235、20	35	45	40Cr、35SiMn、40MnB
$[\tau]$(MPa)	12～20	20～30	30～40	40～52
C	160～135	135～118	118～107	107～98

注:当作用在轴上的弯矩比转矩小或只受转矩作用时,$[\tau]$ 取较大值,C 取较小值;反之,$[\tau]$ 取较小值,C 取较大值。

当最小直径剖面上有一个键槽时增大 5%,当有两个键槽时增大 10%,然后圆整为标准直径,标准直径如表 7-11 所示。

表 7-11　标准直径

单位:mm

10	12	14	16	18	20	22	24	25	26	28
30	32	34	36	38	40	42	45	48	50	53
56	60	63	67	71	75	80	85	90	95	100

(2) 按当量弯矩计算

对于同时承受扭矩和弯矩的轴,可以按材料力学中的当量弯矩进行强度计算。使用这种方法计算必须知道轴上作用力的大小、方向和作用点的位置,以及轴承跨距等要素,显然,这种计算方法只有当轴上零件在草图上已布置妥当、外载荷和支反力等已知时才能进行,所以这种计算一般是在前述的按扭矩初步估算出轴径,并初步完成结构设计后才进行。

1) 轴的计算简图

将轴简化成简支梁,如图 7-36 所示。将力的作用点、弯矩、扭矩等简化在中点,而支点的位置与轴承类型有关。

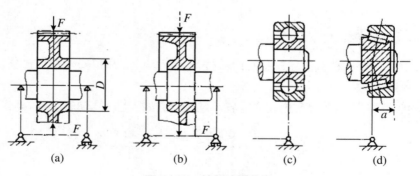

图 7-36　轴的计算简图

2) 按弯扭合成强度计算

① 画出轴的空间力系图。

② 计算水平弯矩,并画出水平面的弯矩图 M_H。

③ 计算垂直弯矩,并画出垂直面的弯矩图 M_V。

④ 计算合成弯矩 $M = \sqrt{M_H^2 + M_V^2}$,画出合成弯矩图。

⑤ 计算轴的扭矩 T,画出扭矩图。

⑥ 计算当量弯矩 $M_e = \sqrt{M^2 + (\alpha T)^2}$,式中,$\alpha$ 是根据扭矩性质而定的折合系数,对于不变的扭矩,$\alpha = \dfrac{[\sigma_{-1b}]}{[\sigma_{+1b}]} \approx 0.3$,对于脉动循环的扭矩,$\alpha = \dfrac{[\sigma_{-1b}]}{[\sigma_{0b}]} \approx 0.6$,对于对称循环的扭矩,$\alpha = 1$。其中 $[\sigma_{-1b}]$、$[\sigma_{0b}]$、$[\sigma_{+1b}]$ 分别为对称循环、脉动循环及静应力状态下的许用弯曲应力,其值见表 7 - 12。

⑦ 校核轴的强度。求出危险截面的当量弯矩后,按强度条件计算:

$$\sigma = \frac{M_e}{W} = \frac{\sqrt{M^2 + (\alpha T)^2}}{0.1 d^3} \leqslant [\sigma_{-1b}] \tag{7-18}$$

式中,W 为轴的危险截面的抗弯截面系数,单位为 mm^3,$W = 0.1 d^3$。

表 7 - 12　轴的许用弯曲应力

单位:MPa

材料	σ_b	$[\sigma_{+1b}]$	$[\sigma_{0b}]$	$[\sigma_{-1b}]$
碳素钢	400	130	70	40
	500	170	75	45
	600	200	95	55
	700	230	110	65
合金钢	800	270	130	75
	900	300	140	80
	1000	330	150	90
	1200	400	180	110

计算轴的直径时,式(7 - 18)可以写成

$$d \geqslant \sqrt[3]{\frac{M_e}{0.1 [\sigma_{-1b}]}} \tag{7-19}$$

2. 轴的刚度计算

轴的刚度主要是弯曲刚度和扭转刚度。弯曲刚度:轴在弯矩作用下产生弯曲变形,其变形量用挠度 y 和偏转角 θ 来度量,如图 7 - 37(a)所示;扭转刚度:在扭转作用下产生扭转变形,其变形量用扭转角 φ 来度量,如图 7 - 37(b)所示。

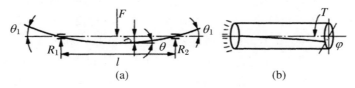

(a)　　　　　　　　　　　(b)

图 7 - 37　轴的刚度计算

设计时轴的刚度条件为:挠度 $y \leqslant [y]$,偏转角 $\theta \leqslant [\theta]$,扭转角 $\varphi \leqslant [\varphi]$。式中$[y]$、$[\theta]$、$[\varphi]$分别为轴的许用挠度、许用偏转角和许用扭转角,其值如表 7-13 所示。

(1) 弯曲变形计算

等直径轴的挠曲线近似微分方程为

$$\frac{\mathrm{d}^2 y}{\mathrm{d}x^2} = \frac{M}{EJ}$$

做一次积分得偏转角方程,做二次积分得挠曲线方程,根据边界条件可得出 θ、y 的值。

对于阶梯轴,其当量直径

$$d_{\mathrm{m}} = \frac{\sum d_i l_i}{\sum l_i} \tag{7-20}$$

表 7-13　轴的许用挠度$[y]$、许用偏转角$[\theta]$和许用扭转角$[\varphi]$

变形	应用场合	许用值
挠度 y(mm)	一般用途的轴	$(0.0003 \sim 0.0005)$
	刚度要求较高的轴	$0.0002l$
	安装齿轮的轴	$(0.01 \sim 0.05)m_{\mathrm{n}}$
	安装蜗轮的轴	$(0.02 \sim 0.05)m_1$
偏转角 θ(rad)	滑动轴承	0.001
	向心球轴承	0.005
	向心球面轴承	0.05
	圆柱滚子轴承	0.0025
	圆锥滚子轴承	0.0016
	安装齿轮处	$0.001 \sim 0.002$
扭转角 φ(°/m)	一般传动	$0.5 \sim 1$
	较精密的传动	$0.25 \sim 0.5$
	精密传动	0.25

注:l 为轴的跨距,单位 mm;m_{n} 为齿轮法面模数;m_1 为蜗轮端面模数。

(2) 扭转变形计算

① 等直径轴扭转角:

$$\varphi = \frac{Tl}{GJ_{\mathrm{p}}} \quad (\mathrm{rad}) \tag{7-21}$$

② 阶梯轴:

$$\varphi = \frac{1}{G} \sum \frac{T_i l_i}{J_{\mathrm{p}i}} \quad (\mathrm{rad}) \tag{7-22}$$

例 7-2　用于带式运输机的单级斜齿圆柱齿轮减速器的低速轴,已知电动机输出的传动功率 $P = 15\ \mathrm{kW}$,从动齿轮转速 $n = 280\ \mathrm{r/min}$,从动齿轮分度圆直径 $d = 320\ \mathrm{mm}$,螺旋角 $\beta = 14°15'$,轮毂长度 $l = 80\ \mathrm{mm}$,试设计减速器的从动轴的结构和尺寸。

解　(1)选择轴的材料,确定许用应力。选用 45 钢,调质处理,查表 7-8,强度极限 $\sigma_{\mathrm{b}} = 650\ \mathrm{MPa}$,查表 7-12,利用插值法算得许用弯曲应力$[\sigma_{-1\mathrm{b}}] = 59\ \mathrm{MPa}$。

(2)按扭转强度初步计算轴径。查表 7-10,取材料系数 $C = 110$,按式(7-17)估算直径:

$$d = C\sqrt[3]{\frac{P}{n}} = 110\sqrt[3]{\frac{15}{280}} = 41.4(\text{mm})$$

轴的截面上有一个键槽,将直径增大 5%,则 $d = 41.4 \times 105\% = 43.5(\text{mm})$。

查表 7-11,取标准值 $d = 45\text{ mm}$,即轴的最小直径为 45 mm。

(3) 轴的结构设计。

① 轴上零件的定位、固定和装配。单级减速器采用阶梯轴,可将轴装配在箱体中央,与两轴承对称分布,先装配齿轮,左面用轴肩定位,右面用套筒轴向固定,齿轮靠平键周向固定。左轴承用轴肩和轴承盖固定,右轴承用套筒和轴承盖固定,两轴承的周向固定采用过盈配合。联轴器装配在轴的右端,采用平键做周向固定,轴肩做轴向固定。

② 确定轴的各段直径和长度。轴的外伸端直径 $d_1 = 45\text{ mm}$,其长度应比装 HL 型联轴器的长度稍短 $L_1 = 84\text{ mm}$。通过轴承盖和右轴承处的直径 $d_2 = d_1 + 2h = 45 + 2 \times 0.07 d_1$ $= 51.3(\text{mm})$。初选深沟球轴承 6311,其内径为 55 mm,宽度为 29 mm,取标准直径为 55 mm,此处轴段的 L_2 长度应根据轴承盖的结构来确定,参考机械设计手册。装齿轮处的直径 $d_3 = d_2 + 2h = 55 + 2 \times 0.07 d_2 = 62.7(\text{mm})$,取标准直径 $d_3 = 65\text{ mm}$,轴头的长度 L_3 $= 80 - 2 = 78\text{ mm}$。齿轮与箱体之间应有一定的距离,一般 $\Delta_1 = 15 \sim 20\text{ mm}$,轴承的内壁与箱体内壁应有一定的距离,一般 $\Delta_2 = 5 \sim 10\text{ mm}$,取套筒为 20 mm。轴环直径:$d_4 = d_3 + 2h$ $= 63 + 2 \times 0.07 d_3 = 71.8(\text{mm})$,取轴环直径为 75 mm。绘制轴的结构草图如图 7-38 所示,计算轴承间的跨距 $L = l + 2\Delta_1 + 2\Delta_2 + B = 80 + 30 + 20 + 29 = 159(\text{mm})$。

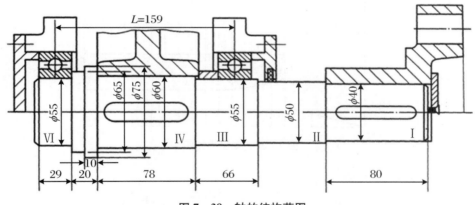

图 7-38　轴的结构草图

(4) 按弯扭组合强度校核轴的强度。

① 绘制轴受力简图如图 7-39 所示。

由分析,有

$$T = 9549 \times 10^3 \frac{P}{n} = 9549 \times 10^3 \times \frac{15}{280} = 511554(\text{N} \cdot \text{mm})$$

$$F_t = \frac{2T}{d} = \frac{2 \times 511554}{320} = 3197.2(\text{N})$$

$$F_r = \frac{F_t}{\cos\beta}\tan\alpha_n = \frac{3197.2}{\cos 14°15'} \times \tan 20° = 1201(\text{N})$$

$$F_a = F_t\tan\beta = 3197.2\tan 14°15' = 812(\text{N})$$

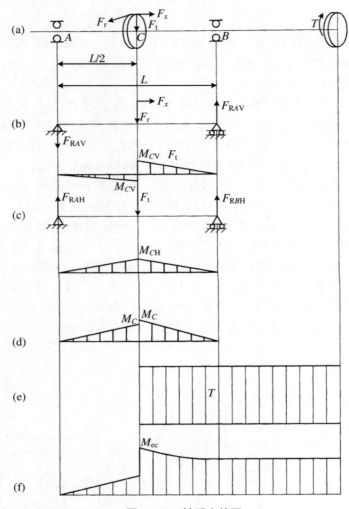

图 7-39 轴受力简图

水平面（H 面）支座反力为

$$F_{RAH} = F_{RBH} = \frac{F_t}{2} = \frac{3197.2}{2} = 1599(N)$$

点 C 水平弯矩为

$$M_{CH} = F_{RAH} \frac{L}{2} = 1599 \times \frac{159}{2} = 127120.5(N \cdot mm)$$

垂直面（V 面）支座反力为

$$F_{RAV} = 216.8(N), \quad F_{RBV} = 1417.4(N)$$

点 C 垂直弯矩为

$$M_{CV左} = F_{RAV} \frac{L}{2} = 216.8 \times \frac{159}{2} = 17235.6(N \cdot mm)$$

$$M_{CV右} = F_{RBV} \frac{L}{2} = 1417.4 \times \frac{159}{2} = 112683.3(N \cdot mm)$$

② 绘制合成弯矩图：

$$M_{C左} = \sqrt{M_{CV左}^2 + M_{CH}^2} = \sqrt{17235.6^2 + 127120.5^2} = 128283.6(\text{N} \cdot \text{mm})$$

$$M_{C右} = \sqrt{M_{CV右}^2 + M_{CH}^2} = \sqrt{112683.3^2 + 127120.5^2} = 169873.9(\text{N} \cdot \text{mm})$$

③ 绘制扭矩图：

$$T = 511554(\text{N} \cdot \text{mm})$$

④ 绘制当量弯矩图。

扭剪应力按脉动循环变化：

$$\alpha = 0.6$$

$$M_{ec} = \sqrt{M_C^2 + (\alpha T)^2} = \sqrt{169873.9^2 + (0.6 \times 511554)^2} = 350805.7(\text{N} \cdot \text{mm})$$

⑤ 校核危险截面的强度：

$$\sigma_e = \frac{M_{ec}}{0.1d^3} = \frac{350805.7}{0.1 \times 55^3} = 21.08(\text{MPa}) < 60(\text{MPa})$$

所以强度足够。

（5）绘制轴的工作图（略）。

7.2.4　轴毂连接

实现轴和轮毂零件（如齿轮、带轮、联轴器等）之间的周向固定，以传递运动和转矩所形成的连接，称为轴毂连接。

轴毂连接的类型很多，其中最常用的为键和花键连接。由于键和花键已标准化，因此通常只是选择键和花键。

1. 键连接的类型、结构、特点和应用

根据形状，键可分为平键、半圆键和楔键等，其中以平键最为常用。键的材料一般采用 $\sigma_b \geqslant 600 \text{ MPa}$ 的碳钢或精拔钢，最常用的是 45 钢。

（1）平键连接

平键具有矩形或正方形截面。按用途平键可分为普通平键、导向平键和滑键三种。图 7-40 所示为普通平键的结构形式，把键置于轴和轴上零件对应的键槽内，工作时靠键和键槽侧面的挤压来传递转矩，因此键的两个侧面为工作面。键的上、下面为非工作面，且键的上面与轮毂键槽的底面间留有少量间隙。普通平键连接具有装拆方便、易于制造、不影响轴与轴上零件的对中等特点，多用于传动精度要求较高的情况。但是它只能用作轴上零件的周向固定，而不能用作轴向固定，更不能承受轴向力。

普通平键按端部结构形状分，有圆头（A 型）、平头（B 型）和单圆头（C 型）三种，如图 7-40 所示。采用圆头和单圆头普通平键时，轴上的键槽使用键槽铣刀（立铣刀）加工而成，圆头普通平键常用于轴的中部，单圆头普通平键用于轴的端部。采用平头普通平键时，轴上的键槽是用盘铣刀铣出的，应力集中较小。

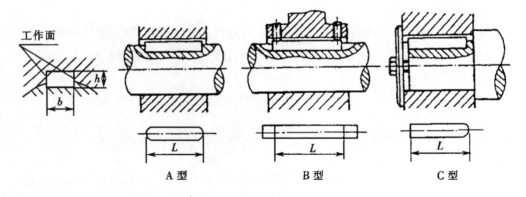

图 7-40　普通平键连接

（2）半圆键连接

半圆键的两侧面为半圆形,靠键的两侧面实现周向固定并传递转矩(图 7-41)。它的特点是加工和装拆方便,对中性好,键能在轴槽中绕槽底圆弧曲率中心摆动,自动适应轮毂上键槽的斜度。但轴上的键槽较深,对轴的削弱较大。主要用于轻载时圆锥面轴端的连接。

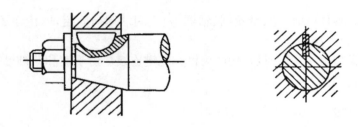

图 7-41　半圆键连接

通常,在一个轴毂连接中只用一个键。但当传递载荷较大时,可用两个键。如用两个普通平键,两键应相隔 180°,若需两个半圆键时,则应将两键槽布置在同一母线上,这样既便于加工,又不会过多地削弱轴的强度。

（3）楔键连接

如图 7-42 所示。楔键上、下面是工作面。键的上表面和毂槽的底部各有 1∶100 的斜度,装配时把键打入,靠键楔紧产生的摩擦力传递运动和转矩。同时还可传递单向的轴向力,对零件起到单向的轴向固定作用。楔键分普通楔键和钩头楔键两种,钩头是供装拆用的。由于楔键打入时,迫使轴的轴心与轮毂轴心分离,从而破坏了轴与毂的同心度,因此楔键连接的应用日益减少,仅用于一些转速较低、对中性要求不高的轴毂连接(如某些农业机械和建筑机械)。

同一段轴上,若需装两个楔键,为了保证轴与毂有较大的压紧力,且又不过多地削弱轴的强度,两键槽位置最好相隔 90°～120°(一般为 120°)。

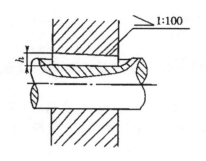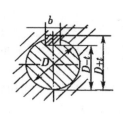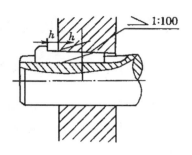

图 7 - 42　楔键连接

2. 平键的选择

平键的选择包括类型和尺寸的选择。类型的选择主要是根据连接的结构、使用要求和工作条件等选定。普通平键的主要尺寸为键宽 b、键高 h 和键长 l。设计时，根据轴径 d 从标准中选取键的剖面尺寸 $b \times h$。键的长度一般可按轮毂长度选取，即键长等于或略短于轮毂长度，且应符合标准值。如果平键连接强度不够，可适当加大工作长度，也可用双键相隔 $180°$ 布置。

3. 花键连接

花键连接由带齿的花键轴和带齿槽的轮毂组成，工作时靠齿侧的挤压传递转矩。与平键相比，花键连接的优点是：

(1) 齿数多，总接触面积大，所以承载能力高。

(2) 键与轴做成一体，且齿槽较浅，槽底应力集中小，故轴和毂的强度削弱较小。

(3) 对中性和导向性好，具有互换性。

花键连接已标准化。按齿形的不同，分为矩形花键、渐开线花键和三角形花键三种（图 7 - 43）。

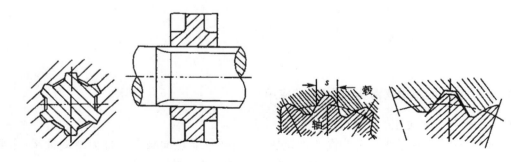

图 7 - 43　花键类型

4. 其他形式的轴毂连接

轴毂连接除可采用键连接和花键连接外，还可采用过盈连接、胀紧连接套（胀套）连接、成形连接、销连接等。

7.2.5 轴的使用与维护

轴是传递运动和动力的重要零件,轴的失效会危及整部机器,故应注意对轴的使用、检查和维护。

(1) 轴在使用前,应注意轴上零件的安装质量,轴和轴上零件固联应可靠;轴和轴上有相对移动或转动的零件的间隙应适当;轴颈润滑应按要求,润滑不当是使轴颈非正常磨损的重要原因。

(2) 轴在使用中,切忌突加、突减负载或超载,尤其是对新配滑动轴瓦的轴和使用已久的轴更应注意,以防疲劳断裂和弯曲变形。

(3) 在机器大修或中修时,通常应检验轴有无裂纹、弯曲、扭曲及轴颈磨损等,如不合要求,应进行修复和更换。

裂纹常发生在应力集中处,由此导致轴的疲劳断裂,应予以注意。曲轴的裂纹常发生在轴颈和曲臂的交界处,轴颈上的横向裂纹如在两端圆角处,应报废。汽车传动轴的管壁不允许有任何裂纹。轴上的裂纹可用放大镜和磁力探伤器等检查。

轴颈的最大磨损量为测得的最小直径同公称直径之差,当超过规定值时,应进行修磨。对于液体润滑轴承中的轴颈,应检查其圆度和圆柱度,因为失圆的轴颈运转时,会使油膜压力波动,不仅加速轴瓦材料的疲劳损坏,也增加了轴瓦和轴颈的直接接触,使磨损加剧。轴上花键的磨损,可通过检查配合的齿侧间隙或用标准花键套在花键上检查。

7.3 轴 承

轴承是机器中用来支承轴的一种重要部件,用以保持轴线的回转精度,减少轴和支承间由于相对转动而引起的摩擦和磨损。根据轴承工作的摩擦性质,可分为滑动轴承和滚动轴承两大类。

7.3.1 滑动轴承

1. 滑动轴承的摩擦润滑类型、特点和应用

(1) 滑动轴承的类型

按载荷方向,滑动轴承可分为向心滑动轴承(主要承受径向载荷)、推力滑动轴承(主要承受轴向载荷)和向心推力滑动轴承(既承受径向载荷,又承受轴向载荷)。

按工作时的润滑状态,滑动轴承可分为液体摩擦轴承和非液体摩擦轴承两类。根据工作时相对运动表面间油膜形成原理的不同,液体摩擦轴承又分为液体动压润滑轴承(简称动压轴承)和液体静压润滑轴承(简称静压轴承)。

(2) 滑动轴承的特点和应用

滑动轴承包含零件少,工作面间一般有润滑油膜并为面接触。所以,它具有承载能力

大、抗冲击、低噪声、工作平稳、回转精度高、高速性能好等独特的优点。主要缺点是启动摩擦阻力大,维护较复杂。主要应用于转速较高,承受巨大冲击和振动载荷,对回转精度要求较高,必须采用剖分结构等场合。此外,在一些要求不高的简单机械中,也应用结构简单、制造容易的滑动轴承。

2. 向心滑动轴承的典型结构

向心滑动轴承的结构形式甚多,此处只介绍整体式、剖分式、调心式(自位式)等几种常见的典型结构形式。

(1) 整体式向心滑动轴承

如图 7-44 所示,轴承座孔内压入用减摩材料制成的轴套,轴套上开有油孔,并在内表面上开油沟以输送润滑油。轴承座顶部设有装油杯的螺纹孔。安装时用螺栓与机架连接。整体式滑动轴承结构简单,制造方便,造价低廉。但轴颈只能从端部装入,安装和检修不便;轴承工作表面磨损后无法调整轴承间隙,故多用于低速轻载和间歇工作的简单机械中。

图 7-44　整体式向心滑动轴承

(2) 剖分式向心滑动轴承

如图 7-45 所示,剖分式向心滑动轴承通常由轴承座、轴承盖、剖分轴瓦、垫片和螺栓等组成。轴承座和轴承盖的剖分面做成阶梯形的配合止口,以便定位和避免螺栓承受过大的横向载荷。轴承盖顶部有螺纹孔,用以安装油杯。在剖分面间放置调整垫片,以便安装时或磨损后调整轴承的间隙。轴承座和轴承盖一般用铸铁制造,在重载或有冲击时可用铸钢制造。剖分式轴承装拆方便,易于调整间隙,应用广泛。

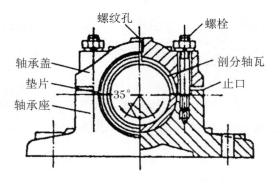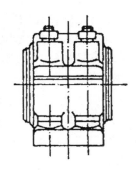

图 7-45　剖分式向心滑动轴承

(3) 调心式向心滑动轴承

如图 7-46 所示,当轴颈很长(长径比 $l/d > 1.5$)、变形较大或不能保证两轴承孔的轴线重合时,由于轴的偏斜,易使轴瓦(套)孔的两端严重磨损。为避免上述现象的发生,常采用调心式滑动轴承。这种轴承的轴瓦与轴承座和轴承盖之间采用球面配合,球面中心位于轴颈的轴线上。这样轴瓦可自动调位,适应轴颈的偏斜。

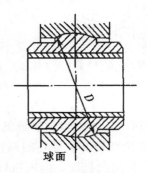

图 7-46　调心式向心滑动轴承

3. 轴承材料和轴瓦结构

（1）轴承材料

轴瓦和轴承衬的材料统称为轴承材料。轴承的主要失效形式是磨损。此外,还可能由于强度不足而出现疲劳,以及由于工艺原因而引起轴承衬脱落等现象。

常用轴承材料有金属材料、粉末冶金材料和非金属材料(塑料和橡胶等)三大类。

① 轴承合金(巴氏合金或白合金)

它是锡、锑、铅、铜的合金,又分为锡锑轴承合金和铅锑轴承合金两类。它们各以较软的锡或铅作基体,均匀夹着锑锡和铜锡的硬晶粒。硬晶粒起支承和抗磨作用,软基体则增加材料的塑性,使合金具有良好的顺应性、嵌藏性、抗胶合性和减摩性。但它们的价格贵、强度较低,不便单独做成轴瓦,只能做成轴承衬,将其贴附在钢、铸铁或青铜的瓦背上使用。主要用于重载、高速的重要轴承,如汽车、内燃机中滑动轴承的轴承衬。

轴承合金熔点低,只适用于在 150 ℃以下工作。采用轴承合金做轴承衬,轴颈可以不淬火。

② 铸造青铜

它也是常用的轴瓦(套)材料,其中以锡青铜和铅青铜应用普遍。中速、中载的条件下多用锡锌铅青铜;高速、重载用锡磷青铜;高速、冲击或变载时用铅青铜。

青铜轴承易使轴颈磨损,因此轴颈必须淬火磨光。

③ 铝合金

铝合金强度高、耐蚀、导热性好。它是近年来应用日渐广泛的一种轴承材料,在汽车和内燃机等机械中应用较广。使用这种轴瓦时,要求轴颈表面硬度高、表面粗糙度小,且轴颈与轴瓦的配合间隙要大一些。

④ 铸铁

铸铁内含有游离的石墨,故有良好的减摩性和工艺性,但性脆,只宜用于轻载、低速($v<$ 1~3 m/s)和无冲击的场合。

⑤ 粉末冶金材料

它是用不同的金属粉末压制烧结而成的轴承材料。材料呈多孔结构,其孔隙占总容积的 15%～30%,使用前在热油中浸渍数小时,使孔隙中充满润滑油。用这种材料制成的轴承,称为含油轴承。它具有自润滑性能,所以耐磨,且制造简单,价格便宜。但强度低,韧性差。宜用于载荷平稳、转速不高、加油困难的场合。常用的粉末冶金材料有铁-石墨和青铜-石墨两种。

(2) 轴瓦(套)的结构

轴瓦与轴颈直接接触,它的工作面既是承受载荷的表面,又是摩擦表面,所以轴瓦(套)是滑动轴承的重要零件。它的结构是否合理,对滑动轴承的性能有很大影响。

① 轴瓦的形式和构造

常用的轴瓦有整体式和剖分式两类结构。整体式轴瓦又称轴套,它分光滑的和带纵向油沟的两种,如图 7-47 所示。图 7-48 所示为剖分式轴瓦,由上、下两个半瓦组成,下瓦承受载荷,上瓦不承受载荷。轴瓦两端凸缘用来限制轴瓦轴向窜动,并在剖分面上开有轴向油沟。

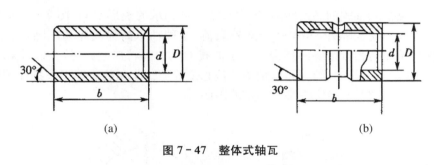

图 7-47　整体式轴瓦

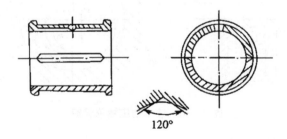

图 7-48　剖分式轴瓦

为了改善和提高轴瓦的承载性能和耐磨性,节约贵重的减摩材料,常制成双金属或三金属轴瓦。为保证轴承衬贴附牢固,可在瓦背内表面预制出各种形式的沟槽。

② 轴瓦的定位与轴承座的配合

为防止轴瓦在轴承座中沿轴向和周向移动,可将其两端做出凸缘(图 7-48)做轴向定位,或用销钉、紧定螺钉将其固定在轴承座上。

为提高轴瓦的刚度、散热性能,并保证轴瓦与轴承座的同心性,轴瓦与轴承座应配合紧密,一般可采用较小过盈量的配合。

③ 油孔及油沟

在轴瓦上开设油孔用以供应润滑油,油沟则用来输送和分布润滑油。图 7-49 所示为几种常见的油孔和油沟。油孔和油沟一般应开在非承载区或压力较小的区域,以利供油。

油沟的棱角应倒钝,以免起刮油作用。为了减少润滑油的泄漏,油沟长度应稍短于轴瓦。

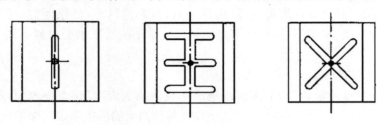

图 7 - 49　油孔和油沟形式

4. 液体润滑滑动轴承简介

液体润滑(摩擦)滑动轴承有动压轴承和静压轴承之分。

(1) 液体动压润滑滑动轴承

利用油的黏性和轴颈的高速转动,把润滑油带进轴承的楔形空间(图 7 - 50),形成压力油膜把两摩擦表面完全隔开,并承受全部外载荷,这种轴承简称液体动压轴承。适用于高速、重载、回转精度高和较重要的场合。由于油膜的压力随转速而异,故在起动和制动等低速情况下,不能建立动压油膜。同时,轴颈的偏心位置随转速和载荷等工作条件的变化而不同,因此,轴的回转精度和稳定性都有一定的限制。

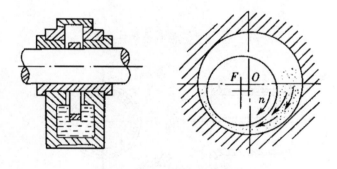

图 7 - 50　液体动压轴承原理

(2) 液体静压润滑滑动轴承

利用一个液压系统把高压油送到轴承间隙里,强制形成静压承载油膜,靠液体的静压平衡外载荷,这种轴承简称液体静压轴承。它回转精度高,稳定性好,效率高,使用寿命长。但需要一套复杂的供油系统装置,轴承结构也比较复杂,成本高。液体静压轴承在转速极低的设备(如巨型天文望远镜)、重型机械中应用较多。

7.3.2　滚动轴承

滚动轴承是各种机械中广泛使用的支承部件。如图 7 - 1 所示某型自行加榴炮高低机主轴总成结构图中的推力球轴承就是滚动轴承的一种。滚动轴承的类型很多,用量极大,其结构型式和基本尺寸均已标准化,并由轴承厂大量生产。机械设计中,只需根据工作条件,选择合适的类型和尺寸,并对轴承的安装、润滑、密封等进行合理的安排,即轴承组合设计。

1. 滚动轴承的结构、材料、特点和应用

（1）滚动轴承的结构

滚动轴承一般由内圈、外圈、滚动体和保持架四部分组成（图 7-51）。内圈、外圈分别与轴颈和轴承座孔装配在一起，通常内圈随轴转动。内、外圈上一般有凹槽（称为滚道），滚动体沿凹槽滚动。凹槽起着限制滚动体的轴向移动和降低滚动体与内、外圈间接触应力的作用。滚动体是滚动轴承的核心零件。保持架用来隔开相邻滚动体，以减少其间的摩擦和磨损。保持架有冲压的和实心的两种。

① 滚动轴承的游隙

滚动体与内、外圈滚道之间的间隙称为轴承的游隙。将滚动轴承的一个套圈固定不动，另一个套圈沿径向（或轴向）的最大移动量，称为径向（或轴向）游隙。游隙对轴承的工作寿命、温升和噪声等都有很大的影响。各级精度的轴承的游隙都有标准规定。

② 滚动轴承的公称接触角

滚动体和套圈接触处的法线与轴承径向平面（垂直于轴线的平面）的夹角 α（图 7-52），称为轴承的公称接触角。它是轴承的一个重要参数，其值的大小反映了轴承承受轴向载荷的能力。α 角越大，轴承承受轴向载荷的能力越大。

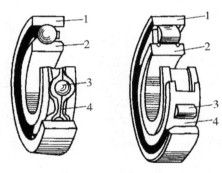

图 7-51　滚动轴承的基本构造图
1-外圈；2-内圈；3-滚动体；4-保持架

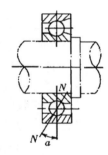

图 7-52　滚动轴承的公称接触角

③ 滚动轴承的角偏斜

由于加工、安装误差或轴的变形，引起内、外圈相对偏转一个角度，使内外圈的轴线不重合，这种现象称为角偏斜。轴承适应角偏斜保持正常工作的性能，称为轴承的调心性能。调心性能好的轴承，称为自动调心轴承或自位轴承。

（2）滚动轴承的材料

滚动轴承的内外圈和滚动体，一般用强度高、耐磨性好的含铬合金钢制造，如 GCr-15、GCr15SiMn 等。热处理硬度应不低于 60~65HRC，工作表面需磨削和抛光，以提高材料的接触疲劳强度和耐磨性。保持架多用软钢冲压而成，它与滚动体有较大的间隙，工作时噪声较大。实体保持架常用铜合金或塑料制成，有较好的定心作用。

（3）滚动轴承的特点和应用

与滑动轴承相比，滚动轴承摩擦阻力小，启动灵敏，效率高，润滑简便，易于互换，因此应用广泛。但抗冲击性能差，高速时噪声大，工作寿命和回转精度不及精心设计和润滑良好的滑动轴承。

2. 滚动轴承的类型

滚动轴承可按照不同的方法进行分类。按滚动体的形状(图 7-53),可将滚动轴承分为球轴承和滚子轴承两大类。滚子轴承又分为短圆柱、长圆柱、螺旋、圆锥、球面、滚针等滚子轴承(图 7-53(b)~(g))。轴承中的滚动体可以是单列的和双列的。

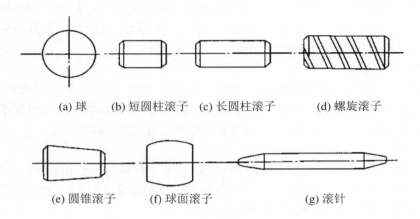

(a) 球　　(b) 短圆柱滚子　　(c) 长圆柱滚子　　(d) 螺旋滚子

(e) 圆锥滚子　　(f) 球面滚子　　　　(g) 滚针

图 7-53　滚动体的形状

按承载方向或公称接触角的不同,滚动轴承可分为向心轴承和推力轴承。

向心轴承用以承受径向载荷或主要承受径向载荷,公称接触角 α 为 $0°\sim45°$。其中 $\alpha=0°$ 的向心轴承称为径向接触轴承,只能承受径向载荷;$0°<\alpha\leqslant45°$ 的向心轴承称为向心角接触轴承,主要承受径向载荷,随着 α 的增大,轴向承载能力增大。

推力轴承用以承受轴向载荷或主要承受轴向载荷,公称接触角 α 为 $45°\sim90°$。其中 $\alpha=90°$ 的称为轴向接触轴承,只承受轴向载荷;$45°<\alpha<90°$ 的称为推力角接触轴承,主要承受轴向载荷,随着 α 的减小,径向承载能力增大。

我国滚动轴承的标准中,综合以上两种分类方法和轴承工作时能否调心,将滚动轴承分为 10 类,其名称、代号、性能、特点及应用见表 7-14。

表 7-14　常用滚动轴承的类型、代号及特性

轴承类型	轴承类型简图	类型代号	标准号	特　　性
调心球轴承		1	GB/T 281	主要承受径向载荷,也可同时承受少量的双向轴向载荷。外圈滚道为球面,具有自动调心性能,适用于弯曲刚度小的轴
调心滚子轴承		2	GB/T 288	用于承受径向载荷,其承载能力比调心球轴承大,也能承受少量的双向轴向载荷。具有调心性能,适用于弯曲刚度小的轴

轴承类型	轴承类型简图		类型代号	标准号	特　性
圆锥滚子轴承			3	GB/T 297	能承受较大的径向载荷和轴向载荷。内外圈可分离,故轴承游隙可在安装时调整,通常成对使用,对称安装
双列深沟球轴承			4	—	主要承受径向载荷,也能承受一定的双向轴向载荷。比深沟球轴承具有更大的承载能力
推力球轴承	单向		5(5100)	GB/T 301	只能承受单向轴向载荷,适用于轴向力大而转速较低的场合
	双向		5(5200)	GB/T 301	可承受双向轴向载荷,常用于轴向载荷大、转速不高处
深沟球轴承			6	GB/T 276	主要承受径向载荷,也可同时承受少量双向轴向载荷。摩擦阻力小,极限转速高,结构简单,价格便宜,应用最广泛
角接触球轴承			7	GB/T 292	能同时承受径向载荷与轴向载荷,接触角 α 有 $15°$、$25°$、$40°$ 三种。适用于转速较高、同时承受径向和轴向载荷的场合
推力圆柱滚子轴承			8	GB/T 4663	只能承受单向轴向载荷,承载能力比推力球轴承大得多,不允许轴线偏移。适用于轴向载荷大而不需调心的场合
圆柱滚子轴承	外圈无挡边圆柱滚子轴承		N	GB/T 283	只能承受径向载荷,不能承受轴向载荷。承受载荷能力比同尺寸的球轴承大,尤其是承受冲击载荷能力大

3. 滚动轴承的代号

滚动轴承的类型和尺寸规格繁多,为了便于设计、制造和使用,国家标准规定了统一的代号,用字母加数字来表示滚动轴承的结构、尺寸、公差等级、技术性能等特征,并打印在轴承端面上。国家标准规定的轴承代号由基本代号、前置代号和后置代号构成,如表7-15所示。基本代号是轴承代号的基础,前置代号和后置代号都是轴承代号的补充,用于结构、形状、材料、公差等级、技术要求等有特殊要求的轴承,一般情况下可部分或全部省略。

(1) 基本代号

基本代号表示轴承的基本类型、结构和尺寸,是轴承代号的基础。主要由类型代号、尺寸系列代号和内径代号三部分组成。

① 内径代号

用右起第一、二位数字表示轴承内径尺寸,其表示方法见表7-16。

表7-15　轴承代号表示法

前置代号	基本代号					后置代号						
	五	四	三	二	一							
		尺寸系列代号										
	类型代号	宽(高)度系列代号	直径系列代号	内径代号		内部结构	密封与防尘套圈变型	保持架及其材料	特殊轴承材料	公差等级	游隙	配置	其他
成套轴承分部件												

表7-16　滚动轴承的内径尺寸代号

内径尺寸(mm)	代号表示		举例	
	第二位	第一位	代号	内径尺寸(mm)
10	0	0	深沟球轴承 6200	10
12		1		
15		2		
17		3		
20~480 (5的倍数)*	内径/5 的商		角接触球轴承 73208	40

　*:当内径尺寸为0.6~10、22、28、32或≥500时,内径代号用公称内径毫米数值表示,与尺寸系列代号间用"/"分开,如230/500、62/22、618/2.5表示内径分别为500 mm、22 mm、2.5 mm。

② 尺寸系列代号

由轴承的直径系列代号和宽(高)度系列代号组成,用两位数字表示。

直径系列代号用右起第三位数字表示,是指内径相同的轴承配有不同外径的尺寸系列,其代号有7、8、9、0、1、2、3、4、5,尺寸依次递增,如表7-17所示。

表 7 - 17　滚动轴承的直径系列代号

向心轴承	超特轻	超轻	特轻	轻	中	重	推力轴承	超轻	特轻	轻	中	重
	7	8,9	0,1	2	3	4		0	1	2	3	4

　　宽(高)度系列代号用右起第四位数字表示,是指内径相同的轴承,对向心轴承配有不同宽度的尺寸系列,代号有 8、0、1、2、3、4、5、6,尺寸依次递增;对推力轴承配有不同高度的尺寸系列,代号有 7、9、1、2,尺寸依次递增,如表 7 - 18 所示。

表 7 - 18　滚动轴承的宽(高)度系列代号

向心轴承	特窄	窄	正常	宽	特宽	推力轴承	特低	低	正常
	8	0	1	2	3,4,5,6		7	9	1,2

注:当宽度代号为 0 时可不写出,但调心滚子轴承和圆锥滚子轴承除外。

　　尺寸系列表示内径相同的轴承可具有不同外径,而同样外径又有不同宽度(或高度),由此用以满足各种不同要求的承载能力。如图 7 - 54 所示是内径为 50 mm 的深沟球轴承各种不同型号外径的对比。

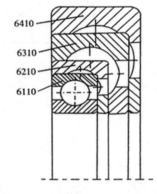

图 7 - 54　深沟球轴承尺寸系列的对比

　　③ 类型代号

　　用右起第五位数字表示轴承类型,表示方法见表 7 - 19,常用的几种滚动轴承类型如图 7 - 55 所示。

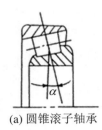
(a) 圆锥滚子轴承

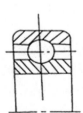
(b) 深沟球轴承

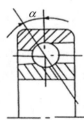
(c) 角接触球轴承

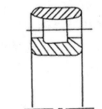
(d) 外圈无挡边圆柱滚子轴承

图 7 - 55　常用的几种滚动轴承

表 7 - 19　滚动轴承的类型代号

代号	轴承类型	代号	轴承类型
0	双列角接触球轴承	6	深沟球轴承
1	调心球轴承	7	角接触球轴承
2	调心滚子轴承和推力调心滚子球轴承	8	推力圆柱滚子轴承
3	圆锥滚子轴承	N	圆柱滚子轴承,双列或多列用字母 NN 表示
4	双列深沟球轴承	U	外球面轴承
5	推力球轴承	QJ	四点接触球轴承

（2）前置代号

前置代号用字母表示，表示轴承的结构特点，位于基本代号的前面，表示方法见表7-20。

表 7-20　滚动轴承的前置代号

代　号	表示意义	举　例
F	凸缘外圈的向心球轴承（仅适用 $d \leqslant 10$ mm）	F618/4
L	可分离轴承的可分离内圈或外圈	LNU207
R	不带可分离内圈或外圈的轴承（滚针轴承仅适用 NA 型）	RNU207
WS	推力圆柱滚子轴承轴圈	WS81107
GS	推力圆柱滚子轴承座圈	GS81107
KOW	无轴圈推力轴承	KOW51108
KIW	无座圈推力轴承	KIW51108
LR	带可分离的内圈或外圈与滚动体组件轴承	
K	滚子和保持组件	K81107

（3）后置代号

后置代号是用字母和数字等表示轴承的结构、公差及材料的特殊要求等等，下面介绍几种常用的代号。

① 内部结构代号

C、AC 和 B 分别代表公称接触角 $\alpha = 15°$、$25°$ 和 $40°$。例如，7311AC 表示接触角为 $25°$。

② 公差等级代号

轴承等级按公差等级分为/P0、/P6、/P6X、/P5、/P4、/P2 级，分别表示标准规定的 0、6、6X、5、4、2 公差等级，精度由低到高。/P6X 仅适用于圆锥滚子轴承。一般的轴承是/P0，又叫普通级，在轴承代号中省略不写。代号示例如 6203、6203/P6。

轴承代号举例如下：

6308——表示内径为 40 mm，中窄系列深沟球轴承，0 级公差。

7211C/P5 ——表示内径为 55 mm，轻窄系列角接触球轴承，接触角 $\alpha = 15°$，5 级公差。

30312/P6X——表示内径为 60 mm，中窄系列圆锥滚子轴承，6X 级公差。

4. 滚动轴承的类型选择

选用滚动轴承时，首先要综合考虑轴承所受载荷、轴承转速、轴承调心性能要求等，再参照各类轴承的特性和用途，正确合理地选择轴承类型。其选用依据如下：

（1）轴承所受载荷的大小、方向和性质

这是选择轴承类型的主要依据。

① 载荷大小。当承受较大载荷时，应选用线接触的各类滚子轴承。而点接触的球轴承只适用于轻载或中等载荷。

② 载荷方向。当承受纯径向载荷时，通常选用深沟球轴承和各类径向接触轴承。当承受纯轴向载荷时，通常选用推力球轴承或推力圆柱滚子轴承。当承受较大径向载荷和一定轴向载荷时，可选用各类向心角接触轴承；当承受的轴向载荷比径向载荷大时，可选用推力角接触轴承，或者采用向心和推力两种不同类型轴承的组合，分别承担径向和轴向载荷。

③ 载荷的性质。载荷平稳宜选用球轴承,轻微冲击时选用滚子轴承,径向冲击较大时应选用螺旋滚子轴承。

(2) 轴承的转速

各类轴承都有其适用的转速范围,一般应使所选轴承的工作转速不超过其极限转速。各种轴承的极限转速见有关手册。根据轴承转速选择轴承类型时,可参考以下几点:

① 球轴承比滚子轴承有较高的极限转速和回转精度,高速时应优先选用球轴承。

② 推力轴承的极限转速都较低,当工作转速高时,若轴向载荷不十分大,可采用角接触球轴承承受纯轴向载荷。

③ 高速时,宜选用超轻、特轻及轻系列轴承(离心惯性力小),重系列轴承只适用于低速重载的场合。

(3) 调心性能要求

当支承跨距大,轴的弯曲变形大,或两轴承座孔的同心度误差太大时,要求轴承有较好的调心性能,这时宜选用调心球轴承或调心滚子轴承,且应成对使用。各类滚子轴承对轴线的偏斜很敏感,在轴的刚度和轴承座孔的支承刚度较低的情况下,应尽量避免使用。

(4) 经济性

同等规格同样公差等级的各种轴承,球轴承较滚子轴承价廉,调心滚子轴承最贵。同型号的 G、E、D、C 级轴承,它们的价格比约为 1∶1.8∶2.7∶7。派生型轴承的价格一般又比基本型高。在满足使用要求的前提下,应尽量选用精度低、价格便宜的轴承。

此外,还应考虑安装尺寸和装拆等方面的要求。

7.3.3　轴承的使用与维护

机器中轴承的用量很大,除用于减少运动件与支承之间的摩擦与磨损外,机器中运动件所承受的力,也大都通过轴承传给机架。所以,轴承对机器的正常运转和效率有极大影响,机器修理等级的确定也与轴承的技术状况有很大关系。因而,轴承的使用维护是机器使用维护的重要内容。轴承使用的注意事项:

(1) 轴承的润滑必须根据季节和地区,按规定选用润滑油的油种和牌号。应定期加注润滑油(脂)。润滑油(脂)应纯净,不得有杂物。对油浴或压力润滑系统油池中的润滑油,应时常注意油量,并按规定及时更换。更换时,应清洗油池,新油经过滤后再加入池中。压力润滑系统应供油充分,如油压失常应及时检查处理。

(2) 轴承的工作状况下轴承损坏主要凭借工作情况异常来辨别。例如,运转不平稳和运转噪音异常,可能是滑动轴承磨损过大、合金脱落,或是滚动轴承滚动面磨损,使径向游隙过大所致等;运转沉重或温升异常,可能是由于滑动轴承合金刮伤、咬粘,轴瓦和轴承座接触不良、产生干摩擦等,或者是滚动轴承的滚动面损坏、轴承过紧以及润滑不良等原因,应及时检查处理。

(3) 机器进行定期维护时,应认真检查其轴承的完好程度;轴瓦损坏或间隙超过允许极限应重新滚动修配;轴承损坏或过分松旷应更换;润滑系统的油路应清洗与保持畅通。

7.4 联轴器、离合器、制动器

联轴器和离合器主要用来连接不同机器(或部件)的两根轴,使它们一起回转并传递转矩。用联轴器连接的两根轴只有在机器停车时用拆卸的方法才能使它们分离。而用离合器连接的两根轴在机器运转中能方便地分离或结合。制动器主要是用来使机器上的某一根轴在机器停车(动力源切断)后能立即停止转动(制动)。

7.4.1 联轴器

1. 联轴器的类型

按照结构特点,联轴器可分为刚性联轴器和弹性联轴器两大类。

(1) 刚性联轴器

刚性联轴器是通过若干刚性零件将两轴连接在一起的,它有多种多样的结构形式。图7-56所示是一种最常用的刚性联轴器,称作凸缘联轴器。凸缘联轴器主要由两个分别装在两轴端部的凸缘盘和连接它们的螺栓组成。为使被连接两轴的中心线对准,可在联轴器的一个凸缘盘上车出凸肩,并在另一个凸缘盘上制成相配合的凹槽。

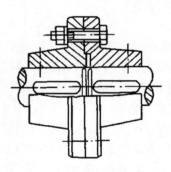

图7-56 凸缘联轴器

常用的刚性联轴器还有套筒联轴器、万向联轴器等。

(2) 弹性联轴器

弹性联轴器包含有弹性零件的组成部分,因而在工作中具有较好的缓冲与吸振能力。

弹性圈柱销联轴器是机器中常用的一种弹性联轴器,如图7-57所示。它的主要零件是柱销、弹性橡胶圈和两个法兰盘。每个柱销上装有好几个橡胶圈,插到法兰盘的销孔中,从而传递转矩。弹性圈柱销联轴器适用于正反转变化多、起动频繁的高速轴连接,如电动机、水泵等轴的连接,可获得较好的缓冲和吸振效果。

尼龙柱销联轴器和上述弹性圈柱销联轴器相似(图7-58),只是用具有一定弹性的尼龙柱销代替了橡胶圈和钢制柱销,其性能及用途与弹性圈柱销联轴器相同。由于结构简单,制作容易,维护方便,所以常用它来代替弹性圈柱销联轴器。

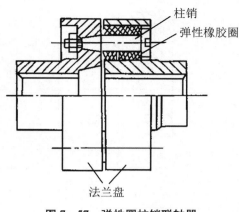

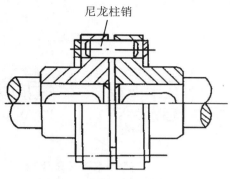

图 7-57　弹性圈柱销联轴器　　　　　　　　图 7-58　尼龙柱销联轴器

2. 联轴器的选择

联轴器的选用主要是类型选择和尺寸选择。

根据所传递载荷的大小及性质、轴转速的高低、被连接两部件的安装精度和工作环境等,参考各类联轴器的特性,选择一种适用的联轴器类型。

一般对于低速、刚性大的短轴,或两轴能保证严格对中,载荷平稳或变动不大时,应选用固定式刚性联轴器;对于低速、刚性小的长轴,或两轴有偏斜时,则选用可移式刚性联轴器;若经常起动、制动、频繁正反转或载荷变化较大时,应选用弹性联轴器。

类型选定后,再按轴的直径、转速及计算转矩选择联轴器的型号和尺寸。

7.4.2　离合器

离合器的形式很多,常用的有嵌入式离合器和摩擦式离合器。嵌入式离合器依靠齿的嵌合来传递转矩,摩擦式离合器则依靠工作表面间的摩擦力来传递转矩。

离合器的操纵方式可以是机械的、电磁的、液压的等等,此外还可以制成自动离合的结构。自动离合器不需要外力操纵即能根据一定的条件自动分离或接合。

1. 嵌入式离合器

常用的嵌入式离合器有牙嵌离合器和齿轮离合器。

(1) 牙嵌离合器

如图 7-59 所示,牙嵌离合器主要由两个端面带有牙齿的套筒组成。其中,套筒 1(固定套)固定在主动轴上,而套筒 2(滑动套)则用导向键(或花键)与从动轴相连接,利用操纵机构使其沿轴向移动来实现离合器的接合和分离。

牙嵌离合器结构简单,两轴连接后无相对运动,但在接合时有冲击,只能在低速或停车状态下接合,否则容易将齿打坏。

(2) 齿轮离合器

齿轮离合器(图 7-60)由一个内齿套和一个外齿套组成。齿轮离合器除具有牙嵌离合器的特点外,其传递转矩的能力更大。

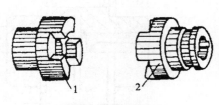
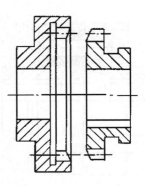

图 7-59　牙嵌离合器　　　　　　　　　　图 7-60　齿轮离合器

1-套筒;2-滑动套

2. 摩擦式离合器

根据结构形状的不同,摩擦式离合器分为圆盘式、圆锥式和多片式等类型。圆盘式和圆锥式摩擦离合器结构简单,但传递转矩的能力较小,应用受到一定的限制。在机器中,特别是在金属切削机床中,广泛使用多片式摩擦离合器。

图 7-61 所示为一种常用的拨叉操纵多片式摩擦离合器的典型结构。外套 1 和内套 7 分别用键连接于两个轴端,而内摩擦片 3 和外摩擦片 2 则以多槽分别与内套和外套相联。当操纵拨叉使滑环 6 向左移动时,角形杠杆 5 摆动,使内外摩擦片相互压紧,两轴就接合在一起,借助摩擦片之间的摩擦力传递转矩。当滑环 6 向右移动复位后,两组摩擦片松开,两轴即可分离。

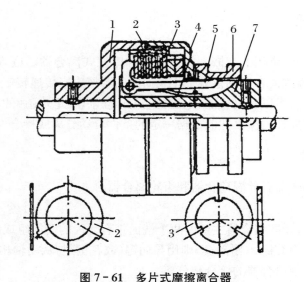

图 7-61　多片式摩擦离合器

1-外套;2-外摩擦片;3-内摩擦片;4-弹簧片;

5-角形杠杆;6-滑环;7-内套

当摩擦离合器的操纵力为电磁力时,即成电磁摩擦离合器。图 7-62 所示为一种多片式电磁摩擦离合器的结构原理图,当电流由接头 5 进入线圈 6 时,可产生磁通,吸引衔铁 2

将摩擦片 3、4 压紧,使外套 1 和内套 8 之间得以传递转矩。

与嵌入式离合器相比较,摩擦式离合器的优点是:在运转轴发生过载时,离合器摩擦表面之间发生打滑,因而能保护其他零件免于损坏。摩擦离合器的主要缺点是:摩擦表面之间存在相对滑动,以致发热较多,磨损较大。

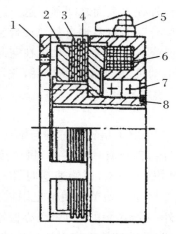

图 7 - 62　电磁摩擦离合器
1-外套;2-衔铁;3-外摩擦片;4-内摩擦片;
5-电气接头;6-线圈;7-轴承;8-内套

3. 自动离合器

常用自动离合器有三种,即安全离合器、离心离合器和超越离合器。现分别举例说明。

（1）安全离合器

这种离合器当传递的转矩达到某一定值时就能自动分离,具有防止过载的安全保护作用。

图 7 - 63 所示为牙嵌式安全离合器的一种典型结构。与一般的牙嵌离合器相比,它的齿形倾角较大,并由弹簧压紧使牙嵌合。当传递的转矩超过某一定值(过载)时,牙间的轴向分力将克服弹簧压力使离合器分开,产生跳跃式的滑动。当转矩恢复正常时,离合器又自动地重新接合。其左端的调节螺母可获得不同的弹簧压紧力,从而使离合器可在不同的转矩下滑跳。

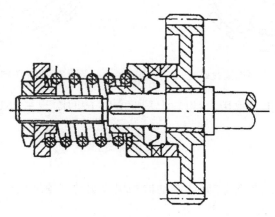

图 7 - 63　牙嵌式安全离合器

（2）离心离合器

这种离合器是依靠离心力工作的，当转速达到某一定值时，离合器便自动地接合起来。

图7-64所示为一种离心摩擦离合器的工作原理图。芯体固定在主动轴上，外壳固定在从动轴上。三个离心块通过弹簧圈压紧在芯体上，离心块外弧面镶有橡胶摩擦衬垫。当主动轴的转速较低时，衬垫外缘与外壳内表面之间不接触，外壳不动。当主动轴的转速达到或超过一定数值时，离心块就压紧外壳而将两轴自动地接合起来一齐转动。

离心离合器常用于电动机的输出轴上，可使电动机在空载或较小的负载下起动，从而改善了电动机的发热情况，保护了电动机，减少了功率损耗，并且还可以减小传动系统的冲击，延长传动件的使用寿命。

（3）超越离合器

图7-65所示为一单向超越离合器。星轮通过键与轴连接，外环通常做成一个齿轮，空套在星轮上。在星轮的三个缺口内，各装有一个滚柱，每个滚柱又被弹簧、顶杆推向外环和星轮的缺口所形成的楔缝中。当外环（齿轮）以慢速逆时针回转时，滚柱在摩擦力的作用下被楔紧在外环与星轮之间，因此外环便带动星轮使轴也以慢速逆时针回转。在外环以慢速做逆时针回转的同时，若轴由另外一个快速电动机带动亦做逆时针方向回转，则星轮将由轴带动沿逆时针方向高速回转。由于星轮的转速高于外环的转速，滚柱从楔缝中松开，外环与星轮便自动失去联系，按各自的速度回转，互不干扰。在这种情况下，星轮的转速超越外环的转速而自由运转，所以这种离合器称为超越离合器。当快速电动机不带动轴回转时，滚柱又在摩擦力的作用下，被楔紧在外环与星轮之间，外环与星轮又自动联系在一起，使轴随同外环做慢速回转。

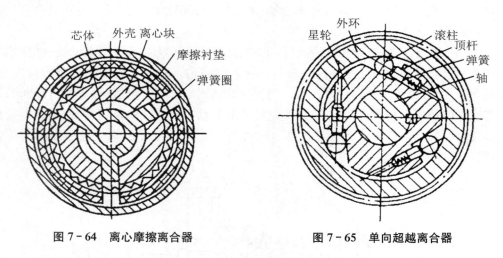

图7-64　离心摩擦离合器　　　　　　图7-65　单向超越离合器

由于超越离合器有上述作用，所以它大量地应用于机床、汽车和飞机等传动装置中。

7.4.3　制动器

常用的制动器有片式制动器、带式制动器和块式制动器等结构形式，它们都是利用零件接触表面所产生的摩擦力来实现制动的。

从原理上说，如果把摩擦离合器的从动部分固定起来，就构成了制动器。例如对于图

7-62所示的片式电磁摩擦离合器,若将外套 1 固定,实际上就成为片式电磁制动器。当线圈 6 通电时,由于电磁力的作用,衔铁 2 将摩擦片压紧,内套 8 与其所连接转动轴即被制动。这种制动器结构紧凑,操纵方便,在机床传动系统中广为应用。

图 7-66 所示为带式制动器。它是某型自行榴弹炮中的制动器,在行驶过程中操纵制动器,来实现装备的制动和完全停车。为了增大制动所需摩擦力,制动带常衬有石棉、橡胶、帆布等。带式制动器结构简单,制动效果好,常用于起重设备中。

图 7-67 所示为块式制动器。当压力油进入液压缸后,两个弧形闸块在左、右二活塞推力作用下,绕各自的销轴向外摆动,从内部胀紧制动轮,实现轴的制动。当油路卸压时,制动器即松闸。这种块式内胀制动器的制动力矩大,结构尺寸小,广泛用于车辆制动。

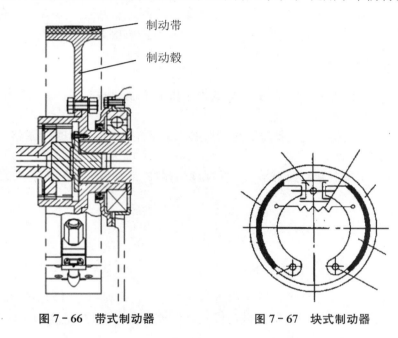

制动带

制动毂

图 7-66　带式制动器　　　　　　图 7-67　块式制动器

7.4.4　联轴器、离合器和制动器的使用与维护

1. 联轴器的使用与维护

(1) 联轴器的安装误差应严格控制。由于所连接两轴的相对位移在工作过程中还可能增大,故通常要求安装误差不得大于许用补偿量的二分之一。

(2) 注意检查所连接两轴运转后的对中情况,其相对位移不应大于许用补偿量。否则,被连接机械会发生振动,传力零件会过早地磨损或损坏,如连接螺栓断裂、弹性套磨损失效等。尽可能地减少相对位移量,可有效地延长被连接机械或联轴器的使用寿命。

(3) 对有润滑要求的联轴器,如齿式联轴器、链条联轴器等,要定期检查润滑油的油量、质量以及密封状况,必要时应予以补充或更换。

(4) 对于高速旋转机械上的联轴器,一般要经动平衡试验,并按标记组装。对其连接螺栓之间的重量差有严格的限制,不得任意更换。

2. 离合器的使用与维护

（1）片式离合器工作时，不得有打滑或分离不彻底现象。否则，不仅将加速摩擦片磨损，降低使用寿命，甚至会烧坏摩擦片，引起离合器零件变形退火等，还可能导致其他事故，因此需经常检查。打滑的主要原因是作用在摩擦片上的正压力不足，摩擦表面粘有油污，摩擦片过分磨损及变形过大等；分离不彻底的主要原因有主、从动片之间分离间隙过小，主、从动件翘曲变形，回位弹簧失效等，一旦发现应及时修理并排除。

（2）应定期检查离合器操纵杆的行程，主、从动片之间的间隙，摩擦片的磨损程度，必要时予以调整或更换。

（3）超越离合器应密封严实，不得有漏油现象。否则会引起过大磨损和过高温度，损坏滚柱、星轮或外壳等。在运行中，如有异常响声，应及时停机检查。

3. 制动器的使用与维护

（1）制动器应灵活可靠。如 74 式轮胎式推土机的手制动器应保证在 25° 的坡道上停车不打滑；长距离行使时，轮毂不发热。

（2）定期检查制动部件与运动部件之间所要求的规定间隙，必要时应调整；当磨损量超过规定值时，应予以更换。

（3）注意检查制动器操作控制系统的状况或可靠性，如油或气动刹车系统是否完好等。

7.5　弹　簧

弹簧是机械乃至日常生活中广泛使用的弹性零件。它是利用材料的弹性和本身结构的特点，在产生或恢复弹性变形时，把机械功或动能转变为变形能，或把变形能转变为动能或机械功，所以弹簧是转换能量的零件。

7.5.1　弹簧的功用

（1）缓冲减振。如车辆中的缓冲弹簧（图 7 - 68(a)）、各种缓冲器及弹性联轴器中的弹簧等，在机器设备中起到缓冲、吸振的作用。

（2）控制运动。如内燃机中的阀门弹簧（图 7 - 68(b)）、离合器中的控制弹簧等能使凸轮副或离合器保持接触，控制机构的运动。

（3）储能及输能。如图 7 - 68(c)所示某型自行加榴炮中的关闩机构弹簧[①]，机械钟表、仪器、玩具等使用的发条，枪栓弹簧等，都是利用释放储存在弹簧中的能量来提供动力的。

（4）测量力和力矩的大小。如弹簧秤（图 7 - 68(d)）、测力器等利用弹簧变形大小来测量力或力矩。

---

①其工作原理是：当闩体下降时，套在曲壁轴左端的带滑轮的关闩杠杆，以其滑轮下压套在关闩机构弹簧上的关闩机构套筒，使关闩机构弹簧被压缩，储存关闩能量。

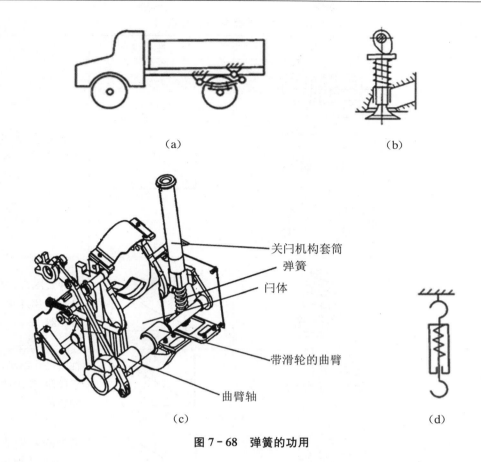

图 7 - 68　弹簧的功用

7.5.2　弹簧的类型

弹簧的种类很多,常用弹簧的类型及特性如表 7 - 21 所示。按照所能承受的载荷不同,可以分为拉伸弹簧、压缩弹簧、扭转弹簧和弯曲弹簧四种;按照形状的不同,可分为螺旋弹簧、盘簧和板弹簧等。此外,还有橡胶弹簧、空气弹簧和扭杆弹簧等,它们主要用于机械的隔振和车辆的悬挂装置。螺旋弹簧因结构简单、制造方便应用最多。本节主要介绍圆柱形压缩弹簧。

表示弹簧载荷 F(或 T)和变形量 λ(或 ϕ)之间关系的曲线,称为弹簧的特性线。各种弹簧的特性线见表 7 - 21。使弹簧产生单位变形所需要的载荷,称为弹簧的刚度。特性线和刚度对于设计和选择弹簧类型具有重要的作用。具有直线型特性线的弹簧,刚度值为一常数,称为定刚度弹簧。当特性线为曲线或折线时,刚度为一变数,称为变刚度弹簧。例如圆锥形螺旋弹簧具有渐增型特性线,当载荷达到一定程度后,刚度急剧增加,从而起到保护弹簧的作用。

表 7-21 弹簧主要类型、特点和应用

类型			简图	特 性 线	特点和应用
螺旋弹簧	圆柱形	拉伸		$F(T)$ 直线型 $\lambda(\phi)$	制造方便,适用范围广,可用于各种机械
		压缩			
		扭转			
	圆锥形	压缩		F 渐增型 λ	尺寸紧凑,稳定性良好。用于小型缓冲器
盘 簧		扭转		T ϕ	轴向尺寸很小,用于仪器、仪表的储能装置
板弹簧		弯曲		F A	缓冲和减振能力好,用于各种车辆的缓冲器

弹簧工作过程中,若存在摩擦,将因摩擦而消耗能量。摩擦越大,表明弹簧吸收冲击功的能力越大,吸振和缓冲能力越强。如多板弹簧就是利用弹簧片之间的摩擦,把动能转化成热能而减振和缓冲的。

7.5.3 弹簧材料和弹簧制造

1. 弹簧材料

弹簧常在变载荷和冲击载荷作用下工作,而且要求在受较大应力的情况下不产生塑性变形,因此要求弹簧材料有较高的抗拉强度极限、弹性极限和疲劳强度极限,不易松弛。同时要求有较高的冲击韧性,良好的热处理性能等。

常用的弹簧材料有优质碳钢、合金钢和铜合金。考虑到经济性,应优先采用碳素弹簧钢,如 65、85、65Mn 等,用以制造尺寸较小的一般用途的螺旋弹簧及板弹簧。对于受冲击载荷的弹簧,应选用硅锰钢、铬钒钢等。在变载荷作用下,以铬钒钢为宜。对于在腐蚀介质中工作的弹簧,应采用不锈钢或铜合金。

2. 弹簧制造

螺旋弹簧卷制方法有冷卷法和热卷法。一般弹簧丝直径小于 10 mm 的弹簧用冷卷法，直径大的用热卷法。

冷卷法多用于经过热处理的冷拉钢丝，在常温下卷制成型，卷好后只需低温回火，以消除内应力。热卷法多用较大的热轧钢材，卷好的弹簧需经淬火和回火处理。

对于重要的压缩弹簧，还要将端面在专用磨床上磨平，以保证两端的承压面与轴线垂直。最后可对压缩弹簧进行强压和喷丸处理，以充分发挥材料的效能和提高弹簧的承载能力。

7.5.4　普通圆柱形压缩弹簧

1. 普通圆柱形压缩弹簧的基本几何参数

圆柱形压缩弹簧的基本几何参数见图 7 - 69，有弹簧丝直径 d，弹簧圈外径 D、内径 D_1、中径 D_2，节距 t，螺旋角 α，自由高度 H_0，总圈数 n_1 和螺旋的旋向（常用右旋）。其几何参数关系见表 7 - 22。

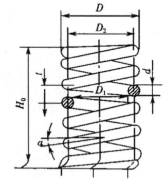

图 7 - 69　圆柱形压缩弹簧的基本几何参数

表 7 - 22　圆柱形压缩螺旋弹簧的几何尺寸

参数名称及代号	几何尺寸	参数名称及代号	几何尺寸
弹簧中径 D_2	$D_2 = Cd$	有效圈数为 n 的弹簧自由高度 H_0	两端磨平 $H_0 \approx nt + (1.5 \sim 2)d$
弹簧中径 D_1	$D_1 = D_2 - d$		两端不磨平 $H_0 \approx nt + (3 \sim 3.5)d$
弹簧外径 D	$D = D_2 + d$	总圈数 n_1	$n_1 = n + (2 \sim 2.5)$（冷卷）
旋绕比 C	$C = D_2/d$，常数 $C = 5 \sim 8$		$n_1 = n + (1.5 \sim 2)$（热卷）
节距 t	$t \approx (0.3 \sim 0.5)D_2$	高径比 b	$b = H_0/D_2$
轴向间隙 δ	$\delta = t - d$	展开长度 L	$L = \pi D_2 n_1/\cos \alpha$
最小间隙 δ_1	$\delta_1 = 0.1d$	螺旋角 α	$\alpha = \arctan (t/\pi D_2)$

7.5.5　弹簧的使用与维护

弹簧在兵器和机器设备中有着重要作用。兵器和机器的自动化程度越高，应用弹簧的场合通常也越多，弹簧的作用也越显著。弹簧失效，轻则导致机构运动不准确，机器工作效能降低或振动加剧，重则使机器不能正常工作，如内燃机气阀弹簧断裂将使发动机停转，击针弹簧断裂将使枪炮不能射击，坦克和汽车的悬挂装置中的扭杆弹簧或板弹簧断裂将使坦克和汽车丧失行驶能力等。因此应该重视弹簧的使用与维护。现仅介绍普通压缩弹簧在使用与维护中应注意的几个方面：

（1）根据使用要求选择弹簧的类型、尺寸、性能和精度。对要求高的弹簧，其表面不应有划痕、黑斑,对特别重要的弹簧应进行探伤检查,对高精度弹簧应进行外径、高度、受力变形、弹簧中径等偏差的测量选配,以保证弹簧的装配精度。

(2) 弹簧经长期使用后会产生疲劳损坏,表现为自由长度缩短、弹力减弱甚至疲劳裂纹或折断,应按规定及时检验。

(3) 弹簧的自由长度可用游标卡尺测量,也可用同型号的标准弹簧做比较判定。弹簧弹力可在测力探测器上测量,也可采用新旧弹簧对比的方法,如将新、旧两个弹簧保持同一轴线放在虎钳中,在两弹簧之间加一平垫圈,然后收紧钳口压紧弹簧,通过对比新、旧弹簧缩短的长度及弹簧圈的疏密来判断旧弹簧的弹力减弱程度。

(4) 弹簧有裂纹、折断或严重锈蚀时应及时更换,弹簧歪斜变形或自由长度缩短超过规定限度及弹力不符合规定时,通常应予以更换。但在不得已情况下也可平整弹簧端面、拉长弹簧或在弹簧一端加垫,以增大弹力而勉强使用。

(5) 修复自由长度变短、弹力不足的弹簧时,应先对弹簧进行冷拉伸,再重新进行热处理以达到规定要求。

练 习 题

基本题

7-1 按承载情况,轴有哪些类型? 这几种轴有何区别?

7-2 轴的结构设计包括哪些主要内容? 零件在轴上的轴向和周向常用固定方法有哪几种? 试分析比较其优缺点。

7-3 平键、半圆键、楔键、花键等连接的用途有什么不同? 普通平键有哪几种? 各应用于什么场合?

7-4 试述液体摩擦滑动轴承和非液体摩擦滑动轴承的主要特征和区别,简述非液体摩擦滑动轴承的特点和应用。

7-5 对轴承材料的性能有哪些要求? 常用的轴承材料有哪几种? 主要性能和特点如何?

7-6 滚动轴承由哪些基本元件组成,各有何作用? 与滑动轴承相比,滚动轴承有哪些优缺点?

7-7 试说明下列各滚动轴承代号的含义。

6205, 7315AC/P6, 7207AC/P5, 30209

7-8 联轴器和离合器的作用各是什么? 它们的功用有什么区别? 联轴器和离合器的选用依据是什么?

7-9 联轴器有哪些种类? 说明其特点及应用。

7-10 试述制动器的作用及基本工作原理。

7-11 常用的螺纹连接类型有哪几种? 结构和应用有何不同? 观察一下自行车上采用了哪几种连接。

7-12　弹簧的主要功用是什么？请对每种功用至少举出两个应用实例。

7-13　常用弹簧有哪些类型？各具有什么特点？应用最多的是哪种弹簧？

提高题

7-14　试述整体式、剖分式、调心式滑动轴承的构造和应用特点。

7-15　牙嵌离合器与摩擦离合器相比较,各有何优缺点？试简述多片摩擦离合器的工作原理。

第8章 机械制造基础

导入装备案例

图 8-1 为某型自行加榴炮扭力轴零件图。当自行加榴炮车体通过崎岖路面时,扭力轴起到缓冲吸振的作用。为了提高扭力轴的许用应力和疲劳强度,根据零件图采用什么制造加工方法? 使用什么加工工艺? 这些问题将通过本章知识来解决。本章主要研究机械零件的材料成型技术、切削加工基础知识、特种加工及先进制造技术。

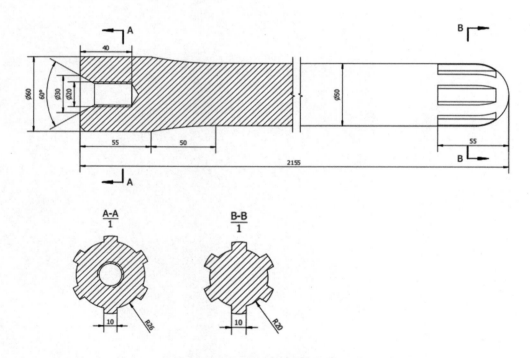

图 8-1 某型自行加榴炮扭力轴零件图

8.1　材料成型技术

8.1.1　铸造

将液态金属浇注到铸型中,待其冷却凝固,以获得一定形状、尺寸和性能的毛坯或零件的成型方法,称为铸造。

铸造是历史悠久的金属成型方法之一,直到今天仍然是毛坯生产的主要方法。在机器设备中铸件所占比例很大,如机床、内燃机中,铸件占总重的 70%～90%,压力机中占 60%～80%,拖拉机中占 50%～70%,农业机械中占 40%～70%。

1. 铸造特点

铸造之所以获得如此广泛的应用,是由于它有如下优越性:

(1) 可制成形状复杂特别是具有复杂内腔的毛坯,如箱体、气缸体等。

(2) 适应范围广。如工业上常用的金属材料(碳素钢、合金钢、铸铁、铜合金、铝合金等)件都可铸造成型。铸件的大小几乎不限,从几克到数百吨;铸件的壁厚可由 1 mm 到 1 m 左右;铸造的批量不限,从单件小批,直到大量生产。

(3) 铸造不仅可直接利用成本低廉的废机件和切屑,而且设备费用较低。同时,铸件毛坯上要求的机械加工余量小,节省金属,减少机械加工量,从而降低制造成本。

在铸造生产中,最基本的工艺方法是砂型铸造,用这种方法生产的铸件占总产量的 90% 以上。此外,还有多种特种铸造方法,如熔模铸造、消失模铸造、金属型铸造、压力铸造、离心铸造等,它们在不同条件下各有其优势。

2. 砂型铸造

砂型铸造就是将熔化的金属浇入到砂型型腔中,经冷却、凝固后,获得铸件的方法。当从砂型中取出铸件时,砂型便被破坏,故又称一次型铸造,俗称翻砂。

砂型铸造是应用最广的铸造方法。

图 8 - 2 所示为套筒的砂型铸造过程。其主要工序为:制作模样及型芯盒,配制型砂、芯砂,造型、造芯及合箱,熔化与浇注,铸件的清理与检查等。

模样及型芯箱的尺寸、形状应根据铸件而定。模样、铸件、零件三者是不同的。在尺寸上,铸件等于零件尺寸再加上机械加工余量,模样等于铸件尺寸加收缩量(液态金属凝固时的收缩);在形状上,铸件与模样必须有拔模斜度(便于起模)、铸造圆角(便于造型,避免崩砂);当铸件上有孔时,模样上有型芯头,以便型芯的定位与固定。

(1) 型砂

造型过程中,型砂在外力作用下成型并达到一定的紧实度或密度而成为砂型。型砂的质量直接影响着铸件的质量,型砂质量不好会使铸件产生气孔、砂眼、粘砂和夹砂等缺陷,这些缺陷造成的废品约占铸件总废品的 50% 以上。中、小铸件广泛采用湿砂型(不经烘干可直接浇注的砂型),大铸件则用干砂型(经过烘干的砂型)。

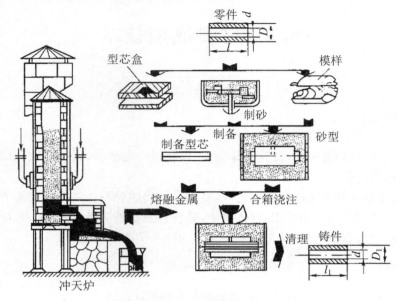

图 8-2 砂型铸造过程

湿型砂由原砂、粘结剂和附加物等按一定比例配合,经过混制成为符合造型要求的混合物。原砂是骨干材料,占型砂总质量的 82%～99%;粘结剂起粘结砂粒的作用,以粘结薄膜形式包覆砂粒,使型砂具有必要的强度和韧性;附加物是为了改善型砂所需要的性能,或为了抑制型砂不希望有的性能而加入的物质。砂粒之间的空隙起透气作用。

(2)造型方法的选择

造型是砂型铸造最基本的工序,造型方法的选择是否合理,对铸件质量和成本有着重要的影响。

1)手工造型

① 整模造型

对于形状简单,端部为平面且又是最大截面的铸件应采用整模造型,如图 8-3 所示。

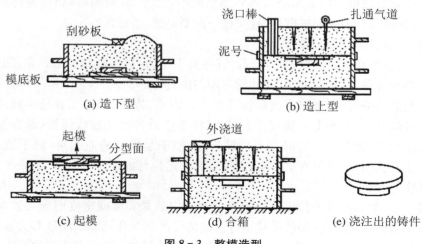

图 8-3 整模造型

整模造型模样是整体的,型腔位于一个砂箱内,分型面是模样的一个平面,不会出现错箱缺陷,主要适用于形状简单且最大截面在端部并为平面的铸件,如轴承座、齿轮坯、罩、壳类零件等。

② 分模造型

在模样的最大截面处把模样分为两半,这样模样就分别位于上、下砂箱内,这种造型方法称为分模造型,如图 8-4 所示。分模造型时分模面(模样与模样间的接合面)与分型面位置相重合,型腔位于上、下两个砂箱内,造型方便,但制作模样较麻烦。分模造型广泛应用于最大截面在中部,形状比较复杂的铸件生产,如阀体、套类、管类等有孔铸件。

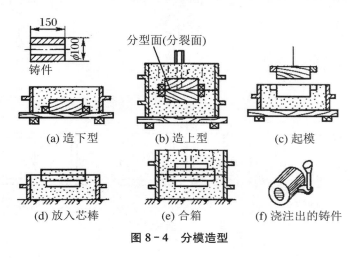

图 8-4　分模造型

③ 挖砂造型

当铸件的外部轮廓为曲面,其最大截面不在端部,且模样又不宜分成两个时,应将模样做成整体,造型时挖掉妨碍取出模样的那部分型砂,这种造型方法称为挖砂造型,如图 8-5 所示。挖砂造型模样为整体模,分型面为曲面,造型麻烦,生产率低。挖砂造型只适用于生产单件小批、模样薄、分模后易损坏或变形的铸件。

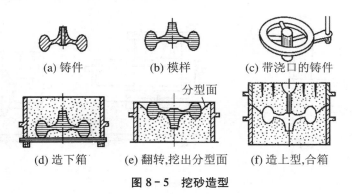

图 8-5　挖砂造型

④ 活块造型

将铸件上阻碍起模的部分(如凸台、筋条等)做成活块,用销子或燕尾结构使活块与模样主体形成可拆连接,起模时先取出模样主体,起模后再从侧面取出活块的造型方法称为活块造型,如图 8-6 所示。活块造型主要用于单件小批生产、带有突起部分的铸件。

⑤ 三箱或多箱造型

对于铸件两端截面尺寸比中间部分大,单靠一个分型面无法起出全部模样的铸件,可采用三箱或多箱造型,将铸型放在三个砂箱中,组合而成,如图 8-7 所示。三箱或多箱造型不仅可用于多个分型面的铸件,而且可用于高大而结构复杂的铸件。但是造型复杂,易错箱,生产率低。主要用于单件小批生产具有两个及以上分型面的铸件。

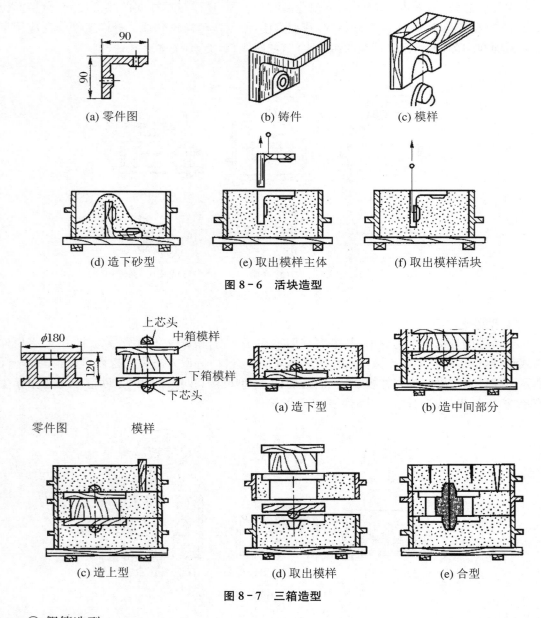

(a) 零件图　　　　　(b) 铸件　　　　　(c) 模样

(d) 造下砂型　　　(e) 取出模样主体　　　(f) 取出模样活块

图 8-6　活块造型

(a) 造下型　　　　　(b) 造中间部分

(c) 造上型　　　(d) 取出模样　　　(e) 合型

图 8-7　三箱造型

⑥ 假箱造型

挖砂造型每型都需手工挖砂,操作麻烦,生产效率低,当成批生产铸件时可以采用假箱造型,如图 8-8 所示。假箱造型是利用预先制好的半型当假箱,假箱作为底板,在底板上做下箱的方法,假箱本身不参与浇注。假箱造型可免去挖砂操作,分型面整齐,适用形状较复杂铸件的批量生产。

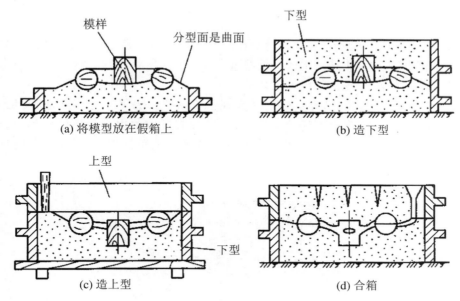

(a) 将模型放在假箱上　　(b) 造下型

(c) 造上型　　(d) 合箱

图 8-8　假箱造型

⑦ 刮板造型

造型时用一块与铸件截面形状相应的刮板(多用木材制成)来代替模样,在上、下砂箱中刮出所需铸件的型腔,如图 8-9 所示。刮板造型只需要刮板而不用模样,节省制模材料和工时,缩短了生产周期。但这种方法造型时操作复杂,对人工技术要求较高,生产率较低。一般仅用于大、中型回转体铸件的单件、小批量生产。

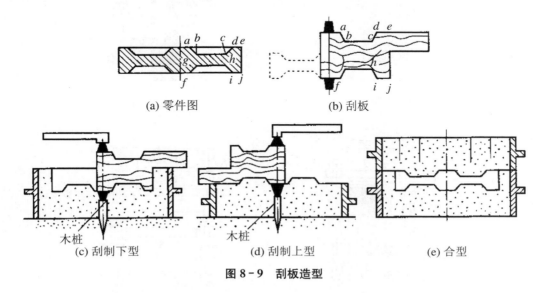

(a) 零件图　　(b) 刮板

(c) 刮制下型　　(d) 刮制上型　　(e) 合型

图 8-9　刮板造型

⑧ 地坑造型

单件、小批量生产大型或重型铸件时,常以地坑或地面代替下砂箱进行造型,称为地坑造型,如图 8-10 所示。这种方法利用地坑代替下砂箱,只需配置上砂箱,从而减少了砂箱的投资。但这种造型的方法劳动量大,对工人技术水平要求高,效率低下。一般仅用于大型的机身、底座等铸件的单件、小批量生产。

2) 机器造型

现代化的铸造车间,特别是专业铸造厂已广泛采用机器来造型,并与机械化砂处理、浇注等工序共同组成机械化生产流水线。机器造型可大大提高劳动生产率,改善劳动条件,铸件尺寸精确、表面光洁,要求的机械加工余量小。

机器造型是将紧砂和起模等主要工序实现了机械化。为了适应不同形状、尺寸和不同批量铸件生产的需要,造型机的种类繁多,紧砂和起模方法也有所不同。其中,最普通的是以压缩空气驱动的振压式造型机。如图 8-11 所示为顶杆起模式振压造型机的工作过程。

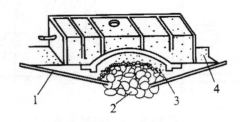

图 8-10 地坑造型

1-通气孔;2-焦炭;3-草垫;4-定位桩

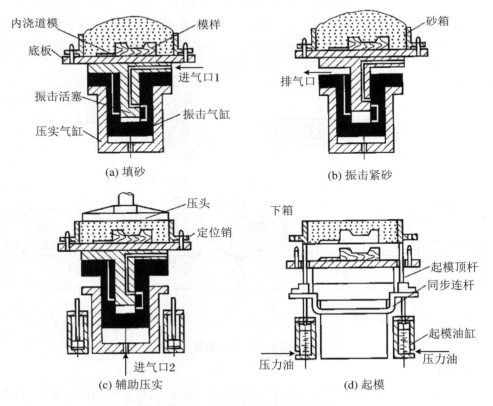

图 8-11 振压造型机的工作过程

① 填砂(图 8-11(a))。打开砂斗门,向砂箱中放满型砂。

② 振击紧砂(图 8-11(b))。先使压缩空气从进气口 1 进入振击气缸底部,活塞在上升过程中关闭进气口,接着又打开排气口,使工作台与振击气缸顶部发生一次振击。如此反复进行振击,使型砂在惯性力的作用下被初步紧实。

③ 辅助压实(图 8-11(c))。由于振击后砂箱上层的型砂紧实度仍然不足,还必须进行辅助压实。此时,压缩空气从进气口 2 进入压实气缸底部,压实活塞带动砂箱上升,在压头的作用下,使型砂受到压实。

④ 起模(图 8-11(d))。当压缩空气推动的压力油进入起模油缸,四根顶杆平稳地将砂箱顶起,从而使砂型与模样分离。

一般振压式造型机价格较低,生产率为每小时 30~60 箱,目前主要用于一般机械化铸造车间。它的主要缺点是型砂紧实度不够高、噪声大、工人劳动条件差,且生产率不够高。在现代化的铸造车间,一般振压式造型机已逐步被其他先进造型机所取代。

微振压实造型机是在压实的同时进行微振(振动频率 600~800 次/min、振幅 15~30 mm),因而型砂紧实度的均匀性和型腔表面质量均优于振压造型机,且噪声较小。

高压造型机的压实比压(即型砂表面单位面积上所受的压实力)大于 0.7 MPa,由于高压造型采用浮动式多触头压头,还可在压实过程中进行微振,故其生产率高,型砂的紧实度高且均匀,铸件尺寸精度和表面质量大为提高,且噪声更小。高压造型机广泛用于汽车、拖拉机上较复杂件的大批量生产。

机器造型的工艺特点通常是采用模板进行两箱造型。模板是将模样、浇注系统模样沿分型面与模底板连接成一个整体的专用模具。造型后,模底板形成分型面,模样形成铸型空腔,而模底板的厚度并不影响铸件的形状与尺寸。

机器造型不能紧实中箱,故不能进行三箱造型。同时,机器造型也应尽力避免活块,因为取出活块费时,使造型机的生产率大为降低。

3. 合金铸造性能

常用的铸造合金有铸铁、碳钢、铜合金和铝合金等。其铸造性能主要指流动性、收缩性、偏析等,它们对获得合格铸件是非常重要的。

(1) 合金流动性

合金流动性即液态合金充填铸型的能力,它对铸件质量有很大影响。

流动性好,就易获得形状完整、轮廓清晰、壁薄或形状复杂的铸件,同时有利于合金中气体和非金属夹杂物上浮和排除,有利于合金凝固时的补缩。

流动性不好,易使铸件产生浇不足、冷隔、气孔、夹渣和缩孔等缺陷。

铸造合金的流动性常用液态合金浇成的螺旋形试样的长度评定。

影响流动性的因素很多,主要是合金的化学成分、浇注温度和铸造工艺。

(2) 合金收缩性

液态合金从浇注温度逐渐冷却、凝固再到室温的过程中伴随有体积和尺寸的缩小,这种现象称为合金收缩性。

合金从浇注温度至液相线的收缩,称为液态收缩。

合金从液相线到固相线温度间的收缩,称为凝固收缩。它们是产生缩松与缩孔的根本原因。

合金从固相线温度至室温时的收缩,称为固态收缩。通常表现为铸件尺寸的缩小,是铸件产生内应力、变形和裂纹的根本原因。

影响收缩的因素是其化学成分、浇注温度、铸型工艺及铸件结构。

(3) 常用合金的铸造性能

① 灰口铸铁

灰口铸铁成分接近共晶,结晶温度间隔小,熔点低,结晶时石墨膨胀,可抵消铁的收缩,故总的收缩小、流动性好。如灰口铸铁的浇注温度在 $1200 \sim 1280$ ℃ 时,表示流动性好坏的螺旋线长度 $600 \sim 1200$ mm,总体积收缩率在 $6.9\% \sim 7.8\%$ 之间。

② 碳素铸钢

常用于制造机器零件的铸钢含碳量为 $0.25\% \sim 0.45\%$。铸钢的浇注温度高(约在 1500 ℃),流动性差,螺旋线长度 100 mm,收缩大,总体积收缩率达 12.4%,在熔炼过程中易吸气和氧化。因此铸钢的铸造性能差,易产生粘砂、浇不足、冷隔、缩孔、裂纹、气孔等缺陷。

③ 有色金属

铜合金熔点低,流动性好。锡青铜浇注温度 1040 ℃,螺旋线长度 420 mm。硅黄铜浇注温度 1100 ℃,螺旋线长度 1000 mm。铜合金熔炼时易氧化,某些铜合金如铅青铜还易产生密度偏析,熔炼时要注意防止合金氧化、烧损、偏析。铝合金的浇注温度更低,一般在 680 ℃,螺旋线长度 $700 \sim 800$ mm。铝合金在高温下易吸气和氧化,影响其力学性能,故熔炼时要注意隔绝合金液体与炉气的接触,并采用一些净化措施。

4. 常用特种铸造方法

特种铸造是指与普通砂型铸造不同的其他铸造方法。特种铸造方法很多,各有其特点和适用范围。常用的有熔模铸造、消失模铸造、金属型铸造、压力铸造和离心铸造等。

(1) 熔模铸造

熔模铸造是指用易熔材料制成模样,在模样表面包覆若干层耐火涂料制成型壳,再将模样熔化排出型壳,从而获得无分型面的铸型,经高温焙烧后即可填砂浇注的铸造方法。由于模样广泛采用蜡质材料来制造,故常将熔模铸造称为"失蜡铸造"。

熔模铸造的工艺过程如图 8-12 所示,可分为蜡模制造、型壳制造、焙烧浇注三个主要阶段,最后制成如图 8-12(a)所示的铸件。

熔模铸造的特点如下:

① 铸件的精度高,表面光洁。如涡轮发动机的叶片,铸件精度已达无机械加工余量的要求。

② 可制造砂型铸造难以成型或机械难以加工的形状很复杂的薄壁铸件。熔模铸造使用易熔模,无需取模,同时铸型是在预热后趁热浇注的。铸出铸件最小壁厚可达 0.3 mm,能铸出的最小孔径为 2.5 mm。

③ 适用于各种合金铸件。由于型壳用高级耐火材料制成,尤其适用于铸造高熔点、难加工的高合金钢铸件,如高速钢刀具、不锈钢汽轮机叶片等。

④ 生产批量不受限制。

⑤ 生产工艺复杂且周期长,机械加工压型成本高,所用的耐火材料、模料和粘结剂价格较高,铸件成本高。由于受熔模及型壳强度限制,铸件不宜过大(或过长),仅适于从几十克

到几千克的小铸件,一般不超过 45 kg。

综上所述,熔模铸造最适于高熔点合金精密铸件的大批大量生产,主要用于形状复杂、难以切削加工的小零件。目前熔模铸造已在汽车、拖拉机、机床、刀具、汽轮机、仪表、航空、兵器等制造业得到了广泛的应用,成为少、无屑加工中重要的工艺方法之一。

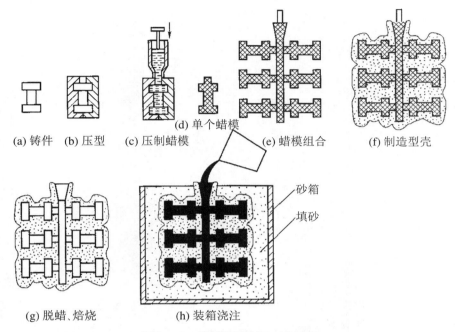

(a) 铸件　(b) 压型　(c) 压制蜡模　(d) 单个蜡模　(e) 蜡模组合　(f) 制造型壳

(g) 脱蜡、焙烧　(h) 装箱浇注

图 8 - 12　熔模铸造主要工艺过程

（2）消失模铸造

消失模铸造又称气化模铸造或实型铸造,是用泡沫塑料制成的模样制造铸型,之后模样并不取出,浇注时模样气化消失而获得铸件的方法。

消失模铸造工艺包括模样制造、挂涂料、造型浇注和落砂清理等工序,如图 8 - 13 所示。

消失模铸造与传统的砂型铸造最大的区别在于采用可气化塑料制造模样,采用无粘结剂的干砂来造型,模样不取出,铸型没有型腔、分型面和单独制作的型芯。由于这些差别使消失模铸造具有如下优越性:

① 它是一种近乎无余量的精密成型技术,铸件尺寸精度高,表面粗糙度值低,接近熔模铸造水平。

② 无需传统的混砂、制芯、造型等工艺及设备,故工艺过程简化,易实现机械化、自动化生产,设备投资较少,占地面积小。

③ 为铸件结构设计提供了充分的自由度,如原来需要加工成型的孔、槽等可直接铸出。

④ 铸件清理简单,机械加工量减少。

⑤ 适应性强。对合金种类、铸件尺寸及生产数量几乎没有限制。

消失模铸造的主要缺点是浇注时塑料模气化有异味,对环境有污染,铸件容易出现与泡沫塑料高温热解有关的缺陷,如铸铁件容易产生皱皮、夹渣等缺陷,铸钢件可能稍有增碳,但对铜、铝合金铸件的化学成分和力学性能的影响很小。

消失模铸造的应用极为广泛,如单件、小批生产冶金、矿山、船舶、机床等一些大型铸件,以及汽车、化工、锅炉等行业大型冷冲模具等。消失模铸造的大批量生产在很多领域得到了应用，但以汽车制造业为主。典型的铸铁件有球墨铸铁轮毂、差速器壳、空心曲轴及灰铸铁发动机机座、排气管等；典型的铝合金铸件有发动机缸体、缸盖、进气管等。

总之，消失模铸造的应用领域越来越宽，是一种极具发展前途的铸造新技术。

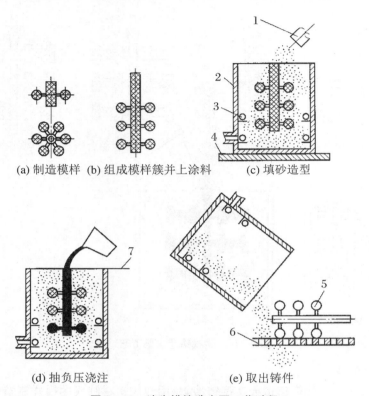

(a) 制造模样 (b) 组成模样簇并上涂料   (c) 填砂造型

(d) 抽负压浇注   (e) 取出铸件

图 8 - 13　消失模铸造主要工艺过程

（3）金属型铸造

金属型铸造是将液态金属浇入金属的铸型中，并在重力作用下凝固成型从而获得铸件的方法。由于金属铸型可反复使用多次（几百次到几千次），故有永久型铸造之称。

金属型的结构主要取决于铸件的形状、尺寸，合金的种类及生产批量等。

按照分型面的不同，金属型可分为整体式、垂直分型式、水平分型式和复合分型式。其中，垂直分型式便于开设浇道和取出铸件，也易于实现机械化生产，所以应用最广。金属型的排气依靠出气口及分布在分型面上的许多通气槽来实现。为了能在开型过程中将灼热的铸件从型腔中推出，多数金属型设有推杆机构。

金属型一般用铸铁制成，也可采用铸钢。铸件的内腔可用金属型芯或砂芯来形成，其中金属型芯用于非铁金属件。为使金属型芯能在铸件凝固后迅速从内腔中抽出，金属型还常设有抽芯机构。

金属型铸造可"一型多铸"，便于实现机械化和自动化生产，从而可大大提高生产率。同时，铸件的精度和表面质量比砂型铸造显著提高（如铝合金铸件的尺寸公差等级 CT7～CT9，表面粗糙度值 R_a 为 $3.2 \sim 12.5\ \mu m$）。由于结晶组织致密，铸件的力学性能得到显著提高，如铸铝件的屈服点平均提高 20%。此外，金属型铸造还使铸造车间面貌大为改观，劳动条件得到显著改善。它的主要缺点是金属型的制造成本高、生产周期长,同时铸造工艺要求严格,容易出现浇不到、冷隔、裂纹等铸造缺陷,而灰铸铁件又难以避免白口缺陷。此外,金属型铸件的形状和尺寸还有着一定的限制。

金属型铸造主要用于铜、铝合金不复杂中小铸件的大批生产,如铝活塞、气缸盖、油泵壳体、铜瓦、轻工业品等。

（4）压力铸造

压力铸造简称压铸。它是在高压下(比压为 5～150 MPa)将液态或半液态合金快速(充填速度可达 5～50 m/s)地压入金属铸型中,并在压力下凝固以获得铸件的方法。

压铸是在压铸机上进行的,所用的铸型称为压型。压型与垂直分型的金属型相似,其半个铸型是固定的,称为静型;另半个可水平移动,称为动型。压铸机上装有抽芯机构和顶出铸件机构。

压铸机主要由压射机构和合型机构组成。压射机构的作用是将金属液压入型腔;合型机构用于开合压型,并在压射金属时顶住动型,以防金属液自分型面喷出。压铸机的规格通常以合型力的大小来表示。

压力铸造具有如下优点:

① 铸件的精度及表面质量较其他铸造方法均高(尺寸公差等级 CT4～CT8,表面粗糙度值 R_a 为 1.6～12.5 μm),通常不经机械加工即可使用。

② 可压铸形状复杂的薄壁件,或直接铸出小孔、螺纹、齿轮等。

③ 铸件的强度和硬度都较高。因为铸件的冷却速度快,又是在压力下结晶,其表层结晶细密,如抗拉强度比砂型铸造提高 25%～30%。

④ 压铸的生产率较其他铸造方法均高。一般冷压室压铸机平均每小时可压铸 600～700 次。

⑤ 便于采用镶铸(又称镶嵌法)。镶铸是将其他金属或非金属材料预制成的嵌件铸前先放入压型中,经过压铸使嵌件和压铸合金结合成一体(图 8-14),这既满足了铸件某些部位的特殊性能要求,如强度、耐磨性、绝缘性、导电性等,又简化了装配结构和制造工艺。

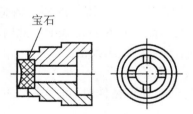

图 8-14　镶嵌件的应用

压铸虽是实现少、无屑加工非常有效的途径,但也存有许多不足。主要是:

① 压铸设备投资大,制造压型费用高、周期长,只有在大量生产条件下经济上才合算。

② 压铸高熔点合金(如铜、钢、铸铁)时,压型寿命很低,难以适应。

③ 由于压铸的速度极高,型腔内气体很难排除,厚壁处的收缩也很难补缩,致使铸件内部常有气孔和缩松。因此,压铸件不宜进行较大余量的机械加工,以防孔洞的外露。

④ 由于上述气孔是在高压下形成的,热处理加热时孔内气体膨胀将导致铸件表面起泡,所以压铸件不能用热处理方法来提高性能。必须指出,随着加氧压铸、真空压铸和黑色金属压铸等新工艺的出现,压铸的某些缺点得以克服,扩大了压铸的应用范围。

目前,压力铸造已在汽车、拖拉机、航空、兵器、仪表、电器、计算机、轻纺机械、日用品等制造行业得到了广泛应用,如气缸体、箱体、化油器、喇叭外壳等铝、镁、锌合金铸件的大批量生产。

(5) 离心铸造

将液态合金浇入高速旋转的铸型,使其在离心力作用下充填铸型并结晶,这种铸造方法称为离心铸造。

离心铸造必须在离心铸造机上进行。离心铸造机上的铸型可以用金属型,也可以用砂型、熔模壳型等。根据铸型旋转轴空间位置的不同,离心铸造机可分为立式和卧式两大类。

在立式离心铸造机上的铸型是绕垂直轴旋转的。当其浇注圆筒形铸件时(图8-15(a)),金属液并不填满型腔,这样便于自动形成内腔,而铸件的壁厚则取决于浇入的金属量。在立式离心铸造机上进行离心铸造的优点是便于铸型的固定和金属的浇注,但其自由表面(即内表面)呈抛物线状,使铸件上薄下厚。显然,在其他条件不变的前提下,铸件的高度愈大,立壁的壁厚差别也愈大。因此,这种铸造方式主要用于高度小于直径的圆环类铸件。

在卧式离心铸造机上铸型是绕水平轴旋转的。由于铸件各部分的冷却条件相近,故铸出的圆筒形铸件无论在轴向和径向的壁厚都是均匀的(图8-15(b)),因此适于浇注长度较大的套筒、管类铸件,是最常用的离心铸造方法。

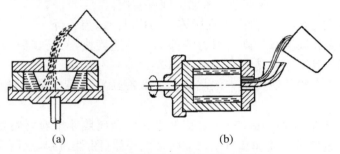

(a)　　　　　　　　　　　　　(b)

图8-15　圆筒形铸件的离心铸造

离心铸造也可用于生产成型铸件。成型铸件的离心铸造通常在立式离心铸造机上进行,但浇注时金属液填满铸型型腔,故不存在自由表面。此时,离心力的作用主要是提高金属液的充型能力,并有利于补缩,使铸件组织致密。

离心铸造具有如下优点:

① 利用自由表面生产圆筒形或环形铸件时,可省去型芯和浇注系统,因而省工、省料,可降低铸件成本。

② 在离心力的作用下,铸件呈由外向内的定向凝固,而气体和熔渣因密度较金属小,则向铸件内腔(即自由表面)移动而被排除,故铸件内部极少有缩孔、缩松、气孔、夹渣等缺陷。

③ 便于制造双金属铸件。如可在钢套上镶铸薄层铜材,用这种方法制出的滑动轴承较整体铜轴承节省铜料,降低了成本。

离心铸造的不足之处是:

① 依靠自由表面所形成的内孔尺寸偏差大,而且内表面粗糙,若需机械加工,必须加大余量。

② 铸件易产生成分偏析,所以不适于密度偏析大的合金及轻合金铸件,如铅青铜、铝合金、镁合金等。此外,因需要专用设备的投资,故不适于单件小批生产。

离心铸造是大口径铸铁管、气缸套、铜套、双金属轴承的主要生产方法,铸件的最大重量可达十多吨。在耐热钢辊道、特殊钢的无缝管坯、造纸烘缸等铸件生产中,离心铸造已被采用。

8.1.2 金属塑性加工

利用金属的塑性,使其改变形状、尺寸和改善性能,获得型材、棒材、板材、线材或锻压件的加工方法,称金属塑性加工,包括锻造、冲压、挤压、轧制、拉拔等。通过金属塑性加工,可以改善金属组织,提高力学性能;提高材料利用率,减少切削工时,效率高。但金属塑性加工成型率比铸造低,设备和模具投资较高。

一般常用的金属型材、板材、管材和线材等原材料,大都是通过轧制、挤压、拉拔等方法制成的,机械制造业中的许多毛坯或零件,特别是承受重载荷的机件,如机床主轴、重要齿轮、连杆、炮管和枪管等,通常采用锻造方法成型。冲压广泛用于汽车、电器、仪器零件及日用品工业等方面。

在加压设备及工(模)具作用下,使坯料、铸锭产生局部或全部的塑性变形,以获得一定几何尺寸、形状和质量的锻件的加工方法,称为锻造。

1. 金属的锻造性能

金属常用其塑性和变形抗力来综合衡量其锻造性能。塑性好,变形抗力小,金属的锻造性能就好,反之则差。影响金属锻造性能的主要因素是金属的本质和加工条件。

在碳钢中,低碳钢的锻造性能最好,中碳钢的锻造性能次之,高碳钢的锻造性能较差,因为其碳化物含量高,硬而脆。铸铁中因有莱氏体组织或石墨,极脆,不能进行锻造生产。

合金钢的锻造性能不如碳钢,低合金钢的锻造性能接近于中碳钢,高合金钢的变形抗力大,锻造性能较差,特别是某些含有大块合金碳化物的合金钢,锻造性能更差。

铜合金的锻造性能很好。铝合金虽能锻造成各种形状,但它的塑性较差,锻造温度范围窄,锻造性能并不好。

2. 锻造成型方法

（1）自由锻

只用简单的通用性工具,或在锻造设备的上、下砧间直接使坯料变形而获得所需的几何形状及内部质量锻件的方法。由于坯料在两砧间变形时,沿变形方向可自由流动,故称为自由锻。

自由锻生产所用工具简单,具有较大的通用性,因而应用范围较为广泛。自由锻可锻造的锻件质量由不足 1 kg 一直到 300 t。在重型机械制造中,它是生产大型和特大型锻件的唯一成型方法。

自由锻所用设备根据对坯料施加外力的性质不同,分为锻锤和液压机两大类。锻锤产生的冲击力使金属坯料变形,但由于能力有限,故只用来锻造中、小型锻件。液压机依靠产生的压力使金属坯料变形。其中,水压机可产生很大的作用力,能锻造质量达 300 t 的锻件,是重型机械厂锻造生产的主要设备。

1) 自由锻的工序

自由锻的工序可分为基本工序、辅助工序和精整工序三大类。

　　基本工序是使金属坯料实现主要的变形要求,达到或基本达到锻件所需形状和尺寸的工序。主要有以下几个:

　　① 镦粗。使坯料高度减小、横截面积增大的锻造工序。它是自由锻生产中最常用的工序,适用于饼块、盘套类锻件的生产。

　　② 拔长。使坯料横截面积减小、长度增加的锻造工序,适用于轴类、杆类锻件的生产。

　　③ 冲孔。在坯料上冲出通孔或不通孔的锻造工序。对环类件,冲孔后还应进行扩孔工作。

　　④ 扭转。将坯料的一部分相对另一部分绕其轴线旋转一定角度的锻造工序。

　　⑤ 错移。将坯料的一部分相对另一部分错移开,但仍保持轴心平行的锻造工序。它是生产曲拐或曲轴必需的工序。

　　⑥ 切割。将坯料分成几部分或部分地割开,或从坯料的外部割掉一部分,或从内部割出一部分的锻造工序。

　　辅助工序是指进行基本工序之前的预变形工序,如压钳口、倒棱、压肩等。

　　精整工序是在完成基本工序之后,用以提高锻件尺寸及位置精度的工序。

　　2) 锻件分类及基本工序方案

　　自由锻锻件大致可分为六类,其形状特征及主要变形工序如表 8 - 1 所示。

表 8 - 1　锻件类别及所需锻造工序

锻件类别	图例	锻造工序
盘类锻件	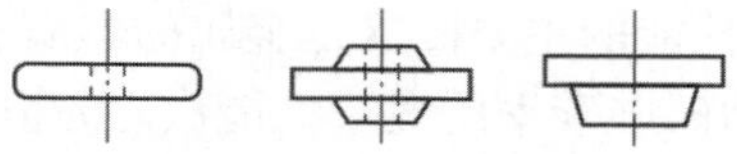	镦粗(或拔长及镦粗),冲孔
轴类锻件	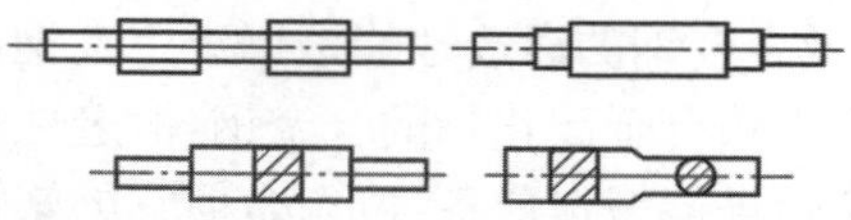	拔长(或镦粗及拔长),切肩和锻台阶
筒类锻件	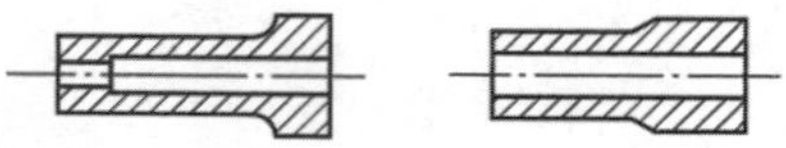	镦粗(或拔长及镦粗),冲孔,在心轴上拔长
环类锻件		镦粗(或拔长及镦粗),冲孔,在心轴上扩孔
曲轴类锻件	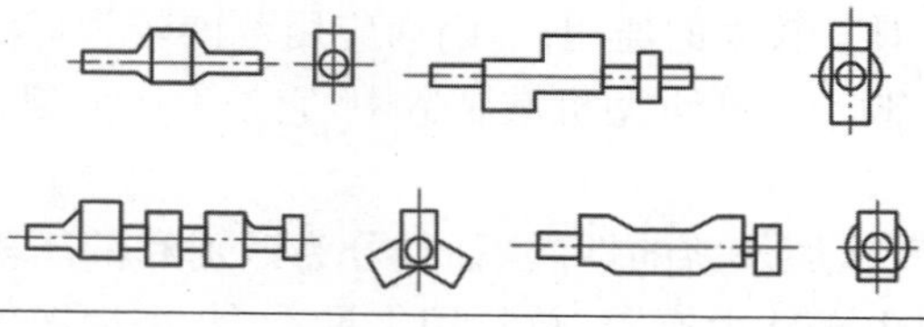	拔长(或镦粗及拔长),错移,锻台阶,扭转
弯曲类锻件	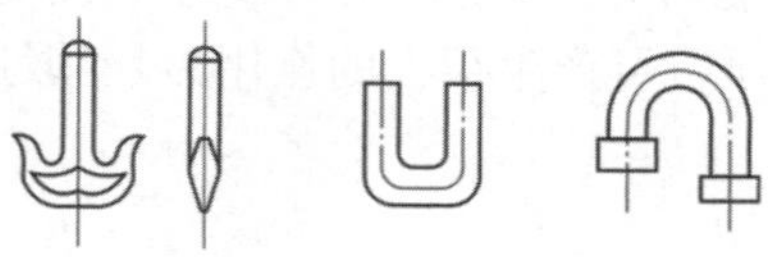	拔长,弯曲

（2）模锻

模锻是利用锻模使坯料变形而获得锻件的锻造方法。由于金属是在模腔内变形，其流动受到模壁的限制，因而模锻生产的锻件尺寸精确、加工余量较小、结构可以较复杂，而且生产率高。模锻生产广泛应用在机械制造业和国防工业中。

按使用设备的不同，模锻可分为锤上模锻、曲柄压力机上模锻、胎模锻、摩擦螺旋压力机上模锻等。

1）锤上模锻

锤上模锻所用设备为模锻锤，由其产生的冲击力使金属变形。图 8 - 16 所示为常用的蒸汽-空气模锻锤。该种设备上运动副之间的间隙小，运动精度高，可保证锻模的合模准确性。模锻锤的吨位（落下部分的质量）为 1～10 t，可锻制 150 kg 以下的锻件。

锤上模锻生产所用的锻模如图 8 - 17 所示。上模 2 和下模 4 分别用楔铁 10、7 固定在锤头和模垫 5 上，模垫用楔铁 6 固定在砧座上。上模随锤头做上下往复运动。9 为模腔，8 为分模面，3 为飞边槽。

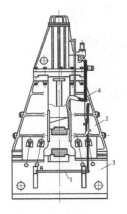

图 8 - 16　蒸汽-空气模锻锤

1-踏板；2-机架；3-砧座；4-操纵杆

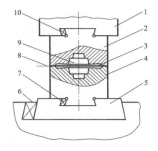

图 8 - 17　锤上模锻用锻模

根据模锻件复杂程度的不同，所需变形的模腔数量不等，可将锻模设计成单腔锻模或多腔锻模。单腔锻模在一副锻模上只具有终锻模腔。如齿轮坯模锻件就可将截下的圆柱形坯料，直接放入单腔锻模中一次终锻成型。多腔锻模是在一副锻模上具有两个以上模腔的锻模。如弯曲连杆模锻件的锻模即为多腔锻模（图 8 - 18）。

锤上模锻虽具有设备投资较少，锻件质量较好，适应性强，可以实现多种变形工步，锻制不同形状的锻件等优点，但由于锤上模锻振动大、噪声大，完成一个变形工步往往需要经过多次锤击，故难以实现机械化和自动化，生产率在模锻中相对较低。

2）胎模锻

胎模锻是在自由锻设备上使用可移动模具生产模锻件的一种锻造方法。胎模不固定在锤头或砧座上，只是在使用时才放上去。胎模锻常用自由锻方法制坯，在胎模中成形。

胎模的种类很多，主要有扣模、筒模及合模三种。

① 扣模。如图 8 - 19 所示。扣模用来对坯料进行全部或局部扣形，以生产长杆非回转体锻件。扣模也可以为合模锻造制坯。

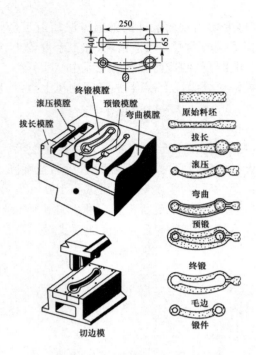

图 8-18 弯曲连杆锻造过程

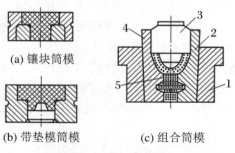

图 8-19 扣模

② 筒模。如图 8-20 所示。筒模主要用于锻造齿轮、法兰盘等盘类锻件。组合筒模(图 8-20(c))由于有两个半模(增加一个分模面)的结构,可锻出形状更复杂的胎模锻件,扩大了胎模锻的应用范围。

(a) 镶块筒模

(b) 带垫模筒模

(c) 组合筒模

图 8-20 筒模

③ 合模。如图 8-21 所示。合模由上模和下模组成,并有导向结构,可锻制形状复杂、精度较高的非回转体锻件。

由于胎模结构较简单,不需昂贵的模锻设备,扩大了自由锻生产的范围。但胎模易损坏,较其他模锻方法生产的锻件精度低、劳动强度大,故胎模锻只适用于没有模锻设备的中小型工厂生产中、小批锻件。

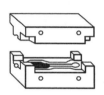

图 8 - 21　合模

(3) 板料冲压

冲压是使板料经分离或成型而获得制件的工艺统称。冲压中所选用的板料通常是在冷态下进行的,所以又称为冷冲压。只有当板料厚度超过 8～10 mm 时,才采用热冲压。

在制造金属成品的工业部门中,广泛地应用着冲压工艺。特别是在汽车、拖拉机、航空、电器、仪表及国防等工业中,冲压占有极其重要的地位。

冲压具有以下特点:

① 可以冲压出形状复杂的零件,且废料较少。

② 冲压件具有足够高的精度和较低的表面粗糙度值,互换性较好,冲压后一般不需机械加工。

③ 能获得重量轻、材料消耗少、强度和刚度都较高的零件。

④ 冲压操作简单,工艺过程便于机械化和自动化,生产率很高,故零件成本低。

但冲模制造复杂、成本高,只有在大批量生产条件下,其优越性才显得突出。

冲压所用原材料,特别是在制造中空杯状和环状等成品时,必须具有足够的塑性,如采用低碳钢、铜合金、铝合金、镁合金及塑性好的合金钢等。从形状上分,金属材料有板料、条料及带料等。

冲压生产中常用的设备是剪床和冲床。剪床用来把板料剪切成一定宽度的条料,以供下一步冲压工序用。冲床用来实现冲压工序,以制成所需形状和尺寸的零件。冲床的最大吨位可达 40000 kN。

冲压生产的基本工序有分离工序和变形工序两大类。

1) 分离工序

分离工序是使坯料的一部分与另一部分相互分离的工序,如落料、冲孔、切断和修整等。

① 落料及冲孔(统称冲裁)

利用冲模将板料以封闭的轮廓与坯料分离的一种冲压方法称为冲裁。利用冲裁取得一定外形的制件或坯料的冲压方法,称为落料(图 8 - 22)。将材料以封闭的轮廓分离开来,获得带孔的制件的一种冲压方法,称为冲孔。冲孔中的冲落部分为废料。

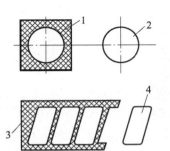

图 8 - 22　落料

② 修整

修整是利用修整模沿冲裁件外缘或内孔刮削一薄层金属,以切掉冲裁件上的剪裂带和毛刺,从而提高冲裁件的尺寸精度(IT7～IT16),降低表面粗糙度值($R_a = 1.6～0.8\ \mu m$)。

修整冲裁件的外形称为外缘修整,修整冲裁件的内孔称为内孔修整(图 8 - 23)。

修整的机理与冲裁完全不同,而与切削加工相似。对于大间隙冲裁件,单边修整量一般为板料厚度的 10%;对于小间隙冲裁件,单边修整量在板料厚度的 8% 以下。

③ 切断

切断是利用剪刃或冲模将材料沿不封闭的曲线分离的一种冲压方法。

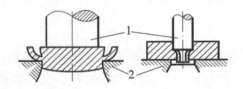

（a）外缘修整　　　（b）内孔修整

图 8-23　修整工序简图

1—凸模；2—凹模

剪刃安装在剪床上，把大板料剪切成一定宽度的条料，供下一步冲压工序用。冲模是安装在冲床上，用以制取形状简单、精度要求不同的平板件。

2）变形工序

变形是使坯料的一部分相对于另一部分产生位移而不破裂的工序，如拉深、弯曲、翻边、胀形等。

① 拉深

变形区在一拉一压的应力作用下，使板料（浅的空心坯）成型为空心件（深的空心件），而厚度基本不变的加工方法，称为拉深。图 8-24（a）为坯料成型为空心件，图 8-24（b）为浅空心坯成型为深空心件。

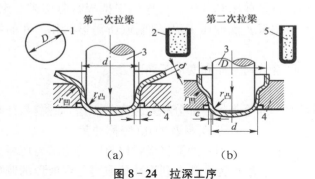

第一次拉梁　　　　第二次拉梁

（a）　　　　　（b）

图 8-24　拉深工序

② 弯曲

将板料、型材或管材在弯矩作用下弯成具有一定曲率和角度的制件的成型方法，称为弯曲（图 8-25）。弯曲过程中，坯料为板料时，板料弯曲部分的内侧受压缩，而外层受拉伸。当外侧的拉应力超过板料的抗拉强度时，即会造成金属破裂。板料越厚，内弯曲半径 r 越小，则拉应力越大，越容易弯裂。为防止弯裂，最小弯曲半径应为 $r_{min} = (0.25 \sim 1)\delta$（$\delta$ 为金属板料的厚度）。材料塑性好，则弯曲半径可小些。

弯曲时还应尽可能使弯曲线与板料纤维垂直（图 8-26）。若弯曲线与纤维方向一致，则容易产生破裂。此时应增大弯曲半径。

③ 翻边

在坯料的平面部分或曲面部分的边缘，沿一定曲线翻起竖立直边的成型方法，称为翻边

（图 8‑27）。根据变形的性质、坯料结构和形状的不同，翻边有多种方法。在预先制好孔的半成品上或未经制孔的板料上冲制出竖直边缘的成型方法，称为翻孔（图 8‑28）。

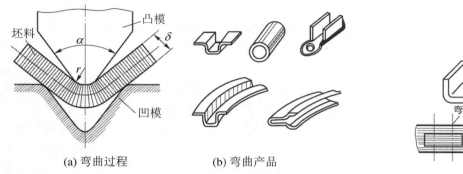

(a) 弯曲过程　　　　　(b) 弯曲产品

图 8‑25　弯曲过程中金属变形简图

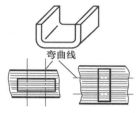

图 8‑26　弯曲时的纤维方向

图 8‑27　翻边

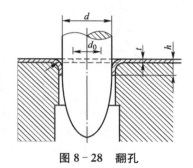

图 8‑28　翻孔

④ 胀形

胀形是利用局部塑性变形使坯料或半成品获得所要求形状和尺寸的加工过程（图 8‑29）。主要用于制作刚性筋条凸边、凹槽，或增大半成品的部分直径等。图 8‑29(a)是用橡胶压筋即起伏，图 8‑29(b)是用橡胶芯子来增大半成品中间部分的直径。

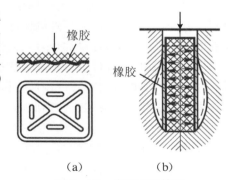

（a）　　　　（b）

图 8‑29　胀形工序简图

8.1.3　焊接

焊接是一种永久性连接金属材料的工艺方法，其实质是通过加热或加压，依靠金属原子的结合与扩散作用，使分离金属材料牢固地连接起来。按照焊接过程的特点可分为三类：

（1）熔化焊：利用某种热源，将被焊金属结合处局部加热到熔化状态，并与熔化的焊条金属混合组成熔池，冷却时在自由状态下凝固结晶，使之焊合在一起。

（2）压力焊：利用加压力（或同时加热），使金属产生一定的塑性变形，实现原子间的接近和相互结合，组成新的晶粒，达到焊接的目的。

（3）钎焊：属于另一类焊接方法，其与熔化焊的区别是被焊金属不熔化，只是作为填充金属的钎料熔化，并通过钎料与被焊金属表面间的相互扩散和溶解作用而形成焊接接头。

焊接在现代工业生产中占有十分重要的地位，如舰船的船体、高炉炉壳、建筑构架、锅炉与压力容器、车厢及家用电器、汽车车身的制造都离不开焊接。

1. 电弧焊

电弧焊是利用电弧的热能使金属局部熔化而进行焊接的一种方法,属于熔化焊。它包括手工电弧焊、埋弧焊和气体保护焊三类。

(1) 手工电弧焊

手工电弧焊是利用焊条与工件之间产生电弧热,将工件和焊条熔化而进行焊接。其设备简单、操作灵活、维护容易、适应性广,是生产中应用最广泛的方法。

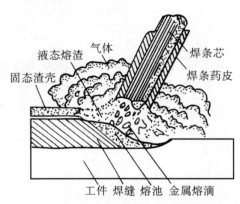

图 8 - 30　焊条的电弧焊过程

焊接电弧是在电极与工件之间的气体介质中长时间有力的放电现象,即在局部气体介质中有大量电子流通过的导电现象。如图 8 - 30 所示,在焊条与被焊工件之间燃烧的电弧产生电弧热,使工件和焊芯同时熔化形成熔池,同时也使焊条的药皮熔化和分解,并与熔池中的液态金属发生物理化学反应,所形成的熔渣不断浮出熔池;药皮产生的大量保护气体围绕在电弧四周,熔渣和气体能防止空气中氧和氮的侵入,以保护熔池金属。当电弧向前移动时,工件与焊条不断熔化形成新的熔池,而原来的熔池则不断冷却凝固,构成连续的焊缝。

焊接过程是局部加热过程,温度分布极不均匀,在完成一个焊接过程中,焊接接头的组织和性能都要发生变化。

熔池液态金属冷却结晶为焊缝金属,具有铸态组织的特点,所以一般均能达到所要求的力学性能;而热影响区内靠近焊缝区的熔合区及过热区,加热温度高,所以晶粒粗大,而且成分不均,从而导致其脆性增加,塑性、韧性降低,容易产生裂纹,是焊接头最薄弱的部分。

焊接过程中,对焊件进行不均匀的加热和冷却,会引起焊接应力(残余应力)和焊件的变形。焊接应力使焊件的有效许用应力降低,甚至导致在焊接过程中,或使用期间开裂,使整个结构发生破坏而造成灾难。因此,必须采取严格的工艺措施来减少或消除焊接应力。

(2) 埋弧焊

埋弧焊也称焊剂层下焊接,是当今生产效率较高的机械化焊接方法之一。

焊接时,焊接机头将光焊丝自动送入电弧区并保持稳定的弧长。电弧在焊剂层下燃烧,焊机带着焊丝均匀地沿坡口移动。在焊丝前方,焊剂从漏斗中不断流出撒在被焊部位。焊接时,部分焊剂熔化形成熔渣覆盖在焊缝表面,大部分焊剂不熔化,可重新回收使用。埋弧焊的焊接质量高,而且稳定,生产率也高,在实际中得到了广泛的应用。

(3) 气体保护焊

航天工业的发展,使化学性能活泼的金属材料得到大量应用,如铝、镁、铁及其合金等,这些材料一般采用气体保护焊技术。

所谓气体保护焊,就是利用外加气体保护电弧区的熔滴、熔池及焊缝的电弧焊。保护气体有两种,一种为惰性气体(氩气、氦气及与之混合的气体),另一种是活性气体(如 CO_2)。

氩弧焊是以氩气作为保护气体,可保护电极和熔池金属不受空气的有害作用。在高温下,氩气不与金属发生化学反应,也不溶于金属。因此,氩弧焊的焊接质量比较高,易于自动控制。但氩气贵、成本高,所以多用于铝、镁、铁及其合金的焊接。

按所用电极的不同,氩弧焊可分为不熔化极氩弧焊和熔化极氩弧焊两种。

为了降低焊接成本,可采用 CO_2 气体代替氩气作为保护气体,称为二氧化碳气体保护焊。二氧化碳气体保护焊需要采取保证焊缝成分的措施,其质量和工艺性不如氩弧焊,故多用于低碳钢和低合金钢的焊接。

2. 电阻焊与摩擦焊

电阻焊与摩擦焊均属于压力焊方法。

(1)电阻焊

电阻焊是利用电流通过焊件及其接触部分时产生的电阻热,使焊接区加热到塑性状态或表面局部熔化状态,在压力下焊合的压焊方法。与其他焊接方法相比,电阻焊具有生产率高、焊接变形小、劳动条件好、不需另加焊接材料、操作简便、易实现机械化等优点;但存在设备较复杂、耗电量大、焊件结构受限制等不足。电阻焊按接头形式分为点焊、缝焊和对焊等几种形式。

(2)摩擦焊

摩擦焊是一种比较先进的压力焊方法,它是利用工件间相对的高速旋转运动所产生的摩擦热加热接头表面,待表面加热到塑性状态后迅速加压,使两部分焊合在一起。摩擦焊常用于钻头、刀具等零件的焊接,以节约贵重的工具材料。

8.1.4 常用非金属材料成型方法

1. 工程塑料成型

塑料制品的生产主要由成型、机械加工、修配和装配等过程组成。其中成型是塑料制品或原材料生产最重要的基本工序。

(1)注射成型

注射成型也称注塑,是热塑性塑料的重要成型方法之一,某些热固性塑料也可以采用注塑成型。注塑成型产品约占热塑性塑料制品的 20%～30%。注塑成型过程如图 8 - 31 所示,将粒状或粉状塑料从注塑机的料斗送入加热的料筒,经加热熔化至黏流态后,由柱塞或螺杆推动经喷嘴注入到闭合模具的模腔内,冷却固化后即可保持与模腔一致的形状,最后打开模具顶出制品。

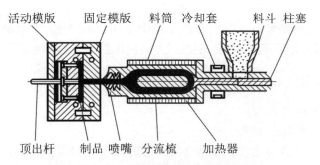

图 8 - 31 注射机和注塑模具剖面图

注射成型具有成型周期短、生产率高、能一次成型、可型复杂形状、尺寸精度高、生产过程易于实现自动化等特点。

（2）挤出成型

挤出成型又称挤塑，是利用挤出机把热塑性塑料连续加工成各种断面形状制品的方法。这种方法主要用于生产塑料板材、片材、棒（管）材、异型材、电缆护层等。目前挤塑产品约占热塑性塑料制品的 40%～50%。挤塑还可用于某些热固性塑料及复合材料的成型。

此外，工程塑料还有压制成型、吹塑成型、浇注成型、压延成型等。

2. 橡胶成型

橡胶成型是用生胶（天然胶、合成胶、再生胶）和各种配合剂（硫化剂、防老化剂、填充剂等）经炼胶机混炼成炼胶（又称胶料），再根据需要加入能保持制品形状和提高强度的各种骨架材料（如天然纤维、化学纤维、玻璃纤维、钢丝等），经混合均匀后放入一定形状的模具中，并在通用或专用设备上经过加热、加压（即硫化处理），获得所需形状和性能的橡胶制品。

按照成型方法，可分为压制成型、压铸成型、注射成型和挤出成型等。

3. 陶瓷成型

陶瓷制品的生产过程主要包括配料、成型、烧结三个阶段。

烧结是通过加热使粉体产生颗粒黏结，经过物质迁移使粉体产生高强度并导致致密化和再结晶的过程。烧结过程直接影响晶粒尺寸与分布、气孔尺寸与分布等显微组织结构。

陶瓷常用的成型方法如下：

（1）压制成型

压制成型是将含有一定水分的粒状粉料填充到模具中，使其在压力下成为具有一定形状和强度的陶瓷坯体的成型方法。

根据含水量的多少，可分成干压成型（含水量<7%）和半干压成型（含水量在 7%～15% 之间），以及特殊压制成型（如等静压成型）等方法。

（2）注浆成型

注浆成型是指将具有流动性的液态泥浆注入多孔模具内（石膏模、多孔树脂模等），借助于模具的毛细吸水能力，泥浆脱水、硬化，经脱模获得一定形状的坯体的过程。

注浆成型适应性强，能得到各种结构、形状的坯体。根据成型的压力大小和方式不同，注浆成型又可分为基体注浆法、强化注浆法、热压铸成型法和流涎法等。

（3）可塑成型

可塑成型是利用可塑坯料在外力作用下发生塑性变形而制成坯体的方法。

可塑成型有旋压成型、滚压成型、塑压成型、注塑成型和轧膜成型等几种类型。

4. 复合材料成型

（1）树脂基复合材料成型

主要有手糊成型和层压成型。

手糊成型是以手工作业为主的成型方法，它是用不饱和聚醋树脂或环氧树脂将增强材料黏结在一起的成型方法，是制造玻璃钢制品最常用和最简单的方法。

手糊成型可生产波形瓦、浴缸、汽车壳体、飞机机翼、大型化工容器等。

层压成型是将纸、布、玻璃布等浸胶,制成浸胶布或浸胶纸半成品,然后将一定量的浸胶布(或纸)层叠在一起,使其在一定温度和压力下制成板材的工艺方法。

(2) 金属基复合材料成型

金属基复合材料是以金属为基体,以纤维、晶须、颗粒等为增强体的复合材料。其成型过程往往也是复合过程。

复合工艺主要有固态法(如扩散结合、粉末冶金)和液相法(如压铸、精铸、真空吸铸、共喷射等)。

由于这类复合材料加工温度高、工艺复杂、界面反应控制困难、成本较高,故应用的熟练程度远不如树脂基复合材料,应用范围小。目前主要应用于航空、航天领域。

(3) 陶瓷基复合材料成型

陶瓷基复合材料成型方法分为两类。

一类是针对短纤维、晶须、晶片和颗粒等增强体,基本采用传统的陶瓷成型工艺,即热压烧结法。

另一类是针对连续纤维增强体,有料浆浸渍后反应烧结法。

陶瓷基复合材料主要用于国防领域。

8.2　切削加工

8.2.1　切削加工基础知识

1. 金属切削运动和切削要素

(1) 零件表面的形成方法

任何一种经切削加工得到的机械零件,其形状都是由若干便于刀具切削加工获得的表面组成的,这些表面包括平面、圆柱面、圆锥面以及各种成型表面。从几何观点看,这些表面(除少数特殊情况如涡轮叶片的成型面外)都可看成是一条线(母线)沿另一条线(导线)运动而形成的。

如图 8-32 所示,平面可以由直母线 1 沿直导线 2 移动而形成;圆柱面及圆锥面可以由直母线 1 沿圆导线 2 旋转而形成;螺纹表面是由代表螺纹牙型的母线 1 沿螺旋导线 2 运动而形成的;使渐开线形的母线 1 沿直导线 2 移动,就得到直齿圆柱齿轮的齿形表面。

母线和导线统称为表面的发生线。在用机床加工零件表面的过程中,工件、刀具之一或两者同时按一定规律运动,形成两条发生线,从而生成所要加工的表面。

(2) 切削运动

在金属切削加工过程中,刀具和工件之间的相对运动称为切削运动。根据切削过程中所起的作用不同,切削运动分为主运动和进给运动。

① 主运动

从毛坯上把多余的金属层切下来所必需的基本运动称为主运动。一般来说,主运动的速度最高,消耗的功率最大。

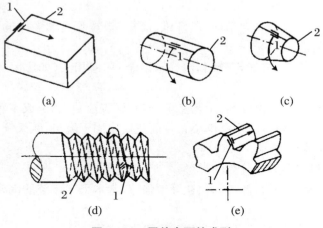

(a)　　　　(b)　　　　(c)

(d)　　　　(e)

图 8－32　零件表面的成型
1-母线;2-导线

② 进给运动

进给运动是使金属层不断投入切削的运动。

金属切削加工方式很多,一般可分为车削加工、铣削加工、钻削加工、镗削加工、刨削加工、磨削加工等。金属切削加工是机械制造业中广泛采用的加工方法。任何切削加工方法都必须有一个主运动和一个(几个)进给运动,如外圆车削时工件的旋转运动、平面刨削时刀具的直线往复运动都是主运动。主运动和进给运动可由工件或刀具分别完成,也可由刀具单独完成,其运动形式有直线运动和旋转运动等。如图 8－33 所示是几种常见的切削加工运动形式。

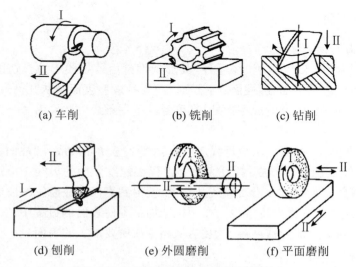

(a) 车削　　　(b) 铣削　　　(c) 钻削

(d) 刨削　　　(e) 外圆磨削　　　(f) 平面磨削

图 8－33　几种主要切削加工的运动形式
Ⅰ-主运动;Ⅱ-进给运动

（3）切削用量

在切削过程中，通常工件上有三个不断变化着的表面，它们是待加工表面、切削表面和已加工表面。以车削为例，如图 8－34 所示。

切削速度 v、进给量 f 和背吃刀量 a_p 称为切削用量三要素。它们与工件的加工质量、刀具磨损、机床动力消耗及生产效率等密切相关，因此，应合理选择切削用量。

① 切削速度 v

切削速度是指切削加工时，刀刃上选定点相对于工件的主运动速度。刀刃上各点的切削速度可能是不同的。

当主运动为旋转运动时，工件（刀具）最大直径处的切削速度 v（m/s 或 m/min）为

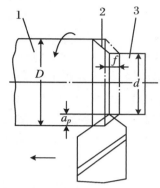

图 8－34 工件上的三种表面及切削用量
1-待加工表面；2-切削表面；3-已加工表面

$$v = \frac{\pi d n}{1000} \qquad (8-1)$$

式中，d 为完成主运动的刀具或工件的最大直径（mm）；n 为运动的转速（r/s 或 r/min）。

② 进给速度 v_f 与进给量 f

进给速度 v_f（mm/s）是刀刃上选定点相对于工件的进给运动的速度。进给量 f 是主运动每转一周或一个行程时，工件和刀具两者在进给运动方向上的相对位移量。例如，外圆车削时的进给量 f 是指工件每转一转时车刀相对于工件在进给运动方向上的位移量（mm/r）；而在牛头刨床上刨平面时，进给量 f 是指刨刀每往复一次，工件在进给运动方向上相对于刨刀的位移量（mm/双行程）。实际生产中常将进给运动称为走刀运动，进给量称为走刀量。

③ 背吃刀量 a_p

背吃刀量 a_p 指主刀刃与工件切削表面接触长度在主运动方向和进给运动方向所组成平面的法线方向上测量的值。对于外圆车削，背吃刀量 a_p（mm）等于工件已加工表面与待加工表面间的垂直距离，即

$$a_p = \frac{d_w - d_m}{2} \qquad (8-2)$$

式中，d_w 为工件待加工表面的直径（mm）；d_m 为工件已加工表面的直径（mm）。

2. 金属切削刀具

在切削过程中，刀具切削部分直接承担切削工作。其切削性能的好坏，取决于构成刀具切削部分的材料、切削部分的几何参数及刀具结构的选择和设计是否合理等因素。

（1）刀具材料的性能及选用

刀具材料通常是指刀具切削部分的材料。刀具在工作时要承受很大的压力，同时切削时产生的金属塑性变形以及在刀具、切屑、工件相互接触表面间产生的强烈摩擦，使刀具切削区产生很高的温度，受到很大的应力。而在加工余量不均匀的工件或断续加工时，刀具还受到强烈的冲击和振动。

基于上述情况，刀具材料必须具备下面的基本性能：① 高的硬度和耐磨性；② 足够的强度和冲击韧度；③ 高的热硬性；④ 良好的工艺性。此外，经济性、刀具切削性能指标的可预

测性等也是刀具材料的重要指标。

常用刀具材料有碳素工具钢、合金工具钢、高速钢、硬质合金、陶瓷、金刚石、立方氮化硼等,其中,应用最多的是高速钢和硬质合金。高速钢目前主要用于制造各类能承受一定切削速度、形状复杂的刀具,如铣刀、拉刀、齿轮加工刀具等。硬质合金的硬度、耐磨性及耐热性远高于高速钢,但其抗弯强度和韧性、工艺性不如高速钢,一般不宜做成形状复杂的刀具,主要用作车刀、铣刀、刨刀、铰刀等刀具的镶焊刀片。陶瓷、金刚石和立方氮化硼等仅用于特殊场合。

(2) 刀具切削部分的几何角度

切削刀具种类繁多,形状各异,但它们参加切削的部分在几何特征上都具有共性的内容,不论刀具的结构多么复杂,都可以看作是以外圆车刀的切削部分为基本形态演变而成的,如图 8-35 所示。下面以外圆车刀为例来分析刀具切削部分的几何角度。

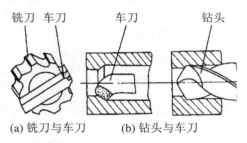

(a) 铣刀与车刀　　　　(b) 钻头与车刀

图 8-35　几种刀具切削部分的形状

① 刀具切削部分的组成要素

如图 8-36 所示,外圆车刀由刀杆和刀头(切削部分)组成。

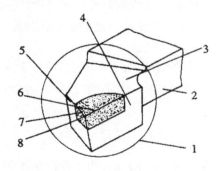

图 8-36　车刀的组成

1-刀头;2-刀杆;3-前刀面;4-后刀面;5-副后刀面;
6-主切削刃;7-副切削刃;8-刀尖

刀头直接担负切削工作,它由下列要素组成:

前刀面(A_r)——切屑被切下后,从刀具切削部分流出所经过的表面。

主后刀面(A_a)——与工件上切削表面相互作用和相对的表面。

副后刀面(A'_a)——与工件上已加工表面相互作用和相对的表面。

主切削刃(S)——前刀面与主后刀面相交而得到的边锋。主切削刃担负着主要的金属切除工作,以形成工件的切削表面。

副切削刃(S')——前刀面与副后刀面相交而得到的边锋。副切削刃协同主切削刃完成金属的切除工作,以最终形成工件的已加工表面。

过渡刃——主切削刃和副切削刃连接处的一段切削刃。过渡刃可以是小的直线段或圆弧。通常还把主切削刃和副切削刃连接处称为"刀尖"。

2）刀具切削部分的几何角度

① 辅助平面

为了确定各刀面与刀刃在空间的位置和测量角度,需选择一些辅助平面作为定义和规定刀具角度的基准,如图 8-37 所示。

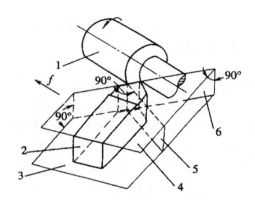

图 8-37　车刀上的三个辅助平面
1-工件;2-车刀;3-底平面;4-基面;5-正交平面;6-主切削平面

目前常用的辅助平面有:

基面 P_r——通过主切削刃某选定点,垂直于该点合成切削速度向量的平面。

切削平面 P_s——通过主切削刃某选定点,并与加工表面相切的平面,即包含切削速度方向和过该点的主切削刃切线的平面。

正交平面 P_o——通过主切削刃某选定点,垂直于主切削刃在基面上的投影的平面。

上述三个平面在空间上是互相垂直的。

② 车刀的主要几何角度

如图 8-38 所示。车刀的主要几何角度包括:

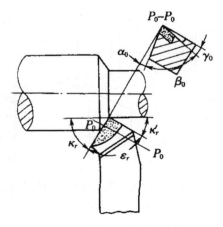

图 8-38　车刀的主要几何角度

a. 在正交平面内测量的角度有前角、后角和楔角。

前角 γ_o——前刀面与基面之间的夹角。它表示前刀面的倾斜程度,前角越大,刀越锋利,切削时越省力。但前角过大,使刀刃强度降低,影响刀具寿命。前角的选择取决于工件材料、刀具材料和加工性质。

后角 α_o——后刀面与切削平面之间的夹角。它表示后刀面的倾斜程度。后角的作用主要是减少后刀面与工件切削表面之间的摩擦,后角越大,摩擦越小。但后角过大会使刀刃强度降低,影响刀具寿命。

楔角 β_o——前刀面与后刀面之间的夹角。其大小直接反映刀刃的强度。

前角、后角和楔角三者之间的关系为

$$\beta_o = 90° - (\alpha_o + \gamma_o) \tag{8-3}$$

b. 在基面内测量的角度有主偏角、副偏角和刀尖角。

主偏角 κ_r——主切削刃在基面上的投影与进给方向之间的夹角。主偏角影响主刀刃和刀头受力及散热情况。在加工强度、硬度较高的材料时,应选择较小的主偏角,以提高刀具的寿命。加工细长工件时,应选择较大的主偏角,以减少径向切削力引起的工件变形和振动。

副偏角 κ'_r——副切削刃在基面上的投影与进给运动反方向之间的夹角。副偏角的作用是减少副切削刃与工件已加工表面之间的摩擦,它影响已加工表面的粗糙度。

刀尖角 ε_r——主、副切削刃在基面上投影之间的夹角。它影响刀尖强度和散热条件,其大小决定于主偏角和副偏角的大小。

主偏角、副偏角和刀尖角三者之间的关系为

$$\varepsilon_r = 180° - (\kappa_r + \kappa'_r) \tag{8-4}$$

c. 在切削平面内测量的角度主要有刃倾角。

刃倾角 λ_s——在切削平面内主切削刃与基面的夹角。它影响刀尖强度并控制切屑流出的方向,如图 8-39 所示。

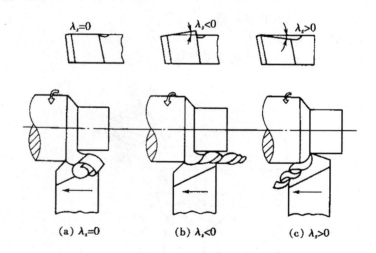

图 8-39　刃倾角及其对排屑方向的影响

(3) 刀具的种类和用途

1) 车刀

车刀是车削加工使用的刀具。车刀的种类很多,按其用途不同可分为外圆车刀、镗孔车刀、切断刀、螺纹车刀、成型车刀等。对于外圆车刀,通常按其主偏角大小又分为 90°、75° 和 45° 的外圆车刀等。常用的车刀种类及形状如图 8-40 所示。

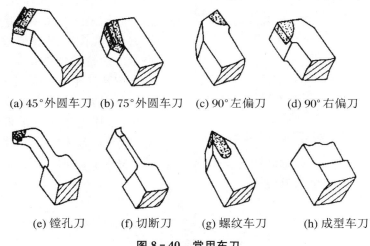

(a) 45° 外圆车刀　(b) 75° 外圆车刀　(c) 90° 左偏刀　(d) 90° 右偏刀

(e) 镗孔刀　　(f) 切断刀　　(g) 螺纹车刀　　(h) 成型车刀

图 8-40　常用车刀

2) 铣刀

铣刀种类很多,常用铣刀如图 8-41 所示。图(a)、(b) 是用来加工平面的铣刀;图(c)、(d)、(e)、(f)、(g) 是用于加工各种沟槽的铣刀;图(h) 是用于铣角度的铣刀;图(i)、(j) 是用于铣成型面的铣刀。

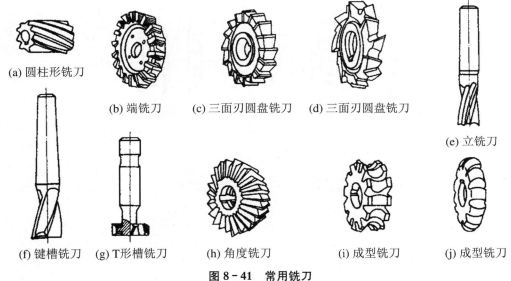

(a) 圆柱形铣刀

(b) 端铣刀　　(c) 三面刃圆盘铣刀　(d) 三面刃圆盘铣刀

(e) 立铣刀

(f) 键槽铣刀　(g) T形槽铣刀　(h) 角度铣刀　(i) 成型铣刀　(j) 成型铣刀

图 8-41　常用铣刀

3) 钻头

钻头种类较多,有中心钻、麻花钻、扩孔钻、深孔钻等,其中常用的是麻花钻。标准麻花钻由柄部、工作部分和颈部组成,如图 8-42 所示。

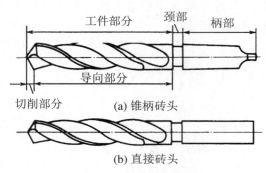

图 8 – 42　标准麻花钻的组成

4）砂轮

砂轮是磨削工具，它是用颗粒状的磨料与结合剂经高压烧结而成的多孔体。砂轮表面的每一个磨粒都相当于一个刀齿，其构造及磨削过程如图 8 – 43 所示。砂轮的性能由磨料、粒度、硬度、结合剂及砂轮组织等因素决定。根据磨削加工需要，将砂轮制成不同的形状和规格，常用的砂轮有平板形、碗形、蝶形等，如图 8 – 44 所示。常用的砂轮磨料有氧化物类和碳化物类。前者韧性好硬度低，主要用于磨削各种钢，后者则硬度较高，主要用于磨削硬质合金及非金属材料。

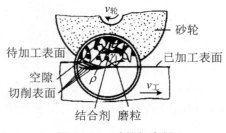

图 8 – 43　砂轮与磨削

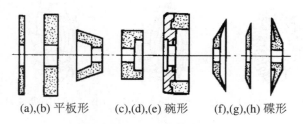

(a),(b) 平板形　　　(c),(d),(e) 碗形　　　(f),(g),(h) 碟形

图 8 – 44　常用砂轮的形状

8.2.2　典型加工方法

1. 典型加工设备

（1）车床

在一般机器制造厂中，车床主要用于加工内、外圆柱面、圆锥面、端面、成型回转表面以及内、外螺纹面等。车床的种类很多，按用途和结构的不同有卧式车床、立式车床、转塔车床、自动和半自动车床以及各种专门化车床等。其中卧式车床是应用最广泛的一种，其外形见图 8 – 45。其中 CA6140 型卧式车床的通用性程度较高，加工范围较广，适合于中小型的各种轴类和盘套类零件的加工，能车削外圆、车端面、切槽和切断、钻中心孔、钻孔、镗孔、铰孔、车削各种螺纹、车削内外圆锥面、车削特形面、滚花、盘绕弹簧等，如果在车床上安装其他

附件或夹具,还可以对各种复杂形状零件的外圆、内孔进行研磨、抛光,如图 8-46 所示。

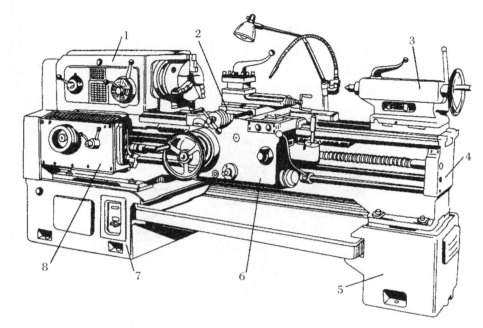

图 8-45 CA6140 型卧式车床外形

1-主轴箱;2-刀架;3-尾座;4-床身;5-右床腿;6-溜板箱;7-左床腿;8-进给箱

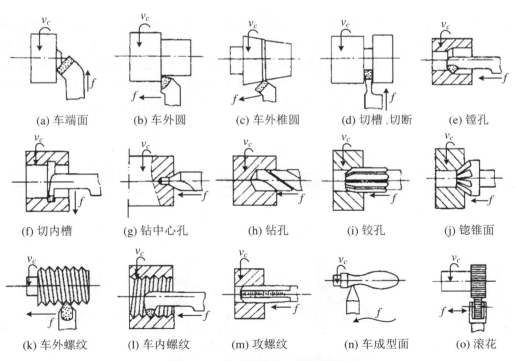

(a) 车端面   (b) 车外圆   (c) 车外锥圆   (d) 切槽、切断   (e) 镗孔

(f) 切内槽   (g) 钻中心孔   (h) 钻孔   (i) 铰孔   (j) 锪锥面

(k) 车外螺纹   (l) 车内螺纹   (m) 攻螺纹   (n) 车成型面   (o) 滚花

图 8-46 卧式车床加工的零件表面

（2）磨床

磨床是用磨料、磨具（如砂轮、砂带、油石、研磨料）为工具进行切削加工的机床。磨床适合加工硬度很高的材料，易使工件达到较高的尺寸精度和较小的表面粗糙度值要求。一般磨削加工精度可达 IT5～1T7 级，表面粗糙度为 $R_a 0.32～1.25\,\mu m$；在超精磨削和镜面磨削中，可分别达到 $R_a 0.04～0.08\,\mu m$ 和 $R_a 0.01\,\mu m$。磨床的种类很多，其中主要类型有外圆磨床、内圆磨床、平面磨床等。万能外圆磨床外形见图 8-47。

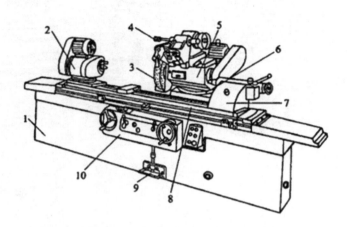

图 8-47 M1432A 型万能外圆磨床外形

1-床身；2-头架；3、4-砂轮；5-磨头；6-滑鞍；7-尾架；8-工作台；

9-脚踏探纵板；10-液压控制箱

M1432A 型万能外圆磨床主要用于磨削圆柱形或圆锥形的外圆和内孔，也能磨削阶梯轴的轴肩和端平面。其主参数以工件最大磨削直径的 1/10 表示。这种磨床属于普通精度级，通用性较大，自动化程度不高，磨削效率较低，所以只适用于工具车间，机修车间和单件、小批生产的车间。图 8-48 中给出了万能外圆磨床上四种典型的加工示意图，(a)～(d)分别表示磨削外圆面、磨削长圆锥面、切入式磨削短圆锥面和磨削内锥孔的情况。

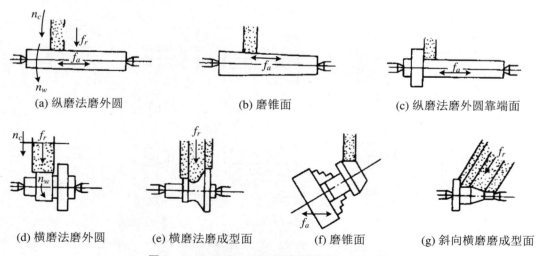

(a) 纵磨法磨外圆　　(b) 磨锥面　　(c) 纵磨法磨外圆靠端面

(d) 横磨法磨外圆　(e) 横磨法磨成型面　(f) 磨锥面　(g) 斜向横磨磨成型面

图 8-48 M1432A 型万能外圆磨床加工示意图

（3）钻床

钻床和镗床都是孔加工用机床,主要加工外形复杂、没有对称放置轴线的工件,如杠杆、盖板、箱体、机架等零件上的单孔或孔系。钻床一般用于加工直径不大、精度要求较低的孔,可以完成钻孔、扩孔、铰孔、平面以及攻螺纹等工作,使用的孔加工刀具主要有麻花钻、中心钻、深孔钻、扩孔钻、铰刀、丝锥、锪钻等。在钻床上加工时,工件不动,刀具做旋转主运动,同时沿轴向移动做进给运动,如图 8-49 所示。

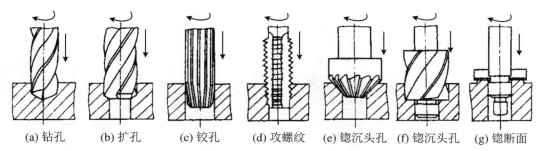

（a）钻孔　　（b）扩孔　　（c）铰孔　　（d）攻螺纹　　（e）锪沉头孔　　（f）锪沉头孔　　（g）锪断面

图 8-49　钻床的加工方法

钻床的主参数是最大钻孔直径。根据用途和结构的不同,钻床可分为台式钻床、立式钻床、摇臂钻床、深孔钻床以及专门化钻床(如中心孔钻床)等。立式钻床的外形及结构如图 8-50 所示,主要由底座、工作台、立柱、电动机、传动装置、主轴变速箱、进给箱、主轴和操纵手柄组成。

（4）铣床

铣床是一种用多齿、多刃旋转刀具加工工件,生产效率高,表面质量好,用途广泛的金属切削机床,是机械制造业的重要设备。

此类机床的主运动是铣刀的旋转运动,进给运动是工件在垂直于铣刀轴线方向上的直线运动或是工件的回转运动或是工件的曲线运动。

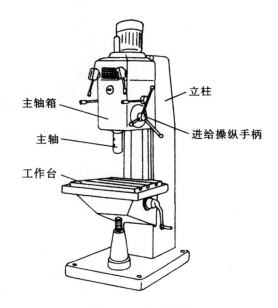

主轴箱　　　　立柱

主轴　　　　进给操纵手柄

工作台

图 8-50　立式钻床

在铣床上可以加工平面(水平面、垂直面等)、沟槽(如键槽、T 形槽、燕尾槽等)、回转表面及内孔、螺旋表面、特形表面及分齿零件(如齿轮、链轮、棘轮、花键轴等)等,还可用于切断工件,如图 8-51 所示。

铣床的种类很多,主要类型有卧式升降台铣床、立式升降台铣床、圆工作台铣床、龙门铣床、工具铣床、仿形铣床以及各种专门化铣床等。卧式铣床的主要特征是机床主轴轴线与工作台台面平行,铣刀安装在与主轴相连接的刀轴上,由主轴带动做旋转主运动。工件装夹在工作台上,由工作台带动工件做进给运动,从而完成铣削工作。如图 8-52 所示为卧式升降台铣床。

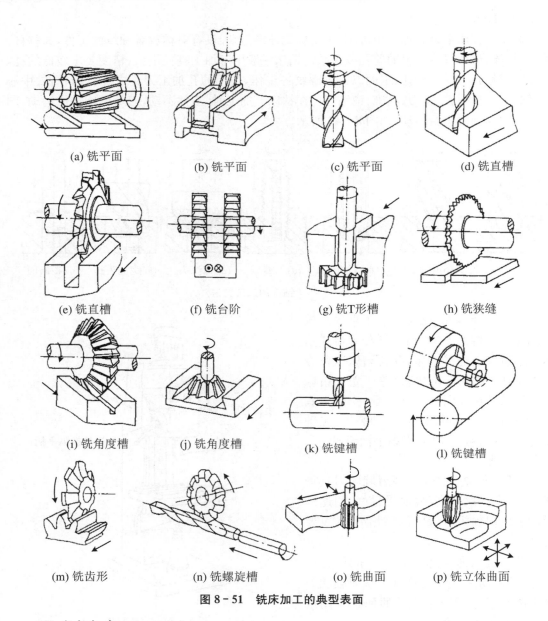

(a) 铣平面　　　(b) 铣平面　　　(c) 铣平面　　　(d) 铣直槽

(e) 铣直槽　　　(f) 铣台阶　　　(g) 铣T形槽　　　(h) 铣狭缝

(i) 铣角度槽　　　(j) 铣角度槽　　　(k) 铣键槽　　　(l) 铣键槽

(m) 铣齿形　　　(n) 铣螺旋槽　　　(o) 铣曲面　　　(p) 铣立体曲面

图 8 - 51　铣床加工的典型表面

（5）数控机床

　　数控机床是数字控制机床的简称,这是 20 世纪 50 年代发展起来的新型自动化机床,是一种以数字量作为指令信息,通过电子计算机或专用电子逻辑计算装置控制的机床;它综合应用了电子计算机、自动控制、伺服驱动、精密测量和新型机械结构等多方面的技术成果,是今后机床控制的发展方向。如图 8 - 53 所示为数控机床组成框图。

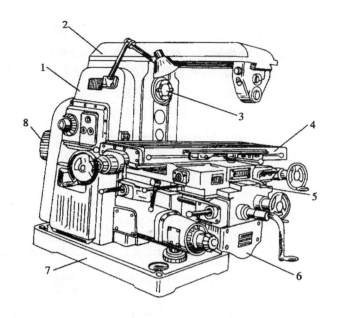

图 8 - 52 卧式升降台铣床
1-床身;2-衡梁;3-主轴孔;4-纵向工作台;5-横向工作台;6-升降台;7-底座;8-主电动机

图 8 - 53 数控机床的组成

2. 典型表面加工方法

（1）外圆面加工

外圆面是轴、套、盘等类零件的主要表面或辅助表面,这类零件在机器中占有相当大的比例。不同零件上的外圆面或同一零件上不同的外圆面,往往具有不同的技术要求,需要结合具体的生产条件,拟订较合理的加工方案。

例如,为了提高某型自行加榴炮扭力轴的许用应力和疲劳强度,采用了车削、磨削等加工方法,其零件图见图 8-1,具体加工工艺见脚注[①]。

1）外圆面的技术要求

对外圆面的技术要求,大致可以分为如下三个方面:

① 本身精度。直径和长度的尺寸精度,外圆面的圆度、圆柱度等形状精度等。

② 位置精度。与其他外圆面或孔的同轴度、与端面的垂直度等。

③ 表面质量。主要指的是表面粗糙度,对于某些重要零件,还对表层硬度、剩余应力和微组织等有要求。

---

①车轴总长 2155 mm,直径 50 mm,两端加粗且有花键。材料为 45CrNiMoVA,调质处理,其制造工艺如下:锻造圆棒（直径 60 mm,长 2282 mm）→顶端加热,镦粗(1150 ℃×1h,加热段 200 mm,夹具 330 mm)→毛坯热处理→喷丸→矫直→车端面,打中心孔,制螺纹→粗车→精车→矫直→磨外圆→铣花键→打标志→检验→热处理(调质)→矫直→(杆部)粗磨,精磨→滚压齿根→滚压杆部→强扭(预扭 6 次,消除应力,提高屈服强度)。

2) 外圆面加工方案分析

对于钢铁零件,外圆面加工的主要方法是车削和磨削。要求精度高、表面粗糙度值小时,往往还要进行研磨、超级光磨等加工。对于某些精度要求不高,仅要求光亮的表面,可以通过抛光获得,但在抛光前要达到较小的表面粗糙度值。对于塑性较大的有色金属(如铜、铝合金等)零件,由于其精加工不宜用磨削,常采用精细车削。

图 8-54 给出了外圆面加工方案的框图,可作为拟订加工方案的依据和参考。

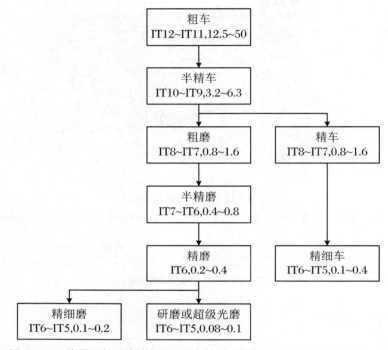

图 8-54 外圆面加工方案框图(图中精度后的数字为 R_a 值,单位为 μm)

① 粗车。除淬硬钢以外,各种零件的加工都适用。当零件的外圆面要求精度低、表面粗糙度值较大时,只粗车即可。

② 粗车—半精车。对于中等精度和表面粗糙度要求的未淬硬工件的外圆面,均可采用此方案。

③ 粗车—半精车—磨(粗磨或半精磨)。此方案最适于加工精度稍高、表面粗糙度值较小且淬硬的钢件外圆面,也广泛地用于加工未淬硬的钢件或铸铁件。

④ 粗车—半精车—粗磨—精磨。此方案的适用范围基本上与③相同,只是外圆面要求的精度更高、表面粗糙度值更小,需将磨削分为粗磨和精磨,才能达到要求。

⑤ 粗车—半精车—粗磨—精磨—研磨(或超级光磨或镜面磨削)。此方案可达到很高的精度和很小的表面粗糙度值,但不宜用于加工塑性大的有色金属零件。

⑥ 粗车—精车—精细车。此方案主要适用于精度要求高的有色金属零件的加工。

(2) 孔的加工

某型自行加榴炮的动力部件发动机,其中的连杆和曲轴采用销连接,装配关系见图 8-55。活塞销孔尺寸为 $\phi 52^{+0.014}_{+0.004}$,活塞销尺寸为 $\phi 520_{-0.008}$。由于活塞销孔的尺寸精度要求高,在加工时孔的加工方案可以采取钻—扩(或镗)—粗铰—精铰。由于扩孔没有精度和尺寸配合要求,对于发动机里的活塞销孔尺寸精度要求较高,适合采用镗孔的加工方法。所以销孔的最终加工方案是钻—镗—粗铰—精铰。

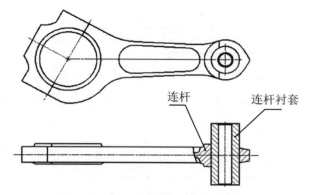

图 8-55　连杆衬套孔与活塞销装配

孔是组成零件的基本表面之一,零件上有多种多样的孔,常见的有以下几种:

① 紧固孔,如螺钉孔等,以及其他非配合的油孔等。

② 回转体零件上的孔,如套筒、法兰盘及齿轮上的孔等。

③ 箱体类零件上的孔,如床头箱箱体上的主轴和传动轴的轴承孔等。这类孔往往构成“孔系”。

④ 深孔,即 $L/D>5\sim10$ 的孔,如车床主轴上的轴向通孔等。

⑤ 圆锥孔,如车床主轴前端的锥孔以及装配用的定位销孔等。

这里仅讨论圆柱孔的加工方案。由于对各种孔的要求不同,也需要根据具体的生产条件,拟定合理的加工方案。

1) 孔的技术要求

与外圆面相似,孔的技术要求大致也可以分为三个方面:

① 本身精度。孔径和长度的尺寸精度;孔的形状精度,如圆度、圆柱度及轴线的直线度等。

② 位置精度。孔与孔、孔与外圆面的同轴度;孔与孔、孔与其他表面之间的尺寸精度、平行度、垂直度及角度等。

③ 表面质量。表面粗糙度和表层物理、力学性能要求等。

2) 孔加工方案分析

孔加工可以在车床、钻床、镗床、拉床或磨床上进行,大孔和孔系则常在镗床上加工。拟订孔的加工方案时,应考虑孔径的大小和孔的深度、精度、表面粗糙度等的要求,还要考虑工件的材料、形状、尺寸、重量和批量,以及车间的具体生产条件(如现有加工设备等)。

若在实体材料上加工孔(多属中小尺寸的孔),必须先采用钻孔。若是对已经铸出或锻出的孔(多为中大型孔)进行加工,则可直接采用扩孔或镗孔。

至于孔的精加工,铰孔和拉孔适于加工未淬硬的中小直径的孔;中等直径以上的孔,可以采用精镗或精磨;淬硬的孔只能采用磨削。

在孔的精整加工方法中,珩磨多用于直径稍大的孔,研磨则对大孔和小孔都适用。

孔的加工条件与外圆面加工有很大不同,刀具的刚度差,排屑、散热困难,切削液不易进入切削区,刀具易磨损。加工同样精度和表面粗糙度的孔,要比加工外圆面困难,成本也高。

图 8-56 给出了孔加工方案的框图,可以作为拟订加工方案的依据和参考。

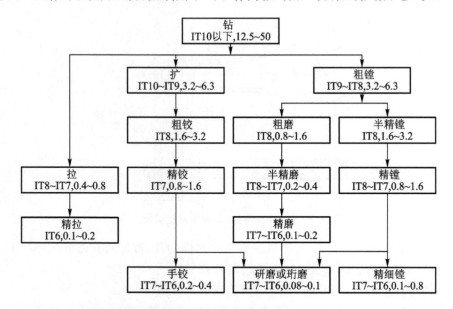

图 8-56　孔加工(在实体材料上)方案框图(图中精度后的数字为 R_a 值,单位为 μm)

在实体材料上加工孔的方案如下:

① 钻。用于加工 IT10 以下低精度的孔。

② 钻—扩(或镗)。用于加工 IT9 精度的孔,当孔径小于 30 mm 时,钻孔后扩孔;若孔径大于 30 mm,采用钻孔后镗孔。

③ 钻—铰。用于加工直径小于 20 mm、IT8 精度的孔。

④ 钻—扩(或镗)—铰(或钻—粗镗—精镗,或钻—拉)。用于加工直径大于 20 mm、IT8 精度的孔。

⑤ 钻—粗铰—精铰。用于加工直径小于 12 mm、IT7 精度的孔。

⑥ 钻—扩(或镗)—粗铰—精铰(或钻—拉—精拉)。用于加工直径大于 12 mm、IT7 精度的孔。

⑦ 钻—扩(或镗)—粗磨—精磨。用于加工 IT7 精度并已淬硬的孔。

IT6 精度孔的加工方案与 IT7 精度的孔基本相同,其最后工序要根据具体情况,分别采用精细镗、手铰、精拉、精磨、研磨或珩磨等精细加工方法。

铸(或锻)件上已铸(或锻)出的孔,可直接进行扩孔或镗孔,直径大于 100 mm 的孔,用镗孔比较方便。至于半精加工、精加工和精细加工,可参照在实体材料上加工孔的方案,例如粗镗—半精镗—精镗—精细镗、扩—粗磨—精磨—研磨(或珩磨)等。

(3) 平面的加工

平面是盘形和板形零件的主要表面,也是箱体类零件的主要表面之一。根据平面所起作用的不同,大致可以分为如下几种:

① 非接合面。这类平面只是在外观或防腐蚀需要时才进行加工。

② 接合面和重要接合面。如零部件的固定连接平面等。

③ 导向平面。如机床的导轨面等。

④ 精密测量工具的工作面等。

由于平面的作用不同,其技术要求也不相同,应采用不同的加工方案。

1) 平面的技术要求

与外圆面和孔不同,一般平面本身的尺寸精度要求不高,其技术要求主要有以下三个方面:

① 形状精度。如平面度和直线度等。

② 位置精度。如平面之间的尺寸精度以及平行度、垂直度等。

③ 表面质量。如表面粗糙度、表层硬度、剩余应力、显微组织等。

2) 平面加工方案分析

根据平面的技术要求以及零件的结构、形状、尺寸、材料和毛坯的种类,结合具体的加工条件(如现有设备等),平面可分别采用车、铣、刨、磨、拉等方法加工。要求更高的精密平面,可以用刮研、研磨等进行精整加工。回转体零件的端面,多采用车削和磨削加工;其他类型的平面,以铣削或刨削加工为主。拉削仅适于在大批大量生产中加工技术要求较高且面积不太大的平面,淬硬的平面则必须用磨削加工。

图 8-57 给出了平面加工方案的框图,可以作为拟订加工方案的依据和参考。

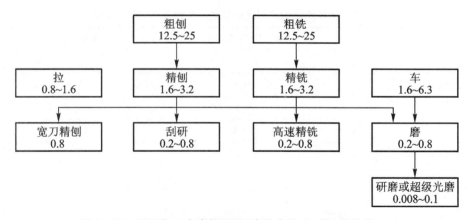

图 8-57　平面加工方案框图(图中数字为 R_a 值,单位为 μm)

① 粗刨或粗铣。用于加工低精度的平面。

② 粗铣(或粗刨)—精铣(或精刨)—刮研。用于精度要求较高且不淬硬的平面。若平面的精度较低可以省去刮研加工。当批量较大时,可以采用宽刀精刨代替刮研,尤其是加工大型工件上狭长的精密平面(如导轨面等),车间缺少导轨磨床时,多采用宽刀精刨的方案。

③ 粗铣(刨)—精铣(刨)—磨。多用于加工精度要求较高且淬硬的平面。不淬硬的钢件或铸铁件上较大平面的精加工往往也采用此方案,但不宜精加工塑性大的有色金属工件。

④ 粗铣—半精铣—高速精铣。最适于高精度有色金属工件的加工。若采用高精度高速铣床和金刚石刀具,铣削表面粗糙度 R_a 值可达 0.008 μm 以下。

⑤ 粗车—精车。主要用于加工轴、套、盘等类工件的端面。大型盘类工件的端面,一般在立式车床上加工。

(4) 螺纹加工

螺纹也是零件上常见的表面之一,它有多种形式,按用途的不同可分为如下两类:

① 紧固螺纹。用于零件间的固定连接,常用的有普通螺纹和管螺纹等,螺纹牙型多为

三角形。对普通螺纹的主要要求是可旋入性和连接的可靠性;对管螺纹的主要要求是密封性和连接的可靠性。

② 传动螺纹。用于传递动力、运动或位移,如丝杠和测微螺杆的螺纹等,其牙型多为梯形或锯齿形。对于传动螺纹的主要要求是传动准确、可靠,螺牙接触良好及耐磨等。

1) 螺纹的技术要求

对于紧固螺纹和无传动精度要求的传动螺纹,一般只要求中径、外螺纹的大径、内螺纹的小径的精度。

对于有传动精度要求或用于读数的螺纹,除要求中径和顶径的精度外,还要求螺距和牙型角的精度。为了保证传动或读数精度及耐磨性,对螺纹表面的粗糙度和硬度等也有较高的要求。

2) 螺纹加工方法分析

螺纹的加工方法很多,可以在车床、钻床、螺纹铣床、螺纹磨床等机床上利用不同的工具进行加工。选择螺纹的加工方法时,要考虑的因素较多,其中主要的是工件形状、螺纹牙型、螺纹的尺寸和精度、工件材料和热处理以及生产类型等。表 8-2 列出了常见螺纹加工方法所能达到的精度和表面粗糙度,可以作为选择螺纹加工方法的依据和参考。

表 8-2   各种螺纹加工方法所能达到的精度和表面粗糙度

加工方法	公差等级(GB/T 197 — 2003)	表面粗糙度 R_a(μm)
攻螺纹(俗称攻丝)	6~8	1.6~6.3
套螺纹(俗称套扣)	7~8	1.6~3.2
车削	4~8	0.4~1.6
铣刀铣削	6~8	3.2~6.3
旋风铣削	6~8	1.6~3.2
磨削	4~6	0.1~0.4
研磨	4	0.1
滚压	4~8	0.1~0.8

本节仅简要地介绍几种常见的螺纹加工方法。

① 攻丝和套扣

攻丝和套扣是应用较广的螺纹加工方法。加工示意图见图 8-58。对于小尺寸的内螺纹,攻丝几乎是唯一有效的加工方法。单件小批生产中,可以用手用丝锥手工攻丝;当批量较大时,则应在车床、钻床或攻丝机上用机用丝锥加工。套扣的螺纹直径一般不超过 16 mm,它既可以手工操作,也可以在机床上进行。

攻丝和套扣的加工精度较低,主要用于加工精度要求不高的普通螺纹。

② 车螺纹

车螺纹是螺纹加工的基本方法,它可以使用通用设备,刀具简单,适应性广,可用来加工各种形状、尺寸及精度的内、外螺纹,特别适于加工尺寸较大的螺纹。但是,车螺纹的生产率较低,加工质量取决于工人的技术水平以及机床、刀具本身的精度,所以主要用于单件小批生产。

③ 铣螺纹

铣螺纹一般都是在专门的螺纹铣床上进行,根据所用铣刀的结构不同,可以分为如下两种方法:

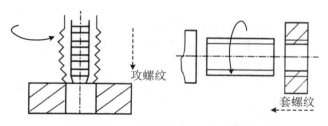

图 8-58　攻螺纹和套螺纹加工示意图

a. 用盘形螺纹铣刀铣削(图 8-59)。这种方法一般用于加工尺寸较大的传动螺纹,由于加工精度较低,通常只作为粗加工,然后用车削进行精加工。

b. 用梳形螺纹铣刀铣削(图 8-60)。一般用于加工螺距不大、短的三角形内、外螺纹。加工时,工件只需转一转多一点就可以切出全部螺纹,因此生产率较高。用这种方法可以加工靠近轴或盲孔底部的螺纹,且不需要退刀槽,但其加工精度较低。

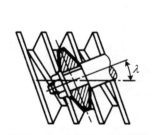

图 8-59　盘形铣刀铣螺纹

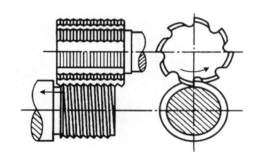

图 8-60　梳形铣刀铣螺纹

④ 磨螺纹

常用于淬硬螺纹的精加工,例如丝锥、螺纹量规、滚丝轮及精密螺杆上的螺纹,为了修正热处理引起的变形,提高加工精度,必须进行磨削。螺纹磨削一般在专门的螺纹磨床上进行。螺纹在磨削之前,可以用车、铣等方法进行预加工,而对于小尺寸的精密螺纹,也可以不经预加工而直接磨出。磨螺纹与铣螺纹一样,加工螺纹时,与螺纹沟槽形状一致的砂轮高速旋转,在工件圆周上切出局部螺纹槽,工件一面旋转一面做轴向进给运动,切出整个螺纹的螺旋线沟槽,如图 8-61 所示。磨螺纹是一种高精度的螺纹加工方法,主要用于加工外螺纹。

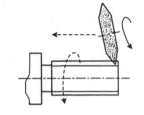

图 8-61　磨螺纹加工示意图

(5) 齿形加工方法

齿轮是传递运动和动力的重要零件,目前在机械、仪器、仪表中应用很广泛,产品的工作性能、承载能力、使用寿命及工作精度等,都与齿轮本身的质量有着密切关系。

1) 齿轮的技术要求

由于齿轮在使用上的特殊性,除了一般的尺寸精度、形位精度和表面质量的要求外,还有些特殊的要求。虽然各种机械上齿轮传动的用途不同,要求不一样,但归纳起来有如下四项:

① 传递运动的准确性。要求齿轮在一转范围内,最大转角误差限制在一定的范围内。

② 传动的平稳性。要求齿轮传动瞬时传动比的变化不能过大,以免引起冲击,产生振动和噪声,甚至导致整个齿轮的破坏。

③ 载荷分布的均匀性。要求齿轮啮合时,齿面接触良好,以免引起应力集中,造成齿面局部磨损,影响齿轮的使用寿命。

④ 传动侧隙。要求齿轮啮合时,非工作齿面间应具有一定的间隙,以便储存润滑油,补偿因温度变化和弹性变形引起的尺寸变化以及加工和安装误差的影响。否则,齿轮在工作中可能卡死或烧伤。

2) 齿轮齿形加工方法分析

齿轮齿形加工方法的选择,主要取决于齿轮精度,齿面粗糙度的要求以及齿轮的结构、形状、尺寸、材料和热处理状态等。表 8-3 列出的 4～9 级精度圆柱齿轮常用的最终加工方法,可作为选择齿形加工方法的依据和参考。

表 8-3　4～9 级精度圆柱齿轮的最终加工方法

精度等级	齿面粗糙度 $R_a(\mu m)$	齿面最终加工方法
4(特别精密)	≤0.2	精密磨齿,对于大齿轮,精密滚齿后研齿或剃齿
5(高精密)	≤0.2	精密磨齿,对于大齿轮,精密滚齿后研齿或剃齿
6(高精密)	≤0.4	磨齿,精密剃齿,精密滚齿、插齿
7(精密)	0.8～1.6	滚、剃或插齿,对于淬硬齿面,磨齿、珩齿或研齿
8(中等精度)	1.6～3.2	滚齿、插齿
9(低精度)	3.2～6.3	铣齿、粗滚齿

接齿形形成原理的不同,齿形加工可以分为两类方法:一类是成型法,用与被切齿轮齿槽形状相符的成型刀具切出齿形,如铣齿(用盘状或指状铣刀)、拉齿和成型磨齿等;另一类是展成法(包络法),齿轮刀具与工件按齿轮副的啮合关系做展成运动,工件的齿形由刀具的切削刃包络展成,如滚齿、插齿、剃齿、磨齿和珩齿等。

① 铣齿

采用盘形模数铣刀或指状铣刀铣齿属于成型法加工,铣刀刀齿截面形状与齿轮齿间形状相对应,每次加工出一个齿槽,通过工件依次分度形成整个齿轮,加工过程如图 8-62 所示。此种加工方法加工效率和加工精度均较低,仅适用于单件、小批量生产。

② 成型磨齿

成型磨齿也属于成型法加工,砂轮截面形状与齿轮齿间形状相对应,每次加工出一个齿槽,通过工件分度形成整个齿轮,加工过程如图 8-63 所示。因砂轮截面形状不易修整,使用较少。

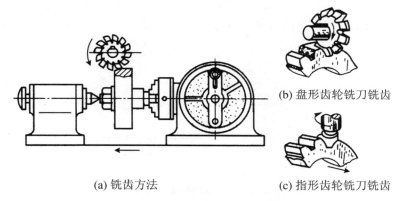

(a) 铣齿方法　　　　　　(c) 指形齿轮铣刀铣齿

图 8 - 62　铣齿加工示意图

③ 滚齿

滚齿属于展成法加工,其工作原理相当于一对螺旋齿轮啮合,如图 8 - 64 所示。齿轮滚刀的原型是一个螺旋角很大的螺旋齿轮,因齿数很少(通常齿数 $z = 1$),牙齿很长,绕在轴上形成一个螺旋升角很小的蜗杆,再经过开槽和铲齿,便成为了具有切削力和后角的滚刀。

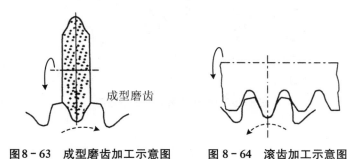

图 8 - 63　成型磨齿加工示意图　　图 8 - 64　滚齿加工示意图

④ 剃齿

在大批量生产中,剃齿是非淬硬齿面常用的精加工方法。其工作原理是利用剃齿刀与被加工齿轮做自由啮合运动,借助于两者之间的相对滑移,从齿面上剃下很细的切屑,以提高齿面的精度,如图 8 - 65 所示。剃齿还可形成鼓形齿,用以改善齿面接触区位置。

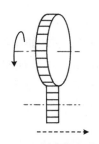

图 8 - 65　剃齿加工示意图

⑤ 插齿

插齿是除滚齿以外常用的一种利用展成法的切齿工艺。插齿时,插齿刀与工件相当于一对圆柱齿轮的啮合。插齿刀的往复运动是插齿的主运动,而插齿刀与工件按一定比例关系所做的圆周运动是插齿的进给运动,如图 8 - 66 所示。插齿加工可加工外齿轮、多联齿轮、内齿轮和各种花键等,但不适合加工较大齿宽的齿轮。

　　⑥ 展成法磨齿

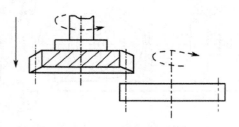

图 8 - 66　插齿加工示意图

　　展成法磨齿的切削运动与滚齿相似,是一种齿形精加工方法,特别是对于淬硬齿轮,往往是唯一的精加工方法。展成法磨齿可以采用蜗杆砂轮磨削,也可以采用锥形砂轮或蝶形砂轮磨削,如图 8 - 67 所示。

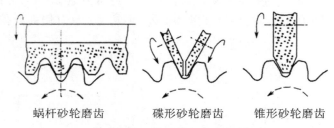

蜗杆砂轮磨齿　　　碟形砂轮磨齿　　　锥形砂轮磨齿

图 8 - 67　展成法磨齿加工示意图

8.3　特　种　加　工

8.3.1　电火花加工

　　电火花加工是在一定绝缘性能的液体介质(如煤油、矿物油等)中,利用工具电极和工件电极之间瞬时火花放电所产生的高温熔蚀工件表面材料的方法来实现加工的,又称为放电加工、电蚀加工、电脉冲加工等。在特种加工中,电火花加工的应用最为广泛,尤其在模具制造、航空航天等领域占据着极为重要的地位。

1. 电火花加工原理

　　电火花加工原理如图 8 - 68 所示。加工时如图 8 - 68(a)所示,将工具电极 5 与工件 4置于具有一定绝缘强度的工作液 7 中,并分别与脉冲电源 8 的正、负极相连接。自动进给机构和间隙调节装置 6 控制工具电极 5,使工具电极 5 与工件 4 之间经常保持一个很小的间隙(一般为 0.01~0.05 mm)。当脉冲电源不断发出脉冲电压(直流 100 V 左右)作用在工件、工具电极上时,由于工具电极和工件的微观表面凹凸不平,极间相对最近点电场强度最大,最先击穿,形成放电通道,使通道成为一个瞬时热源。通道中心温度可达 1000 ℃ 左右,使电极表面放电处金属迅速熔化,甚至气化。

上述放电过程极为短促,具有爆炸性质。爆炸力把熔化和气化的金属抛离电极表面,被液体介质迅速冷却凝固,继而从两极间被冲走。每次火花放电后使工件表面形成一个小凹坑,见图 8-68(b)。在自动进给机构和间隙调节装置 6 的控制下,工具电极不断地向工件进给,脉冲放电将不断进行下去,得到由无数小凹坑组成的加工表面,最终工具电极的形状相当精确地"复印"在工件上。生产中可以通过控制极性和脉冲的长短(放电持续时间的长短)控制加工过程。

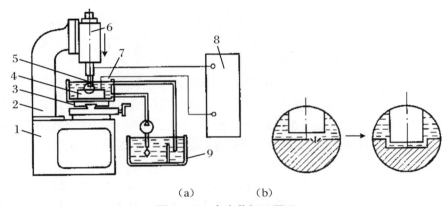

（a）　　　　　　（b）

图 8-68　电火花加工原理

1-床身;2-立柱;3-工件台;4-工件;5-工具电极;6-自动进给机构及间隙调节器;

7-工作液;8-脉冲电源;9-工作液循环过滤系统

根据加工方式的不同,电火花加工分成两种类型:一种是用特殊形状的工具电极加工相应工件的电火花成型加工机床(如上所述);另一种是用线(一般为钼丝、钨丝或铜丝)电极加工二维轮廓形状工件的电火花线切割机床。

电火花线切割加工是在电火花加工基础上发展起来的一种新的工艺形式,是利用一根运动的细金属丝($\phi0.02\sim\phi0.3$ mm 的钼丝)作工具电极,靠金属丝和工件间产生脉冲火花放电对工件进行切割的,故称为电火花线切割。其工作原理如图 8-69 所示。

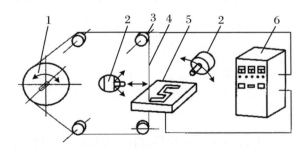

图 8-69　电火花线切割机床的工作原理图

1-储丝筒;2-工作台驱动电机;3-导向轮;

4-电极丝;5-工件;6-脉冲电源

加工前在工件上预先打好穿丝孔,电极丝穿过该孔后,经导向轮 3 由储丝筒 1 带动金属丝以 8～10 m/s 的速度不断地做往复运动,带动电极丝 4 相对工件 5 上下移动。脉冲电源 6 的两极分别接在工件和电极丝上,使电极丝 4 与工件 5 之间发生脉冲放电,对工件 5 进行切割。工件安放在数控工作台上,由工作台驱动电机 2 按预定的控制程序,在 X、Y 两个坐标方向上做伺服进给移动,将工件加工成所需的形状。加工时,需在电极丝和工件间不断浇注工作液。

2. 电火花加工的特点及应用

(1) 适用的材料范围广

电火花加工可以加工任何硬、软、韧、脆、高熔点的材料,只要能导电,就可以加工。由于电火花加工是靠脉冲放电的热能去除材料,材料的可加工性主要取决于材料的热学特性,如熔点、沸点、比热容、导热系数等,而几乎与其力学性能(硬度、强度等)无关。这样就能以柔克刚,可以实现用软的工具加工硬、韧的工件。工具电极一般采用紫铜或石墨等。

(2) 适宜加工特殊及复杂形状的零件

由于加工中工具电极和工件不直接接触,没有机械加工的切削力,因此适宜加工低刚度工件及微细加工。由于可以简单地将工具电极的形状复制到工件上,因此特别适用于复杂几何形状工件的加工。一些难以加工的小孔、窄槽、薄壁件和各种特殊及复杂形状截面的型孔、型腔等,形状复杂的注塑模、压铸模及锻模等,都可以方便地用电火花的方法进行加工。

(3) 电脉冲参数调整范围大

脉冲参数可以在一个较大的范围内调节,可以在同一台机床上连续进行粗加工、半精加工及精加工。一般粗加工时表面粗糙度值为 $R_a3.2～6.3\ \mu m$,精加工时粗糙度值为 $R_a0.2～1.6\ \mu m$。电火花加工的表面粗糙度与生产率之间存在很大矛盾,如从 $R_a1.6\ \mu m$ 提高到 $R_a0.8\ \mu m$,生产率要下降 10 多倍。因此应适当选用电火花加工的表面粗糙度等级。一般电火花加工的尺寸精度可达 0.01～0.05 mm。

(4) 电火花加工的局限性

电火花加工的加工速度较慢,工具电极存在损耗,影响加工效率和成型精度。

电火花线切割加工的加工机理和使用的电压、电流波形与电火花加工相似。但线切割加工不需要特定形状的工具电极,减少了工具电极的制造费用,缩短了生产准备时间,从而比电火花穿孔加工生产率高,且加工成本低;加工中工具电极损耗很小,可获得高的加工精度;加工小孔、异形孔、小槽、窄缝以及凸凹模可一次完成;多个工件可叠起来加工。但线切割加工不能加工盲孔和立体成型表面。

8.3.2　电解加工

1. 电解加工的基本原理

电解加工是利用金属在电解液中产生阳极溶解的电化学原理去除工件材料,以进行成型加工的一种方法。电解加工的原理与过程如图 8-70 所示。

工件接直流电源 1 的正极作为阳极,工具电极 3 接直流电源的负极作为阴极。此时在进给机构 5 的控制下,工具电极 3 向工件 2 缓慢进给,使两极间保持较小的加工间隙(0.1～8 mm)。具有一定压力(0.5～2.5 MPa)的电解液 4(10%～20%NaCl)从两极间的间隙中高速(15～60 m/s)流过。电解液 4 在低电压(5～24 V)、大电流(500～2000 A)作用下使作为阳极的工件 2 的表面金属材料逐渐按阴极型面的形状溶解。电解产物被高速电解液带走,于是在工件 2 表面上加工出与阴极型面基本相似的形状,直到工具电极 3 的形状相应地"复印"在工件 2 上,即加工尺寸及形状符合要求时为止。

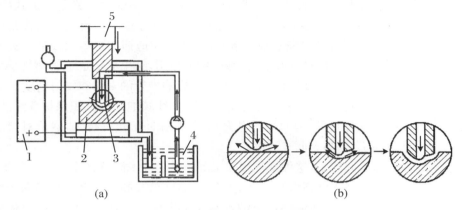

图 8 - 70　电解加工的基本原理

1-直流电源;2-工件;3-工具电极;4-电解液;5-进给机构

电解加工常用的工具电极(阴极)材料有黄铜、不锈钢等。常用的电解液有 NaCl、NaNO$_3$、NaClO$_3$ 三种水溶液,其中以 NaCl 应用最普及。

电解液的主要作用是:导电;在电场作用下进行电化学反应,使阳极溶解顺利进行;及时地把加工间隙内产生的电解物及热量带走,起净化与冷却作用。

2. 电解加工的工艺特点和应用

电解加工的应用范围和发展速度仅次于电火花加工,已成功地应用于机械制造领域。

与其他加工方法相比,电解加工的主要特点如下:

(1) 电解加工范围广泛,不受金属材料本身硬度和强度的限制,可加工高硬度、高强度和高韧性等难切削的金属材料。

(2) 能以简单的进给运动一次加工出形状复杂的型面或型腔(如锻模、叶片等),生产率较高,其加工速度为电火花加工的 5～10 倍,机械切削加工的 3～10 倍。

(3) 加工过程中无切削力和切削热,工件不产生内应力和变形,适合于加工易变形和薄类零件。

(4) 加工过程中工具电极基本上没有损耗,可长期使用。

电解加工工艺的应用范围很广,适宜于加工型面、型腔、穿孔套料以及去毛刺、刻印等。电解抛光专用于提高表面质量,对于复杂表面和内表面特别适合。

3. 电解加工精度和表面质量

由于影响电解加工的因素较多,难以实现高精度(±0.03 mm 以上)的稳定加工,很细的窄缝、小孔以及棱角很尖的表面加工也比较困难。

电解加工精度与被加工表面的几何特征有关。其大致范围为:尺寸精度对于内孔或套料可以达到 ±(0.03～0.05) mm,锻模加工可达 ±(0.02～0.05) mm,扭曲叶片型面加工可

达 ±0.02 mm。影响加工精度的因素除加工间隙及稳定性外,工具阴极的精度和定位精度对加工亦有一定影响。电解加工的表面粗糙度值可以达到 $R_a 0.2 \sim 1.6 \mu m$。

　　电解加工在军事装备上也有广泛的应用。例如炮管的工作环境包括脉冲高温、腐蚀气体和烧蚀颗粒等,环境极其恶劣。多年来,炮管一直采用电镀工艺(利用电解的原理将导电体铺上一层金属的方法)沉积硬铬涂层进行保护,但这种工艺中的六价铬是有毒致癌物质,而且炮管镀铬材料本身还存在许多缺陷,电镀状态下的硬铬涂层与炮管之间仅仅是机械结合,不是化学结合,大部分硬铬涂层表面都有微裂纹,还会朝炮钢材料界面发展。火炮发射时,这些裂纹还会受到发射药高温腐蚀性气体和微粒的作用,结果会造成炮管镀铬层的剥落和烧蚀。另外,如果电镀硬铬涂层的厚度不均匀,还会影响炮管的寿命和发射精度。

　　最近美国提出一种专利方法,能够直接在滑膛炮管和线膛炮管内沉积保护性涂层,这种涂层采用了微焊接技术进行制备,例如采用电火花沉积、脉冲熔接等技术,然后对涂层再进行表面锻造或珩磨等加工,提高表面光洁度。

　　与常规电镀铬技术不同的是,这种微焊接涂层沉积工艺技术能够将涂层熔化到炮管上,而且沉积材料并不局限于采用硬铬涂层,还包括冶金结合沉积的陶瓷、金属陶瓷和难熔金属等涂层。此外,微焊接工艺技术还能够形成纳米晶粒结构涂层,形成耐磨、耐烧蚀和抗高温的陶瓷、金属陶瓷和难熔金属合金等防护性涂层,实现提高强度和耐磨耐烧蚀性、延长炮管寿命的目标。

8.3.3　激光加工

　　激光加工是自 20 世纪 60 年代随着激光技术的发展而出现的一种新型的特种加工方法。激光加工具有加工速度快、效率高、表面变形小、不需要加工工具的特点,可以加工各种硬淬和难溶的材料,应用非常广泛。

1. 激光加工原理

　　激光加工是指利用光能经过透镜聚焦后形成能量密度很高的激光束,照射在零件的加工表面上,依靠光热效应来加工各种材料的一种加工方法。

　　激光是一种受激辐射得到的加强光,具有强度高、单色性好(波长或频率确定)、相干性好(相干长度长)、方向性好(几乎是一束平行光)四大特点。当把激光束照射到零件的加工表面时,光能被零件吸收并迅速转化为热能,温度高达 10000 ℃ 以上,使材料瞬间(千分之几秒或更短的时间)熔化甚至气化而形成小坑。随着激光能量的不断吸收和热扩散,使斑点周围材料也熔化,材料小坑内金属蒸气迅速膨胀,压力突然增大产生微型爆炸,在冲击波的作用下将熔融材料喷射出去,并在零件内部产生一个方向性很强的反冲击波,于是在零件加工表面打出一个具有一定锥度(上大下小)的小孔。

　　激光加工就是利用这种原理蚀除材料进行加工的。为了帮助蚀除物的排除,还需对加工区进行吹氧(加工金属用)或吹保护性气体,如二氧化碳、氮等(加工可燃材料时用)。

　　对工件的激光加工由激光加工机完成。激光加工机通常由激光器 1、电源 7,光栅 2、反射镜 3、聚焦镜 4 等光学系统以及工作台 6 等机械系统组成,如图 8-71 所示。

　　激光器(常用的有固体激光器和气体激光器)把电能转化为光能,产生所需的激光束,经光学系统聚焦后,照射在工件表面上进行加工。工件则固定在三坐标精密工作台上,由数控系统控制和驱动,完成加工所需的进给运动。

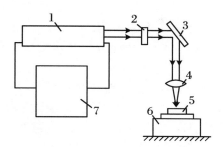

图 8-71　激光加工机示意图
1-激光器;2-光栅;3-反射镜;4-聚焦镜;5-工件;6-工作台;7-电源

2. 激光加工的工艺特点及应用

（1）工艺特点

① 加工范围广。激光加工的功率密度高（$10^7 \sim 10^5$ W/cm^2）,可以加工几乎所有金属和非金属材料,如高温合金、钛合金、石英、金刚石、橡胶等。

② 能聚焦成极细的激光束,可进行精密细微加工。激光加工一般打孔孔径为 $\phi 0.1 \sim \phi 1$ mm,最小可达 $\phi 0.001$ mm,且孔的长径比可达 $50 \sim 100$。切割时,切缝宽度只有 $0.1 \sim 0.5$ mm,切割金属的厚度可达 10 mm 以上。

③ 加工速度快,效率高,打一个孔只需千分之一秒。热影响区很小,属非接触加工,无加工变形和工具损耗,且易实现自动化加工。

④ 可通过空气、惰性气体或光学透明介质（如玻璃等）对工件进行加工,如焊接真空管内部的器件等。

（2）加工应用

① 激光打孔

利用激光打微型小孔,主要应用于某些特殊零件或行业。例如,火箭发动机和柴油机的喷油嘴,化学纤维的喷丝头,金刚石拉丝模,钟表及仪表中的宝石轴承,陶瓷、玻璃等非金属材料和硬质合金、不锈钢等金属材料的微细小加工。

激光打孔的尺寸精度可达 IT7 级,表面粗糙度值为 $R_a 0.1 \sim 0.4$ μm。大多数激光加工机都采取了吹气或吸气措施,以排除蚀除产物。

② 激光切割

激光切割时,工件与激光束之间要依据所需切割的形状沿 X、Y 方向进行相对移动。小型工件多由机床工作台的移动来完成。

为了提高生产效率,切割时可在激光照射部位同时喷吹氧(对金属)、氮(对非金属)等气体,吹去熔化物并提高加工效率。对金属吹氧,还可利用氧与高温金属的反应促进照射点的熔化;对非金属喷吹氮等惰性气体,则可利用气体的冷却作用防止切割区周围部分材料的熔化和燃烧。

激光切割不仅具有切缝窄、速度快、热影响区小、成本低等优点,而且可以十分方便地切割出各种曲线形状。目前已用激光切割加工飞机蒙皮、蜂窝结构、直升机旋翼、发动机机匣和火焰筒及精密元器件的窄缝等,并可进行激光雕刻。大功率二氧化碳气体激光器输出的连续激光,可切割铁板、不锈钢、钛合金、石英、陶瓷、塑料、木材、布匹、纸张等。

③ 激光焊接

激光焊接时不需要使工件材料气化蚀除,而只要将激光束直接辐射到材料表面,使材料局部熔化,就可以达到焊接的目的。因此,激光焊接所需要的能量密度比激光切割要低。

激光焊接具有诸多的优点,其最大优点是焊接过程迅速,不但生产效率高,而且被焊材不易氧化,热影响区及变形很小;激光焊接无焊渣,也不需要去除工件的氧化膜;激光不仅能焊接同类材料,还可以焊接不同种类的材料,甚至可以透过玻璃对真空管内的零件进行焊接。

激光焊接特别适合于微型精密焊接及对热敏感性很强的晶体管元件的焊接。激光焊接还为高熔点及氧化迅速材料的焊接提供了新的工艺方法。例如用陶瓷作基体的集成电路,由于陶瓷熔点很高,又不宜施加压力,采用其他焊接方法很困难,而使用激光焊接则比较方便。

④ 激光热处理

用大功率激光进行金属表面热处理是近年来发展起来的一项新工艺。当激光的功率密度为 $10^3 \sim 10^5$ W/cm^2 时,便可对铸铁、中碳钢甚至低碳钢等材料进行激光表面淬火。激光淬火层的深度一般为 0.7~1.1 mm。淬火层的硬度比常规淬火约高 20%,可达 60 HRC 以上,而且产生的变形小,解决了低碳钢的表面淬火强化问题。

激光热处理由于加热速度极快,工件不产生热变形;无需淬火介质便可获得超高硬度的表面;激光热处理不必使用炉子加热,特别适合大型零件的表面淬火及形状复杂零件(如齿轮)的表面淬火。

8.3.4　超声波加工

超声波加工就是利用超声波的能量对工件进行成型加工,其在加工硬脆材料等方面有其独特的优越性。加工用的超声波频率为 16~25 kHz。

1. 超声波加工的工作原理

超声波加工是利用超声频振动的工具端面冲击工作液中的悬浮磨料,由磨料对工件表面撞击抛磨使局部材料破碎,从而实现对工件加工的一种方法。其加工原理如图 8 - 72 所示,在工件 7 和工具 6 之间注入液体(水或煤油等)和磨料混合为磨料悬浮液 8,使工具 6 对工件 7 保持一定的进给压力,超声波发生器 1 将工频交流电能转变为有一定功率输出的超声频电振荡,通过换能器 4 将此超声频电振荡转变为超声机械振动,借助于振幅扩大棒 5 把振动的位移幅值由 0.005~0.01 mm 放大到 0.01~0.15 mm,驱动工具 6 振动。

工具 6 的端面在振动中冲击工作液中的悬浮磨粒,使其以很高的速度不断地撞击、抛磨被加工表面,把加工区域的材料粉碎成很细的微粒后打击下来。虽然每次打击下来的材料很少,但由于每秒打击的次数多达 1.6×10^4 次以上,所以仍具有一定的加工速度。由于磨料悬浮液 8 的循环流动,被打击下来的材料微粒被及时带走。随着工具的逐渐伸入,其形状便"复印"在工件上,直至达到所要求的尺寸和形状为止。

在工作中,超声振动还使悬浮液产生空腔,空腔不断扩大直至破裂或不断被压缩至闭合。这一过程时间极短。空腔闭合压力可达几百兆帕,爆炸时可产生水压冲击,引起加工表面破碎,形成粉末。

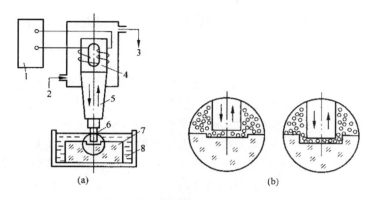

图 8-72 超声波加工原理示意图
1-超声波发生器;2,3-冷却水;4-换能器;5-振幅扩大棒;6-工具;7-工件;8-磨料悬浮液

磨料悬浮液由水或煤油加入磨料组成。磨料硬度越高,加工速度越快。加工硬度不太高的材料时可用碳化硅磨料;加工硬质合金、淬火钢等高硬脆材料时,宜采用碳化硼磨料;加工金刚石、宝石等超硬材料时必须采用金刚砂磨料。制作工具的材料一般采用 45 钢。

2. 超声波加工的工艺特点及应用

(1) 超声波加工的工艺特点

① 适宜加工各种硬脆材料,特别是电火花加工和电解加工难以加工的不导电材料和半导体材料,如玻璃、陶瓷、石英、锗、硅、玛瑙、宝石、金刚石等;对于导电的硬质合金、淬火钢等也能加工,但加工效率比较低;对于脆性和硬度不大的韧性材料,由于它对冲击有缓冲作用则不易加工。

适宜超声波加工的工件表面有各种型孔、型腔及成型表面等。

② 加工精度高,表面质量好。因为主要靠极细磨料连续冲击去除材料,不会引起变形,加工精度可达 0.01~0.02 mm,表面粗糙度值可达 R_a 0.1~0.8 μm。

③ 由于采用成型法原理加工,只需按一个方向进给,故机床结构简单,操作维修方便。

(2) 超声波加工的应用

超声波加工的生产率一般低于电火花加工和电解加工,但加工精度和表面质量都优于前者。更重要的是,它能加工前者所难以加工的半导体和非导体材料。

① 目前超声波加工主要用于加工硬脆材料的圆孔、异形孔和各种型腔,以及进行套料、雕刻和研抛等。

② 半导体材料(锗、硅等)又硬又脆,用机械切割非常困难,采用超声波切割则十分有效。

③ 超声波在液体中会产生交变冲击波和超声空化现象,这两种作用的强度达到一定值时,产生的微冲击就可以使被清洗物表面的污渍遭到破坏并脱落下来。加上超声作用无处不入,即使是小孔和窄缝中的污物也容易被清洗干净。目前,超声波清洗不但用于机械零件和电子器件的清洗,国外已利用超声振动去污原理,生产出超声波洗衣机。

8.3.5 电子束加工

电子束加工是近几年得到较大发展的新型特种加工,尤其是在微电子领域应用较多。

1. 电子束加工原理

在真空条件下,电子枪利用电流加热阴极发射电子束,带负电荷的电子束高速飞向阳极,途经加速极加速,并通过电磁透镜聚焦,使能量密度非常集中,可以把 1000 W 或更高的功率集中到直径为 $5\sim10$ μm 的斑点上,获得高达 10 W/cm² 左右的功率密度。

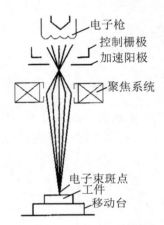

电子枪
控制栅极
加速阳极

聚焦系统

电子束斑点
工件
移动台

图 8 - 73 电子束加工原理

高速电子撞击工件材料时,因电子质量小、速度大,动能几乎全部转化为热能,使工件材料被冲击部分的温度在百万分之一秒的时间内升高到几千摄氏度以上,热量还来不及向周围扩散就已把局部材料瞬时熔化、气化直到蒸发去除,从而实现加工的目的,如图 8 - 73 所示。

这种利用电子束热效应的加工方法,称为电子束热加工。

2. 电子束加工特点及应用

(1) 电子束的加工特点

① 能量密度很高,焦点范围小(能聚焦到 0.1 μm),加工速度快,效率高,适于精微深孔、窄缝等的加工。

② 工件不受机械力作用,不产生应力和变形,且不存在工具损耗。因此,可加工脆性、韧性、导体、非导体及半导体材料,特别适合加工热敏材料。

③ 由于电子束加工在真空中进行,因而污染少,加工表面不氧化,特别适用于加工易氧化的金属及合金材料,以及纯度要求极高的半导体材料。

④ 可以通过磁场或电场对电子束的强度、位置、聚焦等进行直接控制,便于实现自动化,其位置精度能精确到 0.1 μm 左右。

⑤ 加工设备投资高,因而生产应用不具有普遍性。

(2) 电子束加工的应用

电子束加工可用于打孔、切割槽缝、焊接、热处理、蚀刻和曝光加工等。

电子束打孔最小直径可达 0.001 mm 左右。孔径在 $0.5\sim0.9$ mm 时,其最大孔深可超过 10 mm,即孔的深径比大于 10 : 1。在厚度为 0.3 mm 的材料上加工出直径为 0.1 mm 的孔,其孔径公差为 9 μm。通常每秒可加工几十到几万个孔。电子束不仅可以加工各种直的型孔(包括锥孔和斜孔)和型面,还可以加工弯孔和曲面。

利用电子束在磁场中偏转的原理,使电子束在工件内部偏转,即可加工出斜孔。控制电子速度和磁场强度,即可控制曲率半径,加工出弯曲的孔。图 8 - 74 所示为电子束加工的喷丝头异型孔截面的一些实例。其缝宽可达 $0.03\sim0.07$ mm,长度为 0.80 mm,喷丝板厚度为 0.6 mm。为了使人造纤维具有光泽、松软有弹性、透气性好,喷丝头的异型孔都是特殊形状的。用电子束切割的复杂型面,其切口宽度为 $3\sim6$ μm,边缘表面粗糙度可控制在 ±0.5 μm。

电子束焊接是利用电子束作为热源的一种焊接工艺。由于电子束焊接对焊件的热影响小,变形小,焊接速度快,焊接金属的化学成分纯净等,故可在工件精加工后进行焊接。又由于它能够实现异种金属焊接,且焊缝的机械强度很高,因此,可将复杂的工件分成几个零件,最后焊成一体。

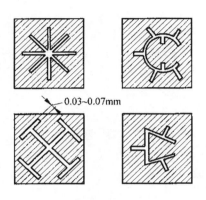

图 8 - 74　电子束加工异形孔

电子束热处理是把电子束作为热源,并适当控制电子束的功率密度,使金属表面加热而不熔化,达到热处理的目的。

8.3.6　离子束加工

离子束加工是一种新兴的微细加工方法,在亚微米至纳米级精度的加工中很有发展前途。

1. 离子束加工原理

离子束加工原理与电子束加工类似,也是在真空条件下,把氩(Ar)、氪(Kr)、氙(Xe)等惰性气体通过离子源产生离子束并经过加速、集束、聚焦后,投射到工件表面的加工部位上,依靠机械冲击作用去除材料的高能束加工。与电子束加工所不同的是离子的质量比电子的质量大千万倍,例如最小的氢离子,其质量是电子质量的 1840 倍,氩离子的质量是电子质量的 7.2万倍。由于离子的质量大,故在同样的电场中加速较慢,速度较低,但一旦加速到最高速度时,离子束比电子束具有更大的能量。因此,离子束加工主要是通过离子微观撞击的动能轰击工件表面而进行加工,这种加工方法又称为"溅射"。图8-75所示为离子束加工原理示意图。

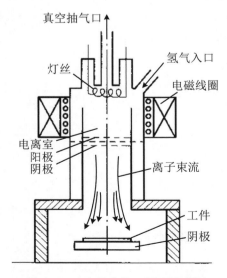

图 8 - 75　离子束加工原理示意图

离子束加工的物理基础是离子束射到材料表面时所发生的撞击效应、溅射效应和注入效应。图8-76所示为各类离子束加工的示例图。具有一定动能的离子斜射到工件材料（靶材）表面时，可以将表面的原子撞击出来，这就是离子的撞击效应和溅射效应。如果将工件放置在靶材附近，靶材原子就会溅射到工件表面而被溅射沉积吸附，使工件表面镀上一层靶材原子的薄膜，如图 8-76(a)所示。如果离子能量足够大并垂直于工件表面撞击，离子就会钻进工件表面，这就是离子的注入效应，如图 8-76(b)所示。

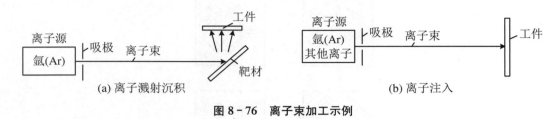

图 8-76　离子束加工示例

2. 离子束加工的特点与应用

（1）离子束加工的特点

① 加工精度高，易精确控制。离子束通过离子光学系统进行扫描，使微离子束聚焦到光斑直径 1 μm 以内进行加工，并能精确控制离子束流注入的宽度、深度和浓度等，因此能精确控制加工效果。

② 污染少。离子束加工在真空中进行，离子的纯度比较高，适合于加工易氧化的材料。加工时产生的污染少。

③ 加工应力、变形极小。离子束加工是一种原子级或分子级的微细加工。作为一种微观作用，其宏观压力很小，适合于各类材料的加工，而且加工表面质量高。离子束加工是所有特种加工中最精密、最微细的加工方法，是当代纳米加工技术的基础。

（2）离子束加工的应用

离子束加工可将工件材料的原子一层一层地剥蚀去除，其尺寸精度和表面粗糙度均可达到极限的程度。目前，用于改变零件尺寸和表面物理力学性能的离子束加工技术主要有以下 4 种，即利用离子撞击和溅射效应的离子束刻蚀、离子溅射镀膜和离子镀，以及利用离子注入效应的离子注入。

8.4　先进制造工艺

8.4.1　超精密加工技术

1. 超精密加工的特征

超精密加工就是在超精密机床设备上，利用零件与刀具之间产生的具有严格约束的相对运动，对材料进行微细切削，以获得极高形状精度和表面质量的加工过程。就目前的发展水平,一般认为超精密加工的加工精度应高于 $0.1\ \mu m$、表面粗糙度 R_a 值应小于 $0.025\ \mu m$,因此,超精密加工又称为亚微米级加工。超精密加工正在向纳米级加工工艺发展。

超精密加工包括超精密切削(车削、铣削)、超精密磨削、超精密研磨和超微细加工。

每一种超精密加工方法都应针对不同零件的精度要求而选择,其所获得的尺寸精度、形状精度和表面粗糙度是普通精密加工无法达到的。

超精密切削加工主要是指利用金刚石刀具对工件进行车削或铣削加工,主要用于加工精度要求很高的有色金属材料及其合金,以及光学玻璃、石材和碳素纤维等非金属材料零件,表面粗糙度 R_a 值可达 $0.005\ \mu m$。

超精密磨削是利用磨具上均匀性好、细粒度的磨粒对零件表面进行摩擦、耕犁及切削的过程,主要用于加工硬度较高的金属以及玻璃、陶瓷等非金属硬脆材料。当前的超精密磨削技术能加工出圆度为 $0.01\ \mu m$,尺寸精度为 $0.1\ \mu m$,表面粗糙度 R_a 值为 $0.002\ \mu m$ 的圆柱形零件。

超精密研磨包括机械研磨、化学机械研磨、浮动研磨、弹性发射加工等,主要用于加工高表面质量与低面型精度的集成电路芯片和各种光学平面等。超精密研磨加工出的球面度达 $0.025\ \mu m$。利用弹性发射加工技术,加工精度可达 $0.1\ \mu m$,表面粗糙度 R_a 值可达 $0.5\ nm$。

超微细加工是指各种纳米加工技术,主要包括激光、电子束、离子束、光刻蚀等加工手段。它是获得现代超精产品的一种重要途径,主要用于微机械或微型装置的加工制作。

超精密加工技术是以高精度为目标的技术。精确打击是高新武器发展的重要目标,在现代战争中是主宰胜负的关键。洲际导弹命中精度的 70% 由惯性器件的精度决定,米级精度的精确打击武器主要靠精密导引部件来决定,而惯性器件、导引部件及伺服机构制造技术的基础,主要就是精密超精密加工技术。国外军事卫星的分辨率达十几厘米,其核心技术是摄像机光学零件的精密加工,此外在激光核聚变、高能武器等新型武器中,精密超精密加工也成为关键核心技术。

航天技术作为高新技术领域的前沿,对精密超精密加工技术的需求和依赖性更为突出,新型航天系统和武器的更新换代大多是与精密超精密加工技术的突破分不开的。陀螺气浮轴承、浮子高精度金刚石切削加工技术的突破为气浮平台的研制和批量生产提供了可能;形状位置精度达 $0.1\sim0.3\ \mu m$ 的动压马达制造技术的最终突破,才真正意义上实现了静压液浮陀螺平台的研制;平面度 $0.03\ \mu m$,表面粗糙度达 $0.5\ nm$ 以内的超光滑表面研抛技术的突破才使激光陀螺精度达到 $0.01\ °/h$ 量级,从而进入高精度武器系统应用领域。

2. 超精密加工设备

超精密机床是超精密加工的基础。它要求高静刚度、高动刚度、高稳定性的机床结构。

为此,广泛采用高精度空气静压轴承支撑主轴系统,其主轴回转精度在 $0.1\ \mu m$ 以下。导轨是超精密机床的直线性基准,在超精密机床上,广泛采用的是空气静压导轨或液体静压导轨支撑进给系统的结构模式,液体静压导轨与空气静压导轨的直线性非常稳定,可达 $0.02\ \mu m/100\ mm$。

超精密机床要实现超微量切削,必须配有微量移动工作台,实现微进给和刀具的微量调整,以保证零件尺寸精度。其微进给驱动系统分辨率在亚微米和纳米级,广泛采用压电陶瓷作为微量进给的驱动元件。微量进给装置有机械式微量进给装置、弹性变形式微量进给装置、热变形式微量进给装置、电致伸缩微量进给装置、磁致伸缩微量进给装置及流体膜变形微量进给装置等。

3. 超精密切削加工的刀具

在超精密切削加工中,通常要进行微量切削,即均匀地切除极薄的金属层,其最小背吃刀量小于零件的加工精度。超精密切削刀具必须具备超微量切削特征。超精密切削中使用的刀具,一般是天然单晶金刚石刀具,它是目前进行超精密切削加工的主要刀具。超精密切削加工的最小背吃刀量是其加工水平的重要标志,影响最小背吃刀量的主要因素是刀具的锋利程度,影响刀具锋利程度的刀具参数是切削刃的钝圆半径 r_ε。目前,国外金刚石刀具刃口钝圆半径已经达到纳米级水平,可以实现背吃刀量为纳米级的连续稳定切削。我国生产的金刚石刀具切削刃钝圆半径可以达到 $0.1~\mu m$,可以进行背吃刀量 $0.1~\mu m$ 以下的加工。

在超精密切削加工时,为了获得超光滑加工表面,往往不采用主切削刃和副切削刃相交为一点的尖锐刀尖,这样的刀尖很容易崩裂和磨损,而且会在加工表面上留下加工痕迹,使表面粗糙度值增加。由于超精密切削加工的表面粗糙度要求一般为 $0.01~\mu m$ 左右,所以刀具通常要制成不产生走刀痕迹的形状,在主切削刃和副切削刃之间具有过渡刃,对加工表面起修光作用,如图 8-77 所示。

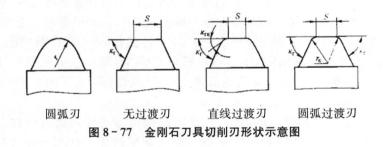

圆弧刃　　　　　无过渡刃　　　　直线过渡刃　　　圆弧过渡刃

图 8-77　金刚石刀具切削刃形状示意图

4. 纳米加工技术

（1）纳米技术概述

20 世纪 80 年代诞生的纳米科学技术标志着人类改造自然的能力已延伸到原子、分子水平,标志着人类科学技术已进入一个新的时代——纳米科学技术时代,也标志着人类即将从"毫米文明""微米文明"迈向"纳米文明"时代。

纳米(nanometer)技术是在纳米尺度范畴内对原子、分子等进行操纵和加工的技术。其主要内容包括:纳米级精度和表面形貌的测量;纳米级表层物理、化学、力学性能的检测;纳米级精度的加工和纳米级表层的加工——原子和分子的去除、搬迁和重组;纳米材料;纳米级微传感器和控制技术;微型和超微型机械;微型和超微型机电系统和其他综合系统;纳米生物学等。

纳米材料的物理、化学性质既不同于微观的原子、分子,也不同于宏观物体,纳米介于宏观世界与微观世界之间。当常态物质被加工到极其微细的纳米尺度时,会出现特异的表面效应、体积效应、量子尺寸效应和宏观隧道效应等,其光学、热学、电学、磁学、力学、化学等性质也就相应地发生十分显著的变化。因此,纳米级加工的物理实质和传统的切削、磨削加工有很大不同,一些传统的切削、磨削方法和规律已不能用在纳米级加工领域。

在纳米级加工中需要切断原子间的结合,故需要很大的能量密度,为 $10^5 \sim 10^6$ J/ cm³。传统的切削、磨削加工消耗的能量密度较小,实际上是利用原子、分子或晶体间连接处的缺陷进行加工的。用传统切削、磨削加工方法进行纳米级加工,要切断原子间的结合是相当困难的。因此直接利用光子、电子、离子等基本能子的加工,必然是纳米级加工的主要方向和主要方法。但纳米级加工要求达到极高的精度,使用基本能子进行加工,如何进行有效的控制以达到原子级的去除,是实现原子级加工的关键。近年来纳米级加工有了很大突破,例如,用电子束光刻加工超大规模集成电路时,已实现 0.1 μm 线宽的加工;离子刻蚀已实现微米级和纳米级表层材料的去除;扫描隧道显微技术已实现单个原子的去除、搬迁、增添和原子的重组。纳米加工技术现在已成为现实的、有广阔发展前景的全新加工领域。

（2）纳米加工精度

纳米加工精度包含纳米级尺寸精度、纳米级几何形状精度及纳米级表面质量。对不同的加工对象,这三方面各有所侧重。

1）纳米级尺寸精度

① 较大尺寸的绝对精度很难达到纳米级。零件材料的稳定性、内应力、本身质量造成的变形等内部因素和环境的温度变化、气压变化,测量误差等都将产生尺寸误差。因此,现在的长度基准不采用标准尺为基准,而采用光速和时间作为长度基准。1 m 长的使用基准尺,其精度要达到绝对长度误差 0.1 μm 已经非常不易了。

② 较大尺寸的相对精度或重复精度达到纳米级。这在某些超精密加工中会遇到,例如,某些高精度孔和轴的配合,某些精密机械零件的个别关键尺寸,超大规模集成电路制造过程中要求的重复定位精度等,现在使用激光干涉测量法和 X 射线干涉测量法都可以达到 Å 级的测量分辨率和重复精度,可以保证这部分加工精度的要求。

③ 微小尺寸加工达到纳米级精度。这是精密机械、微型机械和超微型机械中遇到的问题,无论是加工或测量都需要继续研究发展。

2）纳米级几何形状误差

这在精密加工中经常遇到,例如,精密轴和孔的圆度和圆柱度;精密球（如陀螺球、计量用标准球）的圆度;制造集成电路用的单晶硅基片的平面度;光学、激光、X 射线的透镜和反射镜,均要求非常高的平面度或是要求非常严格的曲面形状,因为这些精密零件的几何形状直接影响它的工作性能和工作效果。

3）纳米级表面质量

表面质量不仅仅指它的表面粗糙度,还包含其内在的表层的物理状态。例如,制造大规模集成电路的单晶硅基片,不仅要求很高的平面度、很小的表面粗糙度值和无划伤,而且要求无表面变质层或极小的变质层、无表面残留应力、无组织缺陷。高精度反射镜的表面粗糙度、变质层会影响其反射效率。微型机械和超微型机械的零件对其表面质量也有极严格的要求。

（3）纳米加工中的 LIGA 技术

LIGA(lithographie galvanoformung und abformung,德语)技术是 20 世纪 80 年代中期由德国 W. Ehrfeld 教授等人发明的,是使用 X 射线的深度光刻与电铸相结合,实现高深宽比的微细构造的微细加工技术,简称光刻电铸。它是最新发展的深度光刻、电铸成型和注塑成型的复合微细加工技术,被认为是一种三维立体微细加工的最有前景的新加工技术,将对微型机械的发展起到很大的促进作用。

采用 LIGA 技术可以制作各种各样的微器件和微装置,工件材料可以是金属或合金、陶瓷、聚合物和玻璃等,可以制作最大高度为 $1000~\mu m$,横向尺寸为 $0.5~\mu m$ 以上,高宽比大于 200 的立体微结构,加工精度可达 $0.1~\mu m$。刻出的图形侧壁陡峭、表面光滑,加工出的微器件和微装置可以大批量复制生产、成本低。

（4）原子级加工技术

扫描隧道显微镜(scanning tunneling microscope,简称 STM)发明初期用于测量试件表面纳米级的形貌,不久又发明了原子力显微镜。在这些显微探针检测技术的使用中发现可以通过显微探针操纵试件表面的单个原子,实现单个原子和分子的搬迁、去除、增添和原子排列重组,实现极限的精加工、原子级的精密加工。

8.4.2　超高速加工技术

1. 超高速加工技术概述

超高速加工技术是指采用超硬材料刀具和磨具,利用高速、高精度、高自动化和高柔性的制造设备,以提高切削速度来达到提高材料切除率、加工精度和加工质量的先进加工技术。其显著标志是使被加工塑性金属材料在切除过程中的剪切滑移速度达到或超过某一阈值,开始趋向最佳切除条件,使得切除被加工材料所消耗的能量、切削力、工件表面温度、刀具和磨具磨损、加工表面质量等明显优于传统切削速度下的指标,而加工效率则大大高于传统切削速度下的加工效率。

由于不同的工件材料、不同的加工方式有着不同的切削速度范围,因而很难就超高速加工的切削速度范围给定一个确切的数值。目前,对于各种不同加工工艺和不同加工材料,超高速加工的切削速度范围分别见表 8-4 和表 8-5。

表 8-4　不同加工工艺的切削速度范围

材料类别	切削速度范围(m/min)
车削	700～7000
铣削	300～6000
钻削	200～1100
拉削	30～75
铰削	20～500
锯削	50～500
磨削	5000～10000

表 8 - 5　各种材料的切削速度范围

材料类别	切削速度范围(m/min)
铝合金	2000～7500
铜合金	900～5000
钢	600～3000
铸铁	800～3000
耐热合金	>500
钛合金	150～1000
纤维增强塑料	2000～9000

2. 超高速加工的原理

超高速加工的理论研究可追溯到 20 世纪 30 年代。1931 年德国切削物理学家萨洛蒙(Carl Salomon)根据著名的"萨洛蒙曲线"(图 8 - 78),提出了超高速切削的理论。萨洛蒙指出:在常规的切削速度范围内(见图 8 - 79 中 A 区),切削温度随切削速度的增大而升高。但是,当切削速度增大到某一数值 v_ε 之后,切削速度再增加,切削温度反而降低;v_ε 值与工件材料的种类有关,对每种工件材料,存在一个速度范围,在这个速度范围内(见图 8 - 79 中 B 区),由于切削温度太高,任何刀具都无法承受,切削加工不可能进行,这个速度范围被称为"死谷"(dead valley)。如能越过这个"死谷"而在超高速区(见图 8 - 79 中 C 区)进行加工,则有可能用现有刀具进行超高速切削,大幅度减少切削工时,并成功地提高机床的生产率。

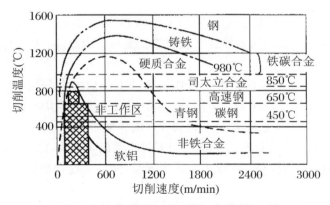

图 8 - 78　Salomon 提出的切削速度与切削温度曲线

现在大多数研究者认为:在超高速切削铸铁、铜及难加工材料时,即使在很大的切削速度范围内也不存在这样的"死谷",刀具寿命总是随切削速度的增加而降低;而在硬质合金刀具超高速铣削钢材时,尽管随切削速度的提高,切削温度随之升高,刀具磨损逐渐加剧,刀具寿命 T 继续下降,且 T-v 规律仍遵循 Taylor 方程,但在较高的切削速度段,Taylor 方程中的 m 值大于较低速度段的 m 值,这意味着在较高速度段刀具寿命 T 随 v 提高而下降的速率减缓。这一结论对于高速切削技术的实际应用有重要意义。

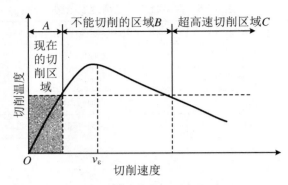

图 8-79　超高速切削概念示意图

3. 超高速加工技术的优越性

（1）超高速切削加工的优越性

高速切削加工技术与常规切削加工相比,在提高生产率,降低生产成本,减少热变形和切削力以及实现高精度、高质量零件加工等方面具有明显优势。

① 加工效率高。高速切削加工比常规切削加工的切削速度高 5～10 倍,进给速度随切削速度的提高也可相应提高 5～10 倍,这样,单位时间材料切除率可提高 3～6 倍,因而零件加工时间通常可缩减到原来的 1/3,从而提高了加工效率和设备利用率,缩短了生产周期。

② 切削力小。与常规切削加工相比,高速切削加工切削力至少可降低 30%,这对于加工刚度较差的零件（如细长轴、薄壁件）来说,可减少加工变形,提高零件加工精度。同时,采用高速切削,单位功率材料切除率可提高 40%以上,有利于延长刀具使用寿命,通常刀具寿命可提高约 70%。

③ 热变形小。高速切削加工过程极为迅速,95%以上的切削热来不及传给工件,就被切屑迅速带走,零件不会由于温升导致弯翘成膨胀变形。因而,高速切削特别适合于加工容易发生热变形的零件。

④ 加工精度高,加工质量好。由于高速切削加工的切削力和切削热影响小,使刀具和工件的变形小,保持了尺寸的精确性。另外,由于切屑被飞快地切离工件,切削力和切削热影响小,从而使工件表面的残余应力小,达到较好的表面质量。

⑤ 加工过程稳定。高速旋转刀具切削加工时的激振频率高,已远远超出"机床—工件—刀具"系统的固有频率范围,不会造成工艺系统振动,使加工过程平稳,有利于提高加工精度和表面质量。

⑥ 良好的技术经济效益。采用高速切削加工将能取得较好的技术经济效益,如缩短加工时间,提高生产率;可加工刚度差的零件;零件加工精度高,表面质量好;提高了刀具寿命和机床利用率;节省了换刀辅助时间和刀具刃磨费用等。

（2）超高速磨削加工的优越性

① 可以大幅度提高磨削效率。在磨削力不变的情况下,200 m/s 超高速磨削的金属切除率比 80 m/s 磨削提高 150%,而 340 m/s 时比 180 m/s 时提高 200%。尤其是采用超高速快进给的高效深磨技术,金属切除率极高,工件可由毛坯一次最终加工成型,磨削时间仅为粗加工（车、铣）时间的 5%～20%。

② 磨削力小,零件加工精度高。当磨削效率相同时,200 m/s 时的磨削力仅为 80 m/s 时的 50%。但在相同的单颗磨粒切深条件下,磨削速度对磨削力影响极小。

③ 可以获得低的表面粗糙度值。其他条件相同时,33 m/s、100 m/s 和 200 m/s 速度下磨削表面粗糙度值 R_a 分别为 2.0 μm、1.4 μm、1.1 μm。对高达 1000 m/s 超高速磨削效果的计算机模拟研究表明,当磨削速度由 20 m/s 提高至 1000 m/s 时,表面粗糙度值将降低至原来的 1/4。另外,在超高速条件下,获得的表面粗糙度受切削刃密度、进给速度及光磨次数的影响较小。

④ 可大幅度延长砂轮寿命,有助于实现磨削加工的自动化。

⑤ 可以改善加工表面完整性。超高速磨削可以越过容易产生磨削烧伤的区域,在大磨削用量下磨削时反而不产生磨削烧伤。

4. 超高速切削机床

(1) 超高速切削的主轴系统

在超高速运转的条件下,传统的齿轮变速和带传动方式已不能适应要求,代之以宽调速交流变频电动机来实现数控机床主轴的变速,从而使机床主传动的机械结构大为简化,形成一种新型的功能部件——主轴单元。在超高速数控机床中,几乎无一例外地采用了主轴电动机与机床主轴合二为一的结构形式,称之为"电主轴"。这样,电动机的转子就是机床的主轴,机床主轴单元的壳体就是电动机座,从而实现了变频电动机与机床主轴的一体化。由于它取消了从主电动机到机床主轴之间的一切中间传动环节,把主传动链的长度缩短为零,我们称这种新型的驱动与传动方式为"零传动"。这种方式减少了高精密齿轮等关键零件,消除了齿轮的传动误差,同时,简化了机床设计中的一些关键性的工作,如简化了机床外形设计,容易实现高速加工中快速换刀时的主轴定位等。

超高速主轴单元是超高速加工机床最关键的基础部件,包括主轴动力源、主轴、轴承和机架四个主要部分。这四个部分构成一个动力学性能和稳定性良好的系统。现代的电主轴是一种智能型功能部件,可以进行系列化、专业化生产。主轴单元形成独立的单元而成为功能部件以方便地配置到多种加工设备上,而且越来越多地采用电主轴类型。国外高速主轴单元的发展较快,中等规格的加工中心的主轴转速已普遍达到 10000 r/min,甚至更高。

(2) 超高速轴承技术

超高速主轴系统的核心是高速精密轴承。因滚动轴承有很多优点,故目前国外多数高速磨床采用的是滚动轴承,但钢球轴承不可取。为提高其极限转速,主要采取如下措施:① 提高制造精度等级,但这样会使轴承价格成倍增长;② 合理选择材料,陶瓷球轴承具有质量小、热膨胀系数小、硬度高、耐高温、超高温时尺寸稳定、耐腐蚀、弹性模量比钢高、非磁性等优点;③ 改进轴承结构,德国 FAG 轴承公司开发了 HS70 和 HS719 系列的新型高速主轴轴承,它将球直径缩小至 70%,增加了球数,从而提高了轴承结构的刚性。

5. 超高速切削的刀具技术

切削刀具材料的迅速发展是超高速切削得以实施的工艺基础。超高速切削加工要求刀具材料与被加工材料的化学亲和力要小,并且具有优异的力学性能、热稳定性、抗冲击性和耐磨性。目前适合于超高速切削的刀具主要有涂层刀具、金属陶瓷刀具、陶瓷刀具、立方氮化硼刀具、聚晶金刚石(PCD)刀具等。特别是聚晶金刚石刀具和聚晶立方氮化硼刀具

(PCBN)的发展推动了超高速切削走向更广泛的应用领域。

8.4.3　增材制造技术

增材制造(additive manufacturing,简称 AM)技术,是采用材料逐渐累加的方法制造实体零件的技术,相对于传统的材料去除——切削加工技术,是一种"自下而上"的制造方法。增材制造技术是指基于离散/堆积原理,由零件三维数据驱动直接制造零件的科学技术体系。基于不同的分类原则和理解方式,增材制造技术还有快速原型、快速成型、快速制造、3D 打印等多种称谓,其内涵仍在不断深化。

1. 增材制造技术的特点

增材制造技术的特点如下:

(1) 高度柔性。成型过程无需专用工具、模具,它将十分复杂的三维制造过程简化为二维过程的叠加,使得产品的制造过程几乎与零件的复杂程度无关,可以制造任意复杂形状的三维实体,这是传统方法无法比拟的。

(2) 成型的快速性。AM 设备类似于一台与计算机和 CAD 系统相连的"三维打印机",将产品开发人员的设计结果即时输出为实实在在可触摸的原型,产品的单价几乎与批量无关,特别适合于新产品开发和单件小批量生产。

(3) 全数字化的制造技术。AM 技术基于离散/堆积原理,采用多种直写技术控制单元材料状态,将传统上相互独立的材料制备和材料成型过程合一,建立了从零件成型信息及材料功能信息数字化到物理实现数字化之间的直接映射,实现了从材料和零件的设计思想到物理实现的一体化。

(4) 无切割、噪声和振动等,有利于环保。

(5) 应用范围广。AM 技术在制造零件过程中可以改变材料,因此可以生产各种不同材料、颜色、机械性能、热性能组合的零件。

2. 增材制造技术的基本原理

传统的零件加工过程是先制造毛坯,然后经切削加工,从毛坯上去除多余的材料得到零件的形状和尺寸。增材制造技术彻底摆脱了传统的"去除"加工法,而基于"材料逐层堆积"的制造理念,将复杂的三维加工分解为简单的材料二维添加的组合,它能在 CAD 模型的直接驱动下,快速制造任意复杂形状的三维实体,是一种全新的制造技术。其基本过程如下:

(1) 构造产品的三维 CAD 模型

增材制造系统接受计算机构造的三维 CAD 模型,然后才能进行模型分层和材料逐层添加。因此,首先应用三维 CAD 软件根据产品要求设计三维模型;或将已有产品的二维图转成三维模型;或在产品仿制时,用扫面机对已有产品进行扫面,通过数据重构得到三维模型(即反求工程)。

(2) 三维模型的近似处理

由于产品上往往有一些不规则的自由曲面,加工前必须对其进行近似处理。最常用的方法是用一系列小三角形平面来逼近自由曲面。每个小三角形用三个顶点坐标和一个法向量来描述。三角形的大小是可以选择的,从而得到不同的曲面近似程度。经过上述近似处理的三维模型文件称为 STL 文件,它由一系列相连的空间三角形组成。目前,大多数 CAD 软件都有转换和输出 STL 格式文件的接口。

(3) 三维模型的 Z 向离散化,即分层处理

将 CAD 模型根据有利于零件堆积制造的方位,沿成型高度方向(Z 方向)分成一系列具有一定厚度的薄片,提取截面的轮廓信息。层片之间间隔的大小按精度和生产率要求选定,间隔越小,精度越高,但成型时间越长。层片间隔的范围在 0.05~0.3 mm 之间,常用 0.1 mm。离散化破坏了零件在 Z 向的连续性,使之在 Z 向产生了台阶效应。但从理论上讲,只要分层厚度适当,就可以满足零件的加工精度要求。

(4) 处理层片信息,生成数控代码

根据层片几何信息,生成层片加工数控代码,用以控制成型机的加工运动。

(5) 逐层堆积制造

在计算机的控制下,根据生成的数控指令,系统中的成型头(如激光扫描头或喷头)在 X-Y 平面内按截面轮廓进行扫描,固化液态树脂(或切割纸、烧结粉末材料、喷射热熔材料),从而堆积出当前的一个层片,并将当前层与已加工好的零件部分黏合。然后,成型机工作台面下降一个层厚的距离,再堆积新的一层。如此反复进行直到整个零件加工完毕。

(6) 后处理

对完成的原型进行处理,如深度固化、去除支撑、修磨、着色等,使之达到要求。

3. 增材制造的软件系统

增材制造的软件系统一般由三部分组成:CAD 造型软件、分层处理软件和成型控制软件。

CAD 造型软件的功能是进行零件的三维设计及模型的近似处理。另外,在产品仿制、头像制作、人体器官制作等增材制造技术的应用活动中,还可应用逆向工程技术,采用扫描设备和逆向工程软件获取物体的三维模型。

目前产品设计尤其是新产品开发中已大面积采用三维 CAD 软件来构造产品的三维模型,三维设计也是增材制造技术的必备前提。目前应用较多的有 SolidWorks、Solid Edge、Pro/E、UG、Catia 等。这些三维 CAD 软件功能强大,为产品设计提供了强有力的支持。

分层处理软件对 CAD 软件输出的近似模型进行检验,确定其合理性并修复错误、做几何变换、选择成型方向,进行分层计算以获取层片信息。

分层处理软件将 CAD 模型以片层方式来描述,这样,无论零件多么复杂,对于每一层来说,都是简单的平面。分层处理软件的功能与水平直接关系到原型的制造精度、成型机的功能、用户的操作等。分层的结果将产生一系列曲线边界表示的实体截面轮廓。分层算法取决于输入几何体的表示格式,根据几何体的输入格式,增材制造中的分层方式分为 STL 分层和直接分层。STL 分层采用小三角平面近似实体表面,从而使得分层算法简单,只需要依次与每个三角形求交即可,因此得到了广泛应用。而在实际应用中,保持从概念设计到最终产品的模型一致将是非常重要的,而 STL 文件降低了模型的精度,而且对于特定用户的大量高次曲面物体,使用 STL 文件会导致文件巨大,分层费时,因此需要抛开 STL 文件,直接由 CAD 模型进行分层。在加工高次曲面时,直接分层明显优于 STL 分层。

成型控制软件的功能是进行加工参数设定、生成数控代码、控制实时加工。成型控制软件根据所选的数控系统将分层处理软件生成的二维层片信息,即轮廓与填充的路径生成 NC

代码,与工艺紧密相连,是一个工艺规划过程。不同规划方法不仅决定了成型过程能否正常而顺利地进行,而且对成型精度和效率影响很大。增材制造扫描路径规划的主要内容包括刀具尺寸补偿和扫描路径选择,其核心算法包括二维轮廓偏置算法和填充网格生成算法,算法的要求是合理性、完善性和鲁棒性,算法的好坏直接影响数据处理效率,生成结果则直接决定成型加工效率。

练 习 题

基本题

8-1　为什么铸造是毛坯生产中的重要方法? 试从铸造的特点并结合实例分析之。

8-2　为什么手工造型仍是目前不可忽视的造型方法? 机器造型有哪些优缺点? 其工艺特点有哪些?

8-3　图 8-80 所示铸件在大批大量生产时,其结构有何缺点? 该如何改进?

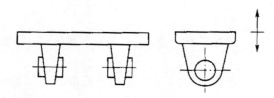

图 8-80　题 8-3 图

8-4　为什么熔模铸造是最有代表性的精密铸造方法? 它有哪些优越性?

8-5　金属型铸造有何优越性? 为什么金属型铸造未能广泛取代砂型铸造?

8-6　何谓塑性变形? 塑性变形的实质是什么?

8-7　为什么巨型锻件必须采用自由锻的方法制造?

8-8　板料冲压生产有何特点? 应用范围如何?

8-9　钎焊和熔焊的实质差别是什么? 钎焊的主要适用范围有哪些?

8-10　树脂基复合材料的常用成型方法有哪些?

8-11　在目前技术条件下,精密加工和超精密加工是如何划分的?

8-12　3D 打印技术及其基本工艺流程是什么?

8-13　简述电火花加工的原理和应用。

8-14　按加工原理不同,齿轮齿形加工可以分为哪两大类?

提高题

8-15　用 ϕ50 mm 冲孔模具来生产 ϕ50 mm 落料件能否保证落料件的精度? 为什么?

8-16　为什么胎模锻可以锻造出形状较为复杂的模锻件?

8-17 电阻焊和摩擦焊的焊接过程有何异同？各自的应用范围如何？

8-18 简述超高速磨削的特点及关键技术。

8-19 车螺纹时，为什么必须用丝杠走刀？

8-20 下列零件上的孔，用何种方案加工比较合理？

（1）单件小批生产中，铸铁齿轮的孔，$\phi 20H7$，$R_a 1.6$。

（2）高速钢三面刃铣刀的孔，$\phi 27H6$，$R_a 0.2$。

8-21 简述特种加工技术的特点及应用领域。

8-22 图 8-81 所示铸件在单件生产条件下该选用哪种造型方法？

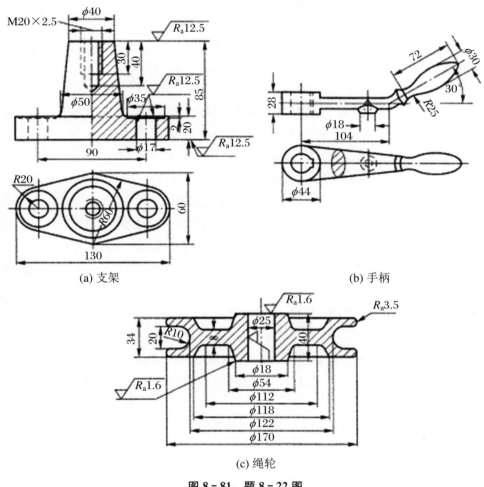

(a) 支架

(b) 手柄

(c) 绳轮

图 8-81 题 8-22 图

参 考 文 献

［1］庾晓明,等.机械基础［M］.4 版.北京:解放军出版社,2012.

［2］张克猛,赵玉成.机械工程基础［M］.2 版.西安:西安交通大学出版社,2006.

［3］陈刚,等.机械基础［M］.北京:解放军出版社,2005.

［4］何伟.机械基础［M］.北京:机械工业出版社,2012.

［5］吕海鸥,等.机械基础［M］.2 版.北京:中国电力出版社,2018.

［6］邓文英,等.金属工艺学［M］.北京:高等教育出版社,2016.

［7］唐晓莲,等.机械基础［M］.北京:电子工业出版社,2017.

［8］李华.机械制造技术［M］.北京:高等教育出版社,2000.

［9］张春林,等.机械工程概论［M］.北京:北京理工大学出版社,2003.

［10］王涛,等.机械设计基础［M］.北京:解放军出版社,2017.

［11］陈秀宁.机械基础［M］.杭州:浙江大学出版社,2017.

［12］张福润,等.机械制造技术基础［M］.2 版.武汉:华中科技大学出版社,2000.

［13］沙琳,等.陆战武器机械结构与原理［M］.北京:蓝天出版社,2014.

［14］总装备部陆装科订部.PLZ05 式 155 毫米自行加榴炮兵器与操作教程:武器部分［M］.
北京:解放军出版社,2013.

［15］曲玉琨.远程火箭炮兵器原理［M］.北京:解放军出版社,2008.

［16］杨萍,等.机械工程基础:下册［M］.上海:上海交通大学出版社,2016.

［17］黄东,等.机械基础［M］.北京:北京理工大学出版社,2016.

［18］姜清德,等.机械基础［M］.武汉:华中科技大学出版社,2008.